# カッコウの托卵
## 進化論的だましのテクニック

# Cuckoo
## Cheating by Nature
# カッコウの托卵
## 進化論的だましのテクニック

ニック・デイヴィス 著
Nick Davies
中村浩志・永山淳子 訳
Hiroshi Nakamura　Atsuko Nagayama

地人書館

For Tim Birkhead
now forty years of friendship

CUCKOO: Cheating by Nature
by Nick Davies



This translation of CUCKOO: Cheating by Nature is published by CHIJIN SHOKAN
by arrangement with Bloomsbury Publishing Plc.
through Tuttle-Mori Agency, inc., Tokyo

カッコウの托卵——進化論的だましのテクニック　目次

前書き　9

第1章　巣の中のカッコウ　23
――文学作品や観察記録の中に描かれているカッコウの托卵――

第2章　カッコウはどのように卵を産むか　41
――長い間の論争はエドガー・チャンスによって決着がつけられた――

第3章　ウィッケン・フェン　63
――著者の調査フィールド、ケンブリッジ近郊のウィッケン・フェン――

第4章　春を告げる鳥　77
――カッコウはどうやって托卵相手やそのタイミングを選ぶのか――

第5章　カッコウのふりをする　99
――宿主のヨシキリは人工の擬卵にだまされるか、それとも見破るか――

第6章　卵をめぐる「軍拡競争」　121
――擬卵を見破る能力の高い宿主に托卵したときほど、カッコウ卵は宿主の卵に似てくる――

第7章　署名と偽物　137
――宿主が卵に記す「署名」が巧妙になるとカッコウの卵も巧妙になり、宿主は「署名」を変える――

第8章　さまざまな装いでのだまし　161
――カッコウはタカに姿を似せることで宿主からの反撃を減少させ、宿主を混乱させる――

第9章　奇妙で忌まわしい本能　175
――孵化したカッコウの雛は丸裸で目も見えないが背中に宿主の卵を乗せて追い出す――

**第10章　餌ねだりのトリック**　199
――カッコウの雛はどのように宿主の気を引くか。驚きの「だましのテクニック」――
**第11章　宿主の選択**　215
――カッコウの「好みの宿主」が世代を越えて伝えられるしくみ――
**第12章　もつれ合った土手**　239
――多種多様な生き物が複雑な相互関係を保って生きている――
**第13章　減少するカッコウ**　253
――地球温暖化による托卵の時期の狂いと餌の減少が原因か?――
**第14章　変化する世界**　271
――カッコウが減少すれば宿主の行動も変化する。近年の宿主の行動に変化が生じている――

謝辞　282
訳者あとがき　285
用語解説　290
訳注および参照文献　299
原注および参考文献　309
索引　321

章扉イラスト　ジェイムズ・マッカラム
カバー写真　吉野俊幸
カバー・デザイン　森枝雄司

# 日本語版凡例

・本書は、ニック・デイヴィス（Nick Davies）による *CUCKOO: Cheating by Nature*（Bloomsbury, 2015）の全訳である。
・本文中の［　］は著者、〔　〕は訳者による補いである。
・本文中に付されている（1）、（2）、……などは、巻末（二九七頁〜二九九頁）に、各章ごとにまとめられている「訳注および参照文献」の各項目に対応する番号である。
・本文中に〝＊〟が付されている用語は、巻末（二九〇頁〜二九六頁）の「用語解説」に項目として取り上げられていることを示している。なお、〝＊〟は本文中最初に現われたところにのみ付されている。
・本文中に引用されている古典的文献で、日本語版が存在し、本書でその訳文をそのまま引用した場合には出典を該当箇所に明示し、それらを本書の翻訳にあたって参照した場合は「訳注および参照文献」にその旨を記した。
・巻末の「索引」は、原著 Index の項目選択・編集方針を踏襲しているが、日本語版独自のものである。本書における主要な生物名には元の英語名とともに学名を付し（イタリック体で表記）、特定の種ではない総称など場合には英語名のみを付した。なお、人名など片仮名表記項目の音引き記号「ー」は無視して配列されている。

# 前書き

雄のカッコウが鳴いている。ちょうど、お気に入りのとまり木から
やってきた別の雄のカッコウと入れ代わったところだ。
——ウイッケン・フェン、2014年6月21日。

クックー、クックー……。
冬の三ヵ月間をアフリカで過ごしたカッコウがイギリスへ戻ってくると、雄の遠くまで届く鳴き声は待ち望んだ春の兆しだった。この声は、何世紀もの間、冬の寒く暗い日々が終わろうとしている印で、日の光の暖かさの回復と新たな成長の季節への期待で精神が高揚するのだった。英語で一番古く、一二五〇年ごろまでさかのぼる歌は、カッコウの歌だ。

春がきて
カッコウが高らかに歌う
種は育ち
牧場は花咲き
森は葉をつけ
カッコウは歌う(1)!

ヨーロッパでカッコウに言及した最古の文献をたどるには、二五〇〇年以上もさかのぼらなくてはならない。それは、古代ギリシャのヘシオドスが、畑を耕すのに最もよいのは冬にツルがくるとき(一一月半ば)だが、さもなければ、最初にカッコウが鳴き、春を告げるとき(三月)まで待つのがよいと勧めた紀元前七〇〇年ごろのことだった。
「カッコウ(common cuckoo)」という名前は適切だ〔カッコウの英語名中のcommonは、「ありふれた」の意があり、ヨーロッパでは最も普通のカッコウである〕。繁殖地は、アイスランドを除くヨーロッパ全域だけでなく、東はシベリアから日本にかけてのアジア、南はヒマラヤ山脈から中国、東南アジアにわたり、地表の五分の二に広がっている。このうち、西部にあたるヨーロッパで繁殖するカッコウは、アフリカのサハラ砂漠南部で越冬する。一方、東部のアジアで繁殖するカッコウは南アジアで越冬する。

したがって、春のたびにカッコウの群れが旧世界の温帯地方をまっすぐ北上して渡る様子を思い描くことができる。多くの言語では、鳥の名前はその鳴き声によってつけられるが、カッコウは、その声のうねりで彼ら自身の到来を告げる。ヨーロッパにわたる最初の声の波は、三月に地中海にくる。

スペインとポルトガルでは「クーコー」、イタリアでは「ククロー」、ギリシャでは「コーコス」……

鳥たちはヨーロッパ中部を北上し続ける。

フランスでは「コーコー」、ドイツでは「クックック」、オランダでは「ケーケーク」、ポーランドでは「ククルカ」、ハンガリーでは「カクック」……

そして、四月中旬から五月に北ヨーロッパに着く。

イギリスでは「クックー」、フィンランドでは「カキ」……

声の波はアジア北部へも通過する。

トルコでは「ググーク」、アゼルバイジャンでは「ググー」、カシミールでは「クク」、ネパールでは「パグパグ」、ブータンでは「アックー」。

何千年も昔、私たちの祖先がアフリカを出てユーラシア大陸へ渡ってきて以来、人々は広大な森林や開けた土地で、春を告げるカッコウの声を聞きとってきたのかもしれない。イギリスでは、この鳴き声は人々に常に特別な愛情をもって迎えられ、『タイムズ』紙は一九四〇年まで、毎年「カッコウ初鳴き」の投書を掲載してきた。この「初もの競争」の中で、投書はときにオーバーヒートした主張にもつながっていった。

ライデッカー、FRS〔王立協会フェロー〕より。一九一三年二月六日。その日の午後、庭仕事をしていたときにかすかな音を聞いたので、一緒に働いていた園丁の助手に「あれはカッコウか?」と尋ねました。そのほとんど直後、カッコウの声がきっちり二音、二回か三回繰り返されるのを二人とも聞きました。この歌がカッコウであることは少しも疑いはありません。

六日後、ライデッカー氏は再び手紙を書いた。

一九一三年二月一二日。残念ながら他の多くの人々と同じように、二月六日のカッコウらしきものには完全にだまされました。この音は、近所の場所で作業中の煉瓦職人が発したのです。本人から直接聞くと、男は何も道具を使わずにカッコウの声を正確にまね、かなり離れたところからカッコウを呼び寄せることができると私に話しました。

とはいえ、早い到着の記録がすべて間違いというわけではない。別の年にも、二月の記録を主張する投書が一通あり、それが、ある著名な鳥類学者からの懐疑的な反応を引き起こした。二日後、この専門家のポストにカッコウの死骸が入った小包が届いた。

カッコウの行動のリズムが季節的に決まっていることも、ジェーン・テイラー（一七八三〜一八二四）による子供向けの魅力的な詩においてよく知られている。この詩は一世紀後にベンジャミン・ブリテンにより音楽がつけられ[2]、いまでも国中の学校での愛唱歌となっている。

クックー、クックー……
あなたのお仕事はなあに？
四月は、くちばしを開け
五月は、昼も夜も歌い
六月は、声色を変え
七月は、はるかはるかへ飛ぶ
八月は、彼方へ！

行かなければ。

だが、これらすべての喜ばしい知らせの背後には、このお告げの主の生活の暗い側面がある。多くの種の鳥にとり、春にカッコウに侵入されることは、魅力的なことでも喜ぶべきことでもない。詩人のテッド・ヒューズは雄の鳴き声に事前の警告を感じとっている。

あの卑猥なユーモアのある鳴き声の初鳴きは、思いがけない不意のキスのように日記帳を震えおののくものにさせる。

しかし、その仕業の遂行を宣言するのは、あまりおなじみではないが一度聞くと簡単には忘れられない雌の声だ。卵を一つ産むたびに、雌は勝ち誇ったように「ピッピピッピッ」という鳴き声をひとしきり立てる。それが勝ち誇ったように聞こえるのは、カッコウは自然界でもきわめて悪名高い、ずるい鳥だからだ。カッコウは決して自分の子供を育てない。代わりに、宿主である他の鳥たちの巣に一つずつ卵を産む。カッコウの雛は、孵《かえ》るとすぐ宿主の卵や雛を巣から放り出す。数百万羽もの小鳥たちは、夏ごとに、自分たちの卵や雛をカッコウの雛に放り出されることになる。ひとたびカッコウの雛がこれは自分の巣だと言うと、宿主の親たちはだまされて、その夏を自分の子供ではなくカッコウの雛の養育に費やすのだ。

ナチュラリストであり科学者である私にとって、カッコウの鳴き声は春を告げるだけのものではない。それは、なかなか解けない謎の解明へ誘う声である。カッコウはどのようにして、かくも言語道断の振る舞いをまんまとやりおおせるのか？

私は生涯を通してずっとバードウォッチャーだった。生まれは、イングランド北西部の海岸沿いのリヴァプールから約一五キロ北にある、フォーンビー村である。一番昔の記憶の一つは、家の庭に鳥の餌を置き、その場にあった木の椅子のかげに隠れ、ズアオアトリの雄を間近に見たときの感動である。当時は六歳ぐらいだったはずで、それまでそんなに美しいものは見たことがなく、それ以降ずっと私は鳥に夢中になった。毎年秋になると、コザクラバシガンが村の先の農地で越冬のためアイスランドの繁殖地からやってきた。夕暮れ時には、ねぐらへ向かう鳥の群れが家の上を飛び、霧の立ちこめた夜に鳥たちが方角を見失うと、その叫び声に私はベッドの中で驚いた。

自然誌に対するこの早くからの情熱がどこから来たのかはわからない。両親は私を応援してくれたが、親も兄弟（弟が二人、妹が一人いる）も、このように鳥に憑かれることはなかった。九歳になるころには、自分が見た種の記録をきちんととっていた。最初のノートにはその年に見た一三七種の鳥が記載され、五月一日には以下の記述がある。「カッコウが鳴いている、この夏最初だ！」。びっくりマークが興奮の印だった。カッコウや田舎の広々とした空は、おそらく少年時代にはすでに心に刻まれていたのだろう。

ティーンエイジャーのころには、自然誌には自分の見たもののリストをただ作る以上のものがあることをわかり始めていた。とくに元気づけられたのは、デイヴィッド・ラックの『コマドリの生活』と、ニコ・ティンバーゲンの『セグロカモメの世界』の二冊の本だった。サウス・デヴォンのダーティントンで一九三〇年代に行なわれたラックの研究は、コマドリをつかまえて脚に色足環〔カラーリング〕をつけ、個体識別して生涯にわたり追跡調査ができるようにすることが必要不可欠だった。

その時すでに、私は鳥の目で世界を見はじめ、縄張りの防衛、食物やつがいの相手の発見、営巣場所の選択、雛の世話、捕食者の回避といったことに直面したときの問題を正しく理解しはじめていた。科学的アプローチの手ほどきも受けた。その一つは、たとえば、なぜ動物はある決まったやり方で行動するのかについて問いを立てることだった。

ニコ・ティンバーゲンは実験的なアプローチで私をわくわくさせた。たとえば、鳥たちは環境の中の単純な刺激に反応することを示したのである。カモメの成鳥は、色や大きさが自分の卵とは異なる卵でも、それが巣に置かれれば抱卵するし、餌をねだる雛は、成鳥の嘴《くちばし》がボール紙の模型でも、食物が吐き戻されることを期待してそれをつつく。私は、野外で鳥たちや自然界を観察して考えをめぐらし、生涯を過ごすことを夢見はじめていた。

のちにケンブリッジ大学の生物学の学生になると、町から一五キロ北東にある古い湿原地帯のウィッケン・フェン(3)へしばしば自転車で行った。ヨーロッパヨシキリの巣の中で最初にカッコウの卵を見たのはここで、その後、ヨーロッパヨシキリが一生懸命働き、カッコウの雛に餌をやるのを見た。おそらく、この経験が最終的に私の運命を決めたのだろう。というのも、二〇代後半に、動物の行動と生態について教えたり研究したりするためにケンブリッジに戻ったとき、私の思いはもう一度カッコウに向かい、カッコウはどうやって宿主をだますのかと考えはじめていたからだ。

宿主はまず間違いなく、自分の巣に出現したカッコウの卵を放り出すはずだと私は思った。もし宿主がそうすれば、おそらくカッコウは卵を進化させ、まさしく宿主自身の卵に似せて托卵が感知しにくくなるようにするだろう。すると、宿主はどうするだろう？　宿主は、カッコウの卵をいつも受け入れるよう運命づけられているのか、それとも、他の防衛を進化させることができるのか？　ここに

RICHARD NICOLL

口絵 01　レーケンヒース湿原の上空で戦う 2 羽のカッコウの雄。雄は雌より 1、2 週間前に到着し、宿主が巣を作りそうな場所に縄張りを作る。

RICHARD NICOLL

口絵 02　ウィッケン・フェンを飛ぶカッコウの雄。翼は長く先端がとがり、尾も長く、腹部には縞があり、外見はどちらかというと猛禽のようである。

ARTUR STANKIEWICZ

口絵 03　春を告げるカッコウは、雄だけが「クックー（cuckoo）」と鳴く。嘴は「クック（cuck）」で開き、「ー（oo）」で閉じる。翼を垂れ尾を上げるのが、雄が鳴くときの特徴である。

HELGE SØRENSEN

HELGE SØRENSEN

口絵 04　カッコウは雌の方が目立たないが、それは理にかなっている。宿主は、巣の近くにいる雌を見つけ警戒すると、カッコウの卵を排斥する傾向にあるからだ。雌には、灰色（左）と赤褐色（右）の個体がいて二種類の服装でやってくるため、識別はさらに困難になる。

IAN WYLLIE

口絵 05　沼地で好まれる宿主のヨーロッパヨシキリの巣に托卵するカッコウの雌。宿主の卵を先に一つとり除き、それを嘴に挟みながら巣の中に直接産卵する。

DAVE LEECH

口絵 06　カッコウの卵（中央左側）はヨーロッパヨシキリの卵より少し大きいが、色や刻印はよく似ている。

© NATURE PRODUCTION/NATUREPL.COM

口絵 07　オオヨシキリのような宿主は、時としてカッコウの卵に穴をあけ、巣から放り出して排斥する。

（撮影：吉野俊幸）

口絵 08　カッコウの雛は、羽が生えず目もあかないうちから、ヨーロッパヨシキリの卵を一つずつ背中に上手に乗せて持ち上げ、巣から出す。

口絵 09　この巣では、孵ったばかりのヨーロッパヨシキリの雛も同じ運命をたどった。

RICHARD NICOLL

RICHARD NICOLL

口絵 10　9 日齢の 4 羽の一腹雛に餌をやるヨーロッパヨシキリ（左）と、9 日齢のカッコウの雛に餌をやるヨーロッパヨシキリ（右）。カッコウの雛は、1 羽でヨーロッパヨシキリの一腹雛と同じ量の餌を必要とする。

RICHARD NICOLL

口絵 11　17 日齢のカッコウの雛に餌をやるヨーロッパヨシキリ。2 日後、雛は巣立っていった。

KEITA TANAKA

口絵 12　日本のジュウイチの雛が、黄色い喉の隣に、翼に黄色く模様のついた「偽の喉」を見せている。このトリックで宿主のオオルリをだまし、もっと多くの餌を運ばせる。

CHARLES TYLER

口絵 13　荒れ地でカッコウが好む宿主であるマキバタヒバリが、羽の生えたカッコウの雛に餌をやる。カッコウは今や、体重が育ての親の 6 倍になるまで成長した。

CHARLES TYLER

口絵 14　カッコウの雄を攻撃するマキバタヒバリ。大きさが同じくらいのカッコウの雛に喜んで餌をやるのとははなはだしく対照的である。

CHARLES TYLER

口絵 15　マキバタヒバリの巣の中のカッコウの卵（左上）。この托卵系統のカッコウはタヒバリの卵をまねて、黒ずんだ色の卵を産む。

**口絵 16**　イギリスの森林でカッコウが好む宿主、ヨーロッパカヤクグリの巣の中にあるカッコウの卵（左）。ヨーロッパカヤクグリは自分の卵に似ていない卵でも受け入れるので、この托卵系統のカッコウは卵の似具合を進化させる必要がなかった。対照的に、フィンランドの宿主で卵の青いジョウビタキは、自分の卵に似ていない卵を排斥するので、この托卵系統のカッコウは、青い卵に似るように卵を進化させた（右）。

**口絵 17**　外側の卵の環は、ザンビアのマミハウチワドリ（アフリカヨシキリ）の産む卵の変異性を示している。個々の卵は色や刻印が異なり、雌がそれぞれ自分の卵を識別できるよう署名の役をなす。カッコウハタオリは、これらの変異に合うように偽の署名を進化させてきた（内側の環）。個々の卵は別々の雌が産んでいる。

は、宿主の防衛とカッコウのだましがともに並び合って進化する自然界の「軍拡競争」を理解する可能性が潜んでおり、自然界のだましを研究する素晴らしい機会だろうと私は気づきはじめていた。

私は同僚たちとともに、ここ三〇年間にわたりカッコウと宿主間の進化の戦いを研究してきた。本書の目的は、宿主の防衛とカッコウのだましの技《わざ》を、進化がどのようにデザインしてきたかという発見の旅に、読者を連れていくことだ。カッコウが、宿主の防衛をすり抜け、托卵し、宿主の気を引き、自分の雛を養わせるためにどのようなだましの技を持つかを明らかにしながら、本書を自然界の探偵小説のように読めるようにするのが、私の望みである。探偵が犯罪をあばくため詳しく調査しなければならないのとまったく同じように、博物学者も、カッコウが宿主をどのようにだますかを正確に解き明かすために、カッコウの成鳥の行動、カッコウの卵の色や模様(刻印)、カッコウの雛が餌をねだる声を詳しく調べなければならない。

ときには、単に注意深く観察するだけで、カッコウがたどった後を追うこともある。だが、カッコウはひっそり隠れているので、DNAプロファイリングや衛星追尾といった科学捜査の道具も必要だ。カッコウが宿主をだましたり操るために使う、巧妙な、そしてしばしば無慈悲な方法がわかるにつれ、いくつかの衝撃的な発見をするだろう。だましの技はカッコウの成鳥に留まらない。最も驚異的なトリックのいくつかは、育ての親が餌をくれるよう仕向けるのにカッコウの雛が使う技なのだ。

しかし、私は、カッコウがどのように振る舞うかを発見するだけでなく、なぜ、彼らがそのように振る舞うかを説明したい。これには、宿主をだます際に、さまざまなトリックがなぜ成功するのかと問うことが必要だ。研究のこの部分では、仮説を立てるために好奇心を持ちながら観察を続けなければならない。そして、ティンバーゲンが先行した道をたどり、野外実験により自分たちのアイディアや直感を検証する。たとえば、さまざまな色に着色された擬卵*の助けを借りて、なぜ宿主はだまされて、カッコウの卵を自分の卵として受け入れるようになるのかを調べるのだ。カッコウの剥製を使った実験は、カッコウの雌が宿主の巣にきて托卵するとき、なぜ、かくもスピードが要求されるのかを明らかにする助けになる。雛の声を巣に流すと、育ての親を操作するのにカッコウの雛が餌をねだる声は、なぜかくも効果的なのかがわかる。これらの実験の結果から、しばしば驚きが生まれ、ときには、私たちの好む仮説が間違っていることが明らかになり、新たな発見への道に送り出される。

ウィッケン・フェンはこの三〇年間の私の野外研究所だった。これほど長期間一つの場所でカッコウを研究したことは、常軌を逸しているように見えるかもしれない。だが、春のたびに、その年最初のカッコウの声を聞くとそれまでと同じように興奮するし、人の脳では自然界の素晴らしい景色や音を決して全部はとらえられないため、毎年の夏は新鮮な驚きが生まれる。私は、湿原の雰囲気が丸ごと好きだ。すなわち、微風の中で葦が絶えずそよめく音、最初のカッコウが到着する四月に咲く薄桃色のタネツケバナに始まり、カッコウが卵を産む五月と六月のキショウブや赤いダクティロリザ・プラエテルミッサ〔湿地ラン〕、カッコウの成鳥が再びアフリカへ発つ七月に咲く、紫色のマーシュシスルやクリーム色のシモツケ、と季節を通して次々と咲く花の移り変わり――。私は、好奇心にあふれる野外のナチュラリストとしての興奮を伝えたかったので、湿原の雰囲気より強調するようにした。毎年、新たな発見がもたらされ、それらが今度は新たな疑問を呈示するので、その学問も新たなものとなり、旅の終わりは決してない。

だが、この探偵活動は湿原を越え、イギリス全土に留まらず、ヨーロッパや日本にわたるカッコウと宿主の研究に私たちを連れていく。進化的な変化はいつまでも続くことが明らかになるだろう。

カッコウが、防衛を進化させはじめたばかりの新たな宿主に出会っている場所もある。もはや托卵されなくなった宿主の孤立個体群が、徐々に防衛しなくなってきているのも見つかるだろう。これらは、ダーウィンの「もつれ合った土手」[4]の片隅という、〔生き物たちの〕行動の進化のわくわくする例で、そこでは、動植物が敵や競争相手に遅れをとらないために絶え間なく進化している。別の種のカッコウを探すためにアフリカやオーストラリアへも旅に出るが、そこでは、カッコウは宿主との戦いをはるかに長い間行なっており、カッコウのだましと宿主の防衛がずっと込み入っている。自然はいつも驚異や不思議の源だ。

この話は、自然界に対する見解の変化という私たち人間の話でもある。すなわちそれは、創造主はなぜ自分の子供への愛情が欠如した生き物を作ったか理解に苦しむという過去の世紀の人々の戸惑いの話から、いまでは、進化の結果に魅せられた観察者の話になったという変化である。私たちは、今日のカッコウの研究の基礎となる発見をした初期の博物学者たちに敬意を表わそうと思う。そこには以下の人々が含まれる。二三〇〇年以上前に、カッコウが自分の卵を他の鳥の巣に産むことをすでに知っていたアリストテレス、一六世紀に、イギリスの鳥類に関する最初の本を著したウィリアム・ターナー、カッコウの托卵の習性に当惑した一七世紀のジョン・レイと一八世紀のギルバート・ホワイト、ホワイトと同時代人で、宿主の卵と雛を巣からとり除くカッコウの雛について最初に詳細に記したが、その報告があまりに驚異的だったためほとんど信じてもらえなかったエドワード・ジェンナー、一九世紀の進化の思想家で、優れた野外博物学者だったチャールズ・ダーウィン、アルフレッド・ラッセル・ウォレス、ヘンリー・ウォルター・ベイツ、一九世紀後半に、宿主に特化したカッコウのさまざまな托卵系統*について記したアルフレッド・ニュートン、二〇世紀初期の卵の熱心な収集家で、カッコウがどのようにして托卵するかをはじめて明らかにしたエドガー・チャンス、そして、二〇世紀初期のもう一人の博物学者で、アフリカのカッコウとその卵の研究の先駆者であるチャールズ・スウィナートンである。

これらの人々は皆崇拝されるべき英雄だが、私はこの中の二人との間にとくに絆を感じる。一五三〇年、ウィリアム・ターナーはケンブリッジ大学ペンブルック・カレッジの特別研究員に選出されたが、私はこのカレッジの学生で、一九七九年以降は特別研究員も務めていた。一五四四年に出版された鳥類に関するターナーの著作には、民間伝承の無条件な受け入れから、新鮮な科学的問いを立てることへと、自然界についての私たちの見解が変化したことを告げる「読者への提言」がある。

この小著には、断定的な記述よりも推測の方がはるかに多く含まれている……まだ十分研究されていない難しい主題については、懐疑的にかつ慎重に推測を進め、まだはっきりわかっていないことを急いで軽はずみに報じるのではなく、問いを立てることは、私にははるかに良識的で適切と思われる。

カッコウに関する私の関心は、ほぼ五〇〇年前のターナーのものとは非常に異なるが、自然に問いかけ、答えがすべて解るわけではないときはそれを許容する彼の精神が、本書にも生きていることを願う。

私の執筆中にうしろから肩越しに覗いていたもう一人の人物は、ケンブリッジ大学比較解剖学教授のアルフレッド・ニュートンである。ニュートンは一九〇七年に亡くなったとき、自分の大きな古い机を動物学部に遺贈し、私はその学部でほぼ生涯にわたり研究や指導を行なった。そして、この机を自室に置くことを許可されたので、一〇〇年以上前、ニュートンがカッコウのことを執筆したまさにその机で本書を執筆した。

今日、もはや『タイムズ』には「カッコウ初鳴き」の投書欄はない。もしそれがあれば、おそらく読者からの手紙には、カッコウの声がせず、カッコウは皆どこへ行ってしまったのかと書かれるだろう。というのも、ここ約五〇年間、カッコウは危機的に減少しているからだ。カッコウがいなくなったことは二重の寂しさをもたらす。それは、私たちにとり春を告げる者がいなくなっただけでなく、地球のどこかで自然誌の最も驚きに満ちた夢のいくつかも失われてしまったということだからだ。このような私の考えに、読者が本書での旅の終わりに賛同してくれたらと願っている。

# 第 1 章

# 巣の中のカッコウ

嘴いっぱいにハエをくわえ、11日齢のカッコウの雛にやるヨーロッパヨシキリ。
——リーチ・ロード、2014年5月25日。

自然界に、これ以上途方もないことが何かあるだろうか？

七月半ば、そよとも風が吹かない静かな夏の早朝、ケンブリッジのすぐ北にあるイギリス最古の自然保護区であるウィッケン・フェンの昔からの湿原地帯で、葦に縁どられた溝沿いを私は調査していた。ここは広く平らな地形で、大きな空が地平線までぐるりと広がり水の下に映っていたので、私はときどき、空自体に浮かんでいるように感じることがあった。古い風車ポンプの白い羽根が日の光の中で明るく輝いていた。チュウヒが葦の葉先の上空に現われ、翼をそらせて近くを舞うと、そのかぎ爪の中にはバンの若鳥がいた。小道には、湿原の古い時代の植物が残留してマット状になった黒い泥炭でできた新しいモグラ塚があった。泥炭は水の床の上に堆積し、私が歩いていくと靴の下で土が軟らかく揺らいだ。

すぐ前の溝の中ほどでは、葦がぴくぴくと動いていた。そしてまさにその位置から、しつこく甲高い、震えるような大きな鳴き声が聞こえた。ツィ……ツィ……ツィ……。私はゆっくり近づき、ハシバミの木の長い杖で葦をそっとかき分けた。鳴き声がやんだ。静けさの中から、葉から払われたしずくが下の水面に落ちる音が聞こえた。葦の中ほどの高さの暗がりに隠されていたのはヨーロッパヨシキリの巣であった。枯れた葦の細い筋で編まれたこぎれいな椀型で、水面から約一メートル上に三本の垂直の茎で支えられていた。その巣からはみ出し、巣の両側のへりから翼を垂らして寝そべっていたのは、恐るべきカッコウの雛だった。雛は二週齢で、羽根は生えそろい、嘴《くちばし》を固く閉じて物音を一つも立てずに座っているが、茶色のビーズのような目は私をじっと見つめていた。

もっとよく見ようと土手から身を乗り出すと、カッコウは突然、頭の羽毛を立てて体をもたげ、嘴を大きく開けて、燃えるように明るいオレンジ色の喉を見せた。そして、私をめがけて飛びかかってきた。その攻撃を予想していたかのように、私は本能的に手を引っ込めていた。心臓の鼓動は早まっていたが、カッコウが勇敢さを見せたことに自分が賞賛の笑みを浮かべているのに気づいた。一瞬、お互いを見つめ合ったあとに杖を引っ込めると、葦は跳ね返ったが、完全には元に戻らなかった。今は、わずか五メートル先の土手からカッコウを覗ける小さな隙間があった。私はじっと座り、双眼鏡の焦点を合わせた。

数分後に葦がもう一度ぴくりと動くと、ヨーロッパヨシキリが密集した茎の間から現われ、巣の少し上の葦によじ登った。嘴には鮮やかな青色のイトトンボがあった。ヨシキリは下をじっと見たが、そこにいる体重が自分の約五倍の巨大なカッコウの雛の隣だと、ちっぽけに見えた。カッコウはすぐに開いた喉を震わせて猛烈に鳴きはじめた。ヨシキリは一瞬のためらいもなく、巨大な口の奥深くへ頭を垂れて餌をやった。ヨーロッパヨシキリの頭は、そのときほとんど丸ごとカッコウに飲み込まれているかのようだった。その小さな目が少しの間カッコウの大きな目のすぐそばに隣り合い、喉の奥に埋まったヨシキリは、カッコウにむさぼり食われる危険を冒しているように見えた。だが、ヨシキリは、餌のイトトンボの腹の先端が突き出たままで大きな口の締金が閉じる直前に頭を引っ込めた。再び葦が曲がり、ヨシキリは別の食物を探しにそっと飛び立っていった。

私は今見たものに驚いていた。ヨーロッパヨシキリは、葦の中で昆虫食の生活を送るために見事な適応を数多く備えている。アフリカのサハラ砂漠南部の越冬地で三ヵ月を過ごしたあとのヨーロッパの繁殖地への渡りは、星が頼りだ。個体識別のために色足環〔カラーリング〕をつけた成鳥は、毎年夏にまったく同じ縄張りに戻るので、土地土地の目印の記憶も素晴らしいはずだ。雌は、縄張りの質とさえずりのレパートリーを基準に、つがいの相手を注意深く選ぶ。その後、雌は葦片やクモの糸で精巧な巣を編み、支えとなる茎に固定する。巣は、四羽の一腹雛《ひとはら》＊が安心して暖かく隠れていられるのにちょうど良い大きさで、風で葦が揺れても安全なくらい十分な深さがある。つがいはその後、小さすぎて食べでがなかったり（小昆虫）、大きすぎて持て余すもの（大きいトンボ）ははねて、雛たちにちょうどよい獲物を選ぶ。このようなわけで、生活する場所、つがいの相手、食物の選択において、ヨーロッパヨシキリは見事なほど注意深い。それならなぜ、自分たちの雛にしては外見がきわめて異なり、体もあまりに大きすぎるカッコウの雛に出会ったとき、彼らはかくも愚かに見えるのだろうか？

私はカッコウの雛にも驚かされた。この巨大な雛は、小さなヨシキリに、どうやって十分な食物を持ってこさせるよう刺激するのか？　七月半ばのいま、カッコウの成鳥は皆、二週間前に湿地を去っていった。何羽かはすでに、三ヵ月間を過ごすアフリカの越冬地にいるかもしれない。一方、イギリスでは、最後の雛たちがまだヨーロッパヨシキリに世話されているのだ。なぜ、カッコウは自分の雛を放棄してほかの鳥に委ねるのか？

＊

当然のことながら、この驚きを最初に経験したのは私ではない。カッコウと宿主との驚くべき相互関係は、古代からそれを観察する者たちを魅了してきた。カッコウが他の鳥の巣に托卵することは昔から知られていた。二三〇〇年以上前、アリストテレス（BC三八四～三二二）は、「カッコウは、自分より小さい鳥の卵をむさぼり食ったあと、その巣に卵を産む」と記した。カッコウは、自分の雛の養育を完全に宿主に依存していることを知っていて、「カッコウは自分の卵を抱かず、孵化させず、育てない」と書いた。また、孵《かえ》ったばかりのカッコウの雛が宿主の卵や雛を排斥し、巣を独り占めすることも知っていて、「雛は生まれると、それまで一緒に生きてきた者を巣から放り出す」と書いている。

一二四八年、腕のよい鷹匠で、鳥の行動に魅了されていた神聖ローマ帝国のフレデリックⅡ世も、カッコウの托卵の習性について記した。

カッコウと呼ばれる鳥は、巣も作らず、地面にも卵を産まず、雛も養わず、たとえば、クロウタドリやプラエニ［牧場に巣を作る鳴鳥］のような、自分の卵を抱卵し、雛を育ててくれる他の鳥の巣にひたすら卵を産む。以前、プラエニにしては珍しく開いた口幅の大きい雛が入った巣を手に入れたことがある。この雛は、私の助手がすべて世話して育てたあと、カッコウの雛だったことがわかった。したがって、カッコウは自分で巣を作らず、卵をよその鳥の巣に産むことがはっきりわかる。

昔の文献にはカッコウの奇妙な行動への言及も頻繁に見られる。この鳥の謎は、九五〇年から一〇〇〇年に出版された手書き本の『エクセター本』の中にある。この本は古英語から翻訳され、カッコウの卵と育ての親に世話される雛についての言及であることが間違いない記述である。

当時、父母は私を死んだものとして諦めていたし、その命の中には私の精神もまだなかった。そのとき、あるとても信心深い親類の女性が自分の子供たちと同じくらい大切に私を衣服で覆いはじめ、手元に置き、保護し、風雨を防ぐローブ〔長いベビー服〕に包みはじめた。そしてついに、私はそれが運命であるかのように庇護され、血のつながりのないよそ者として成長した。その後、親切な親類は、私が大人になり、もっと遠くへ旅立てるようになるまで私を養った。

カッコウの雛が宿主の巣の中で活発に餌をねだることもよく知られていたに違いない。一三八二年ごろのチョーサーの詩『鳥たちの議会』の中では、カッコウの雛が強欲の象徴として罰せられている（六一二行）。

汝、無慈悲な大食漢(1)

カッコウの成鳥が親として子供の面倒を見ないことは、しばしば、愛情がまったくない生き物の象徴とされることになった。ジョン・クランヴォウ卿による一四世紀のもう一つの詩『カッコウとナイチンゲール』では、この二種の間には正反対の関係があるとされた。ナイチンゲールは、愛は以下のものの原動力だと主張する。

善良、名誉、優しさ……完全なる喜び。

カッコウは答えた。ナイチンゲールの飾りだらけの複雑な歌は曖昧だが、「クックー」という私の単純で大きく明瞭な鳴き声は、皆に簡単に理解してもらえる。そのメッセージは、「愛は、絶望的な精神状態」、自尊心、悲しみ、うらやみ、不信、ねたみ、その結果の狂気以外の何ももたらさないということだ。

この二種類の鳥は、一九世紀初期のドイツの民族音楽の歌の中でも議論を続けるが、その内容が、グスタフ・マーラーの連作歌曲『子供の不思議な角笛』の歌の一つに入れられている。ここで議論は、どちらの方が素晴らしい歌い手かで終わっている。カッコウは、ロバは「大きな耳が二つあるから、誰が一番うまいか最もうまく当てられるので」審判になってほしいと頼むよう動物たちに提案し、そこでカッコウの性質のずるさが明らかになる。ナイチンゲールが最初に歌ったが、その歌は気の毒なロバには複雑すぎた。カッコウの番のとき、ロバはすぐさまその単純な鳴き声がよいと思い、「イーオー」と叫んでカッコウがコンテストの勝者であると告げた。

カッコウは裏切りとも結びつけられ、人間自身も「巣の中のカッコウ」は家に入り込んだ非嫡出子の象徴になった。シェイクスピアは、一五九〇年代に書かれた『恋の骨折り損』の中で、妻が不貞を働いたため、別の男の子供を自分の子として育てているかもしれない「寝取られ男」(英語の発音は「カカルド」)を、「カッコウ」と掛けた言葉遊びをしている。

まだらな雛菊、紫スミレ、
白銀色のタネツケバナに、
黄金色したキンポウゲなどが、
色とりどりに牧場を飾ると、

そこここの木でカッコウドリが
寝とられ亭主をばかにして歌う、
カッコー

（小田島雄志訳『シェイクスピア全集Ⅱ』白水社、一九八五年）

このように、カッコウの鳴き声には不貞の恐れが染みついていった。ミルトンが、一六二九年ごろ、ケンブリッジ大学の学生だったときに書いた「ナイチンゲールのソネット」は、春、ナイチンゲールより先にカッコウの声を聞くと、それは恋人の悪運の予告であるという迷信に言及した。

おお、ナイチンゲールが、彼方の花咲く小枝にとまり
すべての森が静まる夕にさえずる
あなたは、恋人の心に満たされる新たな望みを抱く
とはいえ、楽しい時には、さい先のよい五月に誘い
あなたの澄んだ声は、日中を明るく照らす太陽を閉じる
最初は、カッコウのひ弱な嘴から声が聞こえ、
恋の成功の兆しとなる。おお、もし、ジュピターが
この恋の力を、あなたの甘い歌に結びつけようとするなら、
今や、歌は時にかなない、やがて、無情なカッコウが
近くの木立の中の私の悲運を予告する

年を経て歌ったとしても、もはや遅い
私が安堵できるのは、そのわけをまだ知らないことだ
詩の神ミューズか、愛の神のどちらがあなたを呼ぼうと
私は両者に仕え、そして、彼らの随行者になる。(2)

*

初期の観察者たちはカッコウの奇妙な行動をどう説明していたのだろう？ 自分自身の親としての強い感情や、動物の親たちが懸命になって子供を養い守る姿は、私たちにはあまりになじみ深いため、自分の子を放棄するカッコウの習性は、残酷でもあり不自然でもあるように映る。一七世紀の博物学者のジョン・レイは、動物の姿形と生活様式との間の美しい調和を神の知恵の証と考えた。レイにとってカッコウはまったく筋の通らない生き物だった。

カッコウは自分では巣を作らないが、何か小鳥の巣を発見すると、そこで見つけた卵を食べるか壊すかして、空いた場所に自分の卵を産んで見捨てる。愚かな鳥が戻ってきてこの卵の上に座り、卵を孵し、カッコウの雛が成長して自分で飛び立てるようになるまで、大変な注意と労力を払ってこの雛を自分の子として温め、餌をやり、大切にする。怪物と愚か者はどちらがきわめて奇妙に見えるかというと、私個人は、自然の中にこのような例があることについて納得のいくまで思いをめぐらせることはできない。それにもし、自分のこの目で見なかったら、このようなことが

自然の本能によりなされたと信じるようには決してならなかったろう。というのも、自然の他の事柄については、常に、最も質の高い理由や慎重さに見合うだけの法則や秩序をもって観察されることに慣れているからだ。それはこの場合、母親が必要であれば自分の巣を作り、自分の卵を抱き、卵が孵ったあとはその雛を育てることである。

それならおそらく、カッコウはどこか間違って作られてしまったと昔の説明が示唆していても、驚くことはない。一つの見解は、カッコウの托卵の行動は、親としての本能の欠如を埋め合わせるために、博愛心に満ちた創造主が与えたということだ。一六一四年に書かれた『空の鳥』で、エドワード・トプセルは以下のように賞賛している。

この愚かな鳥が自分の種を広めるために、偉大なる創造主が示した思慮は……自分の種を孵す能力が明らかに欠如していることを理解しているということだ。……神の業はまことに素晴らしく、自らの創造物に示すその恩寵は高貴である。

カッコウの欠点はその行動にあるのではなく、体の構造にあると考えた人もいた。一七五二年、フランスの解剖学者のフランソワ・エリサンは、カッコウの胃は異様に大きく、腹部に突き出ていると記し、もし、カッコウの雌が卵の上に座ったら、間違いなく卵を壊してしまうだろうとほのめかした。数年後の一七八九年、イギリスの有名な博物学者のギルバート・ホワイトは、自分がどのようにカッコウを解剖したかを自著の『セルボーンの博物誌』に記し、以下のように書いてエリサンに同意した。

「とくに満腹のときは、腸に入った穀物は抱卵の際にきわめて不快に感じるに違いない」。だが、ヨーロッパヨタカやヨーロッパアマツバメのような雛の世話をする他の何種かの鳥を解剖してみると、やはりカッコウのような腸をしていることがわかり、ホワイトは以下のように結論した。

その腸の配置から、カッコウには抱卵の能力がないとしたフランソワ・エリサンの推測は、失敗に帰したと思われる。カッコウの場合、この奇妙で風変わりな特殊性の原因がいまなお見つからず、私たちは当惑させられたままだ。(3)

ギルバート・ホワイトはカッコウの習性を不自然なものと考え、「自然が最初に発する大いなる命令の一つである母の愛情の恐るべき辱め」と言った。

ギルバート・ホワイトがカッコウを切り刻んでいたのとほぼ同じとき、エドワード・ジェンナーはエリサンの理論を実験で検証していた。ある程度まで抱卵されていた二つのハクセキレイの卵を、ヨーロッパカヤクグリの巣で育てられていた二週齢のカッコウの雛の下に入れたのだ。一週間後、ハクセキレイの卵が孵った。ジェンナーは、もし、カッコウの雛がうまく卵を孵せれば、カッコウの成鳥もそれができるはずだと推断した。代わりに彼は、カッコウの托卵の習性に関して他の説明を提示した。それはつまり、カッコウは、七月のはじめという早い時期に繁殖地を離れるため、親として世話をする時間がなく、やむを得ず托卵するというものだった。

いまでは、多くの種で渡りの習性が変わることがよくわかっているので、この議論は今日では奇妙に見える。たとえば、ヨーロッパヨシキリは、夏の遅い時期に一腹雛をうまく育てられなかったときは、巣立ち前の雛の養育にまだ忙しいときよりも数週間早く渡りをする。ジェンナーは明らかに議論を逆さにしていた。カッコウの成鳥は、まさに親としてのなすべき義務を持たないからこそ、早い出発を選択しているのだ。ウィッケン・フェン*では、カッコウが旅立つ七月はじめという時期は、ヨーロッパヨシキリが新たな一腹卵の開始を終える、つまり、その夏の托卵のチャンスの終了を示す時期と正確に一致している。

もし、カッコウがその出来の悪さを補うために托卵しなければならないと昔の書き手たちが考えたとしたら、宿主がカッコウの雛を受け入れることはどう説明するのだろう？　一般に示唆されるのは、これが博愛の行為だということだ。たとえば、ベヒスタインは一七九一年の著作で、宿主は、自分の一腹雛よりカッコウの雛を育てることにあまりに誇りを感じてしまっていると考えたがゆえに、宿主の警戒の鳴き声を歓喜の叫びととり違えた。

この鳥たちは、カッコウの雌が自分たちの住みかに近づくのを見たときに何と大きな喜びをはっきり示すことか。それを観察するのは素晴らしいことだ。ほかの動物の接近という妨害が入ったとき、鳥たちは自分の卵を見捨てていくという行動はとらず、その代わりに喜びのあまり我を忘れるかのようだ。たとえば、小さなミソサザイは、自分の卵の抱卵中にカッコウが近づくと、あたかも、カッコウが卵をもっと広い場所で産めるようにするかのように、すぐに巣を明け渡す。そうこうするうち、ミソサザイは喜びを表わしながらカッコウの周りをたいそう飛び回ったので、夫もついに彼女に加わり、この大きな鳥が子育てのために自分たちの巣を選んだという栄誉を与えられたことに、二羽はそろって感謝を惜しまないように見えた。

出来の悪いカッコウと博愛心を持つ宿主というこれらの風変わりな見解は、一八五九年、チャールズ・ダーウィンにより永久に払拭された。ダーウィンは『種の起源』の第八章で、自然選択により行動がどのように進化しうるかの重要な例としてカッコウの托卵の習性を論じた。アメリカカッコウの中には、托卵せず、親としての行動を普通にとる種があることをダーウィンは知っていた。その鳥たちは他のほとんどの鳥類と同じように、自分の巣を作り、抱卵し、巣立ちまで雛を育てる。この考えのもとは一七九四年にさかのぼり、「鳥や獣は汝に教えを授ける」をスローガンにして、入場券のあるフィラデルフィア博物館を創設したチャールズ・ウィルソン・ピールに栄誉がある。ピールは、家族という素晴らしいものに価値を置くアメリカカッコウを、「自分の卵を他の鳥の巣に産む習慣を持つ悪しき不義の象徴」の旧世界のカッコウと対比させ、「鳥たちは互いにおのおのの習慣を忠実に守り、変わらないことは満足がいく」とした。だが、このように親として振る舞うカッコウも結局それほど道徳的ではなく、ときに、他の種の鳥の巣に卵を産むことをダーウィンは文通仲間から知った。そして、この一続きの進化をその後以下のように示した。

ここで、ヨーロッパのカッコウの大昔の祖先がアメリカカッコウと同じ習性を持っていたが、ときどき、他の鳥の巣に托卵していたと考えてみよう。もし、この昔の鳥がときたまの習性により、もっと早く渡りに旅立てる等の何らかの理由で利益を得ていたら、どうだろう。あるいはもし、実の母親に育てられはするものの、孵った時期の異なる卵や雛がたいていの場合同時にいるといった邪悪なものがあるときよりも、他の種の誤った本能をうまく利用して雛がもっと元気に育てば、その鳥や子供は利益を得るだろう。そして、このように育てられた雛は、母親がときたま見せる常軌を逸した習性を引き継いでそれに倣い、自分たちの番になったときは、他の鳥の巣に産卵する傾向を持つだろうし、これにより、子育てがもっと成功するようになることが、上記の類推から明らかである。カッコウの奇妙な本能は、この性質が連続する過程で生みだされたと私は信じる(4)。

このパラグラフは、私にとって今でもめくるめくほど独創的で、生物学者は今日でもこれらのおもな三つの提唱の研究に忙しい。

ダーウィンの最初の論点は、托卵はマイナスの行動などではまったくなく、利益になりうるもので、親として世話をする以上に繁殖に成功をもたらすということだ。托卵する成鳥は、親としての義務に費やす時間とエネルギーから解放され、渡りに旅立てる時期が実際に早まるが、それより重要なのは、節約した資源を使って一シーズンあたりもっと多くの卵を産めるということだ。事実、托卵するカッコウはとくに多産であることが今ではわかっている。子育てをするカッコウは、一シーズンにおいて最大でも、一度につき卵が三個の二腹雛しか育てる時間がない。托卵をするカッコウは、宿主の巣一つに対し一つの卵を産み、シーズンあたり平均八個の卵を産むが、多くの個体は一五個以上の卵を産み、一羽の雌の最多記録は二五個だ。同様に、北米で托卵するもう一つの鳥であるコウウチョウは、シーズンあたり四〇個以上の卵を産むことができるが、それとは対照的に、アメリカのクロウタドリと同じ科に属し、子育てをする典型的な種は、卵が四個の一腹卵を二回である。さらに、ダーウィンも指摘したように、カッコウの雛は宿主の巣で一羽だけで育てられるので、食物をめぐる競争が避けられる。おそらく彼らは、自分の両親に一腹雛の中で育てられるよりもよく育つだろう。したがって、托卵はマイナスどころか、断然プラスに働くのだ。このようなわけで、ギルバート・ホワイトとエドワード・ジェンナーの危惧は完全に覆されたはずだ。そうだとしたら、なぜもっと多くの種が托卵し、子育てをするかくも多くの正直な種から労働を搾取してこなかったのか？

最近の概算によると、世界には約一万種の鳥類が存在する。正確な算出は、種全体を亜種にどう分けるか次第で変わる。正確に言えば、種間の相違は突然生じるものではなく漸進的なものだから、この概算はまさに、進化的変化によって予想される不確実な性質のものである。これら約一万種のうち一〇二種が、一腹卵や雛に必ず寄生しなければならない種、つまり、常に他の種の巣に卵を産み、宿主が卵を温め、雛を育ててくれることに依存する種である。これらの托卵する鳥は、托卵するカッコウ（Cuculidae）五九種、コウウチョウ（Icteridae）五種、ミツオシエ（Indicatoridae）一七種、アフリカのフィンチ（Estrildidae）二〇種、カモ（南米のズグロガモ）一種からなる。托卵の成功は、明らかに宿主の種の供給状態がよいかどうか次第だ。だが、ダーウィンが示したように、もし、一腹雛への托卵がそれほど利益があるなら、なぜ、鳥類全体のわずか一パーセントしかこのようなライフスタイルを進化させてこなかったのか？

ダーウィンの二番目の提唱は、托卵は子育てをする祖先から徐々に進化してきたということだ。直接的証拠はなかったので、ときたまの托卵行為が段階を経て、いつも必ず托卵する種に進化したということは、いかにもありそうだと彼は論じたにすぎなかった。しかし、いま私たちはこの推測が正しいことを知っている。二〇〇五年、マイケル・ソレンソンとロバート・ペインは、世界中のカッコウ一四一種（Cuculidae 科）についてＤＮＡの類似性に基づく系統図を組み立てた。カッコウ科の鳥は四二パーセント（五九種）しか托卵を行なわず、残りの五八パーセント（八二種）は子育てをする。カッコウ科の中では、托卵は、子育てをする先祖の種からそれぞれ独立して三回にわたり進化してきたことを、この系統図は明らかに示していた。一度は、南米のカッコウで（*Tapera* 属と *Dromococcyx* 属の中の三つの近縁種）、一度は、ユーラシアとアフリカのカンムリカッコウ（*Clamator* 属の四種）、あと一度は、托卵をするもう一つの大きなグループ（*Cuculus* 属のカッコウを含む一一の近縁属の五二種）である。

ダーウィンの三番目の論点は、ここ三〇年間私を魅了し続けてきたものだ。それは、当然のことながら、宿主は博愛によりカッコウを養育しているのではないということだ。そんなことがありうるだろうか？　わが子ではなく、カッコウの方を好んで育てて時間を費やすヨーロッパヨシキリがもしいたとしても、その寛容な本能を未来の世代に受け渡すことはできないだろう。他方、カッコウを育てることを拒絶し、自分の雛の子育てに絞ったヨーロッパヨシキリは、その利己的な本能を子孫に渡すことができ、したがって、自分の雛（もしくは遺伝的に近縁な他者）を利する利己的な子育てが、自然界全体で最も多く見られそうな習性になるはずだ。そして、それは事実である。カッコウの雛を受け入れることについてのダーウィンの説明は、その宿主が単にだまされたか、彼自身の言う「誤った本能」に従ったからであるというものだ。そして、「ほとんどの本能と同様、それは素晴らしくて賞賛に値するが、それでも、絶対に完璧というものはありえない。敵から逃れようとする者と、獲物を確実にとらえようとする者の間の本能のせめぎ合いは、自然界の至るところで常に継続しているからだ」と書いた。そして自然界を、個々の種が変化をやめない競争相手や敵と戦うため、新たな防衛やだましの技《わざ》をそこで永遠に進化させ続ける「もつれ合った土手」になぞらえた。

したがって、理論上は、カッコウと宿主の間には、リチャード・ドーキンスとジョン・クレブスが「進化的軍拡競争」と名づけたものが存在するはずだと予測がつく。宿主は、カッコウの托卵に反応してカッコウから巣を守り、その卵や雛を排斥するという防衛を進化させてきたはずだ。すると今度は、これがカッコウがだましの技を改善し、宿主の防衛を破るという進化につながった。カッコウのだましがうまくなると、宿主の防衛の上達という進化が好まれ、カッコウのだましがさらに進歩し、宿主の防衛もさらに進歩するというふうに続いた。換言すれば、宿主とカッコウは、どちらかの側が相手側の変化に応じた変化を選択することでともに進化しているはずだ。

カッコウと宿主は、このような軍拡競争の中で、いまもともに進化しているのか？

＊

一週間後、私はウィッケン・フェンのヨーロッパヨシキリの巣に戻ってきた。そして再び杖で葦をかき分けた。はじめ、カッコウは見つからなかった。植物は生長していたので、茎や葉から反射される明るい太陽光に目を慣らし、巣の中のカッコウを探すには時間がかかった。だが突然、葦の奥深くに微動だにせず座っているカッコウが見つかった。カッコウはいまでは三週齢で、前よりずっと大きくなり、翼も尾も伸びて巣立ちの用意は整っているようだった。巣は哀れな有様だった。形はぺしゃんこになり、支えの一本の葦は外れていた。カッコウはいまや、ぼろぼろになった縁の残骸にとまっていた。足指は、二本が前を、二本が後ろを向き〔対趾足〕*、カッコウ科のすべての鳥の典型的配置であることに私は気づいた。今回は鳥が飛び立たないよう、あえて近くへは寄らなかった。私は後ずさって土手に座り、葦の狭い隙間から中を覗いた。頭部と体の前部だけはかろうじて見分けられたが、内部は暗く、見るのは難しかった。すべてはひっそりと静まり、溝の縁に沿ってトンボが見回りをしているのに私は気をとられた。ヨツボシトンボの雄がつがいの相手を探す縄張りを守っているのだ。湿地の多くの生き物にとり、夏は始まったばかりだ。

「ツィ……ツィ……ツィ……」という興奮したような鳴き声がし、私はもう一度カッコウの方を見た。ヨーロッパヨシキリがカッコウの背中にとまっている！　カッコウが頭を回すと、ヨシキリは、黒と黄色の大きなハナアブを巨大な喉の奥深くに差し入れた。今回はヨシキリの頭は完全に消え、一瞬私は、カッコウが宿主を丸ごと飲み込んでしまうのかと思った。だが、給餌は二秒で終わり、ヨシキリは葦の中を飛び去り、カッコウは再び静かに沈黙した。

この瞬間、宿主はだまされているというダーウィンの提唱はありそうもないという思いがさらに強まった。カッコウの雛は、いまや重さがヨーロッパヨシキリの八倍ある。餌をやるために、かくも怪物じみた雛の背にとまらなければならない親は、明らかに、何か間違っていると気づくべきだ。ヨーロッパヨシキリはカッコウに対する防衛手段を何か持っているのか？　もしそうなら、カッコウの雛は、どのようにしてかくも容易にだましに成功するのか？　これらの問いへの回答を始めるには、カッコウがどのように托卵するかを解明するため、夏のはじめに戻らなければならない。

# 第2章

# カッコウはどのように卵を産むか

マキバタヒバリの巣に托卵しようとして舞い降りるカッコウの雌。
——2014年6月23日。

一〇〇年近く前のある夏の日のこと。年代物の車が、イングランドのウースターシャー州のワイア・フォレストにあるヒースの生えた小さな草地の隅に静かにとまった。運転席から身なりのよい紳士が出てきた。ツィード製の平らな帽子をかぶり、上着とベストもツィードで、白シャツにネクタイを結んでいた。ズボンはぶかぶかのニッカーボッカーで、厚手の綿の靴下が膝まできていた。男がもう二人降りてきた。身なりはさほどでもなかったが、清潔な白シャツ（ネクタイはなし）と上着を着ていた。男たちは車の後ろに回った。見ていた人がいたら、ピクニックのかごをとり出すと思ったかもしれない。だが、荷物置きから現われたのは、小枝の骨組みを細枝とヒースの束でくるんで作られた背丈が人の身長くらいの小さな小屋という、驚くべきものだった。

三人は荒れ地をゆっくり横切っていった。先頭の紳士は地面を注意深く覗き込み、あとの二人は小枝の小屋を運んでいた。突然、紳士が立ちどまり、前方を杖で指した。二人は小屋を地面に降ろした。小屋は二つの部分に分かれており、彼らは天井をとり外した。紳士は中に入り込み、小さな台を渡された。天井が戻され、少しすると、枝でできた壁の穴から手が現われ、親しげに振られた。それから二人の男はいくつか手直しをして小屋を安定させ、中に身なりのよい紳士を残したまま退散した。

ここはパウンド・グリーン入会地で、ここまで見てきたのは、一九二一年に製作された一二分の白黒の無声映画『カッコウの秘密』の最初の部分である(1)。身なりのよい紳士はエドガー・チャンスで、映画は、カッコウがどのように托卵するかを彼が発見したことを讃えていた。これは、最も初期に製作された野生生物の映画の一つで、「生命の秘密」と呼ばれる有名なシリーズの最初の映画になった。映画は、イギリス中の、のちにはニューヨークの映画館で上映され、混雑した館内は喝采の嵐になった。注目の理由は、カッコウが宿主の巣に托卵するシーンを完全に初めてとらえたというだけではな

1920年、パウンド・グリーン入会地でシモンズ父子の手を借りながら、隠れ場に入ろうとしているエドガー・チャンス。Photo by Oliver G. Pike, *The Truth About the Cuckoo*, Edgar Chance.

く、撮影監督のエドワード・ホーキンスが、それまで野生生物の撮影経験のまったくない、ニュース映画のカメラマンだったこともあった。エドガー・チャンスは、最初にホーキンスに駅で出会ったときのことを一九四〇年の自著『カッコウの真実』で回想している。

ホーキンスは自分に与えられた仕事について感謝を表明しながら、人生でこれまで一度もカッコウを見たことがないと私に話した。私は、重要なのは、見たものを忠実にフィルムに収める能力に尽きると答え、君はこれまでまだ誰も見たことがないものを見るのだと約束して、安心させた。

この映画を見るとホーキンスの興奮に共感を覚える。というのも、今度は彼は、パウンド・グリーン入会地に小枝で作られた鳥の観察小屋の中に、カメラを持って座っており、そこは、草むらの地面の上に作られたマキバタヒバリの巣からわずか数メートルしかなかったからだ。まず、カッコウの雌が托卵するところが映っていた。ここで一番驚くのはそのスピードで、雌がタヒバリの巣に舞い降り、卵を産み、飛び立つまで、合わせて八秒もかからなかった。チャンスは入会地の端からカッコウを見ていたが、雌が巣へ向かって飛ぶとすぐ、この一連の流れをとらえるカメラが確実に回っているよう、小屋の中のホーキンスに口笛で教えた。

一二日後、映画の字幕の説明どおりカッコウの卵が孵《かえ》ると、羽がなく目もあいていないこの雛が、孵ったばかりのタヒバリの雛二羽と、孵化前の卵一つと巣の中に一緒にいることがわかる。次に映るのは、タヒバリの母親が雛と卵を温める姿だ。突然、母鳥は脇へ押しやられ、その下からカッコウの雛が現われる。カッコウの雛は、タヒバリの卵を両翼のつけ根の間に入れ、背中の真ん中にある小さなくぼみに何とか安定させようとしながら脚を引きずって、あとずさりする。そして、巣の縁へ上がり、最後に翼を一振りして卵を巣の外に押し出す。その様子をタヒバリの母親は無関心に眺めているが、カッコウは巣の中へくずれ落ちて戻る。

しばらくすると、母親が餌探しに巣を離れる。母親がいない間、カッコウはタヒバリの雛の一羽に注意を向ける。カッコウの雛は、今度はその雛を背中に乗せて強い脚を踏ん張り、もう一度巣の側面をゆっくり這い上がっていく。そして、タヒバリの雛を何度も外へ出そうとするが、身もだえをする雛は卵よりも扱いにくく、一分後に親鳥が戻ってきたとき、雛はまだあえいでいる。母親は巣の縁の騒ぎは無視し、タヒバリのもう一方の雛に幼虫の餌をやる。カッコウは消耗したらしく、雛をかついだまま巣の中に滑り降り、母親は、三羽の雛たちをもう一度温めようとその上に座る。

母親は再び巣を離れる。親がいない間、いまや元気を回復したカッコウの雛はすぐさま、二羽のタヒバリを一羽ずつ順に押し出す。タヒバリの雛たちは、しばらくは巣のすぐ外の地面の上でもだえるが、どうすることもできない。親鳥は戻ってくると、そのうちの一羽にイモムシの餌をやる。だがその後、親は巣の中にいるカッコウの雛の上に座り、巣の縁からわずか数センチのところでまだ身もだえしている自分の二羽の雛たちには、それ以上注意を払わない。雛たちは少しずつ凍えながら死んでいき、一方、タヒバリの親たちは巣を独り占めしているカッコウの世話をする。最初は巣の中にいたものがその後巨大に成長し、羽が生え巣立ちしていくカッコウの雛に、タヒバリの親たちが餌をやるため奮闘するのを私たちは見ていた。

これら一連の場面は映画を見た者を驚かせ、衝撃も与えたに違いない。映画の字幕は、おそらく当時の公衆の反応を代弁していたのだろう。人々はカッコウのことを「母鳥の仕事を他者に押しつけ、あっという間に家庭を壊す者」と言った。映画を驚異的なものにしたのは、カッコウの托卵の瞬間をとらえるのに必要不可欠な事前の探索の作業であった。チャンスは、決定的な八秒間のドラマの瞬間に自分がそこにいて、そのシーンをとらえるには、カッコウがタヒバリのどの巣を選ぶかを予測し、加えて雌が卵を産むのは何日の何時かを正確に知らなければならなかった。そんなことをどうやって行なったのだろう?

＊

エドガー・チャンスは実業家で、バーミンガムのガラス製造会社の重役だった。情熱の対象は、鳥の卵を収集して研究する鳥卵学にあった。パウンド・グリーン入会地でのチャンスの研究開始以前、卵の収集家たちは、カッコウの卵が驚くほど変異性に富むことを明らかにしていた。ヨーロッパでは、ほとんどの卵に斑点がついているが、地の色合いは、灰色がかった白、緑、茶とさまざまだった。刻印も同様で、小さな斑点、大きな染み、くねくねした模様という変異があった。刻印が全然ない、真っ白や空色一色のものもあった。ヨーロッパには、卵の変異性がこれほど高い鳥はほかにない。

収集家たちは、カッコウの卵を見つけると決まって、宿主の卵とカッコウの卵を一緒に示すために一腹卵を丸ごと採取した。カッコウの卵は宿主の卵より若干大きいが、宿主の卵に似る傾向があることは、昔から（少なくとも一八世紀後半以降は）知られていた。たとえばイギリスでは、ヨーロッパヨシキリの巣にあるカッコウの卵は、ヨーロッパヨシキリの卵のように緑がかった色で、斑点がある。マキバタヒバリの巣では、卵はもっと暗い茶色で斑点があり〔口絵15〕、タヒバリ自身の卵に合っている。ハクセキレイの巣では、ちょうどハクセキレイの卵のように色がずっと薄く、灰色がかった白で細かい斑点がある。ヨーロッパの他の場所では、似具合ははるかに印象的だ。ジョウビタキの巣のカッコウの卵は空色一色で〔口絵16〕、宿主の卵に完璧に似ているし、オオヨシキリの巣の卵は、薄緑色の地に、大きさがさまざまで色も灰色がかった水色から焦げ茶までさまざまな斑点がついており、これは宿主の卵の刻印の丸写しだ。

カッコウの雌は、選択した宿主の卵に応じて自分の卵の色を変えることができるのか？　そんなことはまず不可能だろう。卵は雌の食物により多少変わったとしても、カッコウ卵の変異性は、おのおのの雌が産みうる変異の幅〔レパートリー〕と比較して明らかに大きすぎる。一八九二年、ドイツの二人の鳥卵学者、エドゥアルド・バルダムスとオイゲン・レイは、ある限られた地域内で宿主の巣に托卵された卵を、その卵を産んだ雌ごとに収集した。コレクションからは、同じ雌がいつもまったく同じ型の卵を産むことが明らかだった。さらに、ある雌はヨーロッパヨシキリを狙い、別の雌はマキバタヒバリを狙うという具合に、雌が違うと好みの宿主が違うことも彼らは発見した。おそらく、好みの宿主の巣が手に入らなかったであろうときに、雌が「間違った」宿主の巣に托卵するのも見つかった。だが、それでも雌は毎回まったく同じ卵を産んだ。

したがって、カッコウの雌はそれぞれ卵の型が異なるものの、卵がよく合う宿主をなぜか上手に選ぶため、カッコウの卵と宿主の卵が似ていることを、収集家たちによるこれらの先駆的研究は示していた。別の可能性は、カッコウは単にでたらめに托卵するが、うまく合致した卵だけが生き残り、収集家に記録されるというものだ。鳥たちは、巣に産まれたよそ者の卵を排斥する場合があることはすでに知られていた。だが、でたらめに托卵して宿主の排斥に遭うというのは、カッコウの卵と宿主の卵が似ることの説明としてはありえないように思われる。それは、カッコウの卵の多くは托卵の直後に収集されているし、カッコウの側から見ると、でたらめな托卵は資源のはなはだしい浪費になるからだ。いずれにせよ、カッコウの雌はめいめいがでたらめに托卵するのではなく、一つの宿主を好むことをバルダムスとレイは示した。

これらの観察から以下のことが示唆される。すなわち、カッコウはいくつかの托卵系統に分かれ、おのおのはある決まった宿主に特化しその宿主に特化した卵――たとえば、マキバタヒバリに特化したカッコウは斑点のついた茶色の卵、ヨーロッパヨシキリに特化したカッコウは斑点のついた緑色の卵、ジョウビタキに特化したカッコウは青一色の卵――を産むはずということだ。一八九三年、アルフレッド・ニュートンは、これらのカッコウの托卵系統を「ジェンス」(**gens**、複数形はジェンティーズ（gentes）と呼び、これはラテン語で、共通の祖先の子孫である一族を意味する。カッコウは托卵系統間で遺伝的差異があるので、それらはどちらかと言うとカッコウの亜種のようなものであることが、今日ではわかっている。

エドガー・チャンスは、オイゲン・レイたちによるそれまでの研究を賞賛したが、その収集の情熱に本当に火がついたのは、レイがライプツィヒの近くで、一シーズンに一羽の雌が托卵した二〇個の卵を収集するという記録を作ったと聞いたときだった（実際には、チャンスには間違った情報が伝わっており、レイのシーズン記録は一七個だったが、それでもこれは、托卵というライフスタイルの成功の証である）。この記録を破ろうとチャンスは決意した。だが、一シーズンに一羽のカッコウの雌が産んだ卵をすべて確実に集めるには、雌を注意深く追い、雌の選んだ宿主の巣を全部発見するだけでなく、托卵がいつ起こるかを正確に知らなければならなかった。チャンスは、カッコウに産ませる卵の数を増やせそうな卵収集家のトリックも知っていたので、レイを負かす可能性はあった。

チャンスにはもう一つ研究の動機があった。それは、一切合切決着をつけたいと思っていたある論争だった。観察者の中には、カッコウの雌はまず地面に卵を産み、それから卵を嘴《くちばし》にくわえて宿主の巣に入れると主張する人がいた。これらの人々は「嘴派」だった。ほかに、カッコウは自分の卵を食道に入れて宿主の巣にやってきて、それを巣に吐き戻すと考える「吐き戻し派」もいた。これらの可能性に対しては確かな証拠があるように思われた。実際カッコウの雌は、嘴に卵をくわえて飛び去るのがしばしば見られていたし、撃たれた雌の中には喉に卵があるものも見つかったからだ。さらに、ミソサザイのように、巣がドーム型で入り口が小さな穴状の宿主もいる。カッコウの雌がこの巣に直接卵を産むことができそうもないのは明らかだ。たとえば、オイゲン・レイは「嘴派」で、セアカモズの巣で見つかったカッコウの卵が泥で汚れていたことに言及し、これはこの卵が最初は地面の上にあった証拠であるとした。チャンスは、「嘴派」も「吐き戻し派」も間違っており、カッコウの雌は、他の鳥たちとまったく同様、宿主の巣に直接卵を産むと確信していた。これが、カッコウがいつ、どこで卵を産むかを正確に判明させたいという二番目の動機で、それにより、チャンスは雌の托卵の現場をとらえることができた。

*

パウンド・グリーン入会地は、約四〇〇×六〇〇メートルの広さでなだらかな起伏があり、三方を森林に隔てられ、孤立した荒れた草地である。一八世紀に牧草地にしようとして開墾された人工的な入会地で、当時は、マキバタヒバリやヨーロッパビンズイ、ヒバリ、キアオジ、ノビタキのような地面に巣を作る鳥たちの理想的な生息地だった。そこには、カッコウの雌が宿主の巣を探すための完璧な見張り場となる高木がまばらに生えていた。この入会地におけるチャンスの最も詳細な研究は、一九一八年から一九二二年の五年間の夏に行なわれた。チャンスは、O・R・オーウェン、P・B・スミス、地元の石炭鉱夫のシモンズとその息子という四人の助手とともに、定期的に同じルートを見回りながら宿主の巣を探しはじめた。カッコウと宿主の卵のコレクションをもとにした明察な推理により、彼らは徐々に、カッコウがどのように托卵するかに関して驚くべき筋道を組み立てていった。

最初の夏の一九一八年、イギリスはまだ戦時中だったが、入会地をふらりと訪れることはできた。チャンスが最初にやってきた五月の終わりには、繁殖はすでに一ヵ月間経過していた。チャンスは間もなく、植物が生い茂る中で巣を見つけるのがいかに困難かを知った。タヒバリの巣は地面の上にあったが、草むらやヒースの茂みの下の小さな穴の中に埋まり、見えなくなっていることが多く、父親シモンズの犬のコリーが足もと近くにいる鳥を飛び立たせても、巣を見つけられないことがしばしばだった。彼らはよく、雄の「クックー」という声や、「泡立つ水のような」という喩えがきわめて似つかわしい雌の「ピピピ……」という鋭い声を聞いた。木にとまっていた雌が地面に舞い降りてきたのを見た日もあったが、着地した場所を正確に特定することはたいていできなかった。このように最初のうちは苛立つこともあったものの、この夏にチームは二羽のカッコウの雌の卵を見つけた。二羽はそろって、マキバタヒバリに特化した托卵系統に典型的な茶色の卵を産んだが、それぞれの卵は、地の色合いと刻印のわずかな差により識別可能だった。その一羽のカッコウAは、入会地の片側のマキバタヒバリの巣に一〇個、ヒバリの巣に一個の卵を産んだ。もう一羽のカッコウBは、反対側に隣り合う縄張りに卵を四個だけ産み、托卵した巣は全部マキバタヒバリの巣だった。

チャンスはこれらのカッコウや宿主の卵をすべて集め、保存のために一つひとつの卵の先端に小さな穴をあけて息を吹いて中身を出した。胚を調べると、抱卵の段階が決定できた。托卵された一腹卵は、どれもカッコウの卵と宿主の卵が発生のほぼ同じ段階にあったので、カッコウは、宿主の産卵日にちをそろえるため、個々の巣について托卵のタイミングを計っているに違いないとチャンスは結論した。マキバタヒバリは普通、一日に一個ずつ、四個か五個の一腹卵を産む。したがって、カッコウにとり、宿主の巣の一つひとつに対し托卵のチャンスが開かれているのは、わずか四、五日の短期間だ。一シーズンに一〇個かそれ以上の巣に托卵するには、雌は宿主のすべての巣を注意深く見張り、正しくタイミングを計らなければならない。その後チャンスは、宿主の巣の探索と同じくらいカッコウの方も見張ることにした。

次のシーズンはたいそう待ち遠しかった。マキバタヒバリは明らかに宿主として好まれていたが、一九一九年の春には入会地にはたった一〇つがいしかいなかったので、チャンスはカッコウを助けてやることにした。カッコウの到着直前の五月初旬、チャンスは、すでに抱卵にさしかかり、托卵には遅すぎるタヒバリの一腹卵を全部回収した。これらのつがいはすぐに新しい巣を作りはじめ、七日か八日のうちに代わりの一腹卵を産みはじめた。その結果、早めに托卵を開始するカッコウにちょうど時期が合うタヒバリの巣がさらに増えることになった。卵の特徴でわかったことだが、同じカッコウの雌が二羽戻ってきて、二羽とも前年とまったく同じ隣どうしの縄張りで産卵したので、チャンスは喜んだ。この二年目のシーズン中に、カッコウAからは一八個の卵が集められた。縄張り内には、ヒバリ、ヨーロッパビンズイ、ムネアカヒワもたくさん巣作りをしていたにもかかわらず、卵はすべてマキバタヒバリの巣にあり、このことは雌が宿主〔マキバタヒバリ〕に特化していることを確実に示していた。カッコウBの卵は二個だけ見つかり、両方ともまたもやマキバタヒバリの巣の中にあった。

巣を毎日確認することで、カッコウがいつ托卵するかを正確に決定し、その後再び、その卵がいつ孵るかを正確に決定する。チャンスは、宿主の卵が一三日間の抱卵で孵るのに比べ、カッコウの卵は一二日間で孵ると算出した。したがって、カッコウの雌が托卵のタイミングを正しく計るとすれば、抱卵の期間が短い分、カッコウの雛には孵化前の宿主の卵を放り出す機会が生まれる。これは、宿主の雛を格闘の末に放り出すより簡単な仕事と思われる。

チャンスはいままでは、抱卵が始まってからはじめて気づいた数個のカッコウの卵について、托卵日を概算できるようになっていた。カッコウAが産んだことがはっきりしている卵については、その夏雌が一日おきに産んだことがわかった。最初の五個は、五月一八日〜二六日の産卵中に定期的に産んでいた。その後は三日間の空きがあった。その後の一三個は、五月三〇日〜六月二三日に一日おきに産まれた。

実際には、チャンスはレイの一七個というシーズン記録を一個上回っていたが、情報が間違っていたため、まだ三個足りないと信じ込んでいた。そのため彼は、三度目のシーズンの一九二〇年はタヒバリの巣の入手の可能性を大幅に増やそうと決めた。それには、托卵されているものもいないものも、一腹卵〔の確保を〕をシーズンを通して「請け負い」、カッコウが必要に応じていつでも托卵できるよう、適切な巣を用意することにした。もし、カッコウの托卵予定日にタヒバリの巣が空っぽなら、他のタヒバリかヒバリの巣の卵を一、二個加え、空だった巣で産卵が始まったように見せることにした。カッコウAがもう一度戻ってきたのを見たチャンスは、ほっとした。今度は、チャンスの助けを借りた雌は、マキバタヒバリの巣に二〇個、ヨーロッパビンズイの巣に一個の卵を産み、全部で二一個になったので、「世界記録」は確実になった。

この三度目のシーズンには、カッコウの行動に関してもさらに多くのことがわかった。チャンスが宿主の巣をそれぞれ確認していると、カッコウAがしばしば近くの木から飛び立ち、雌もせっせと同じ巣の確認をしていたのがわかったのだ！　したがって、宿主の巣を一番簡単に見つけるには、ただ雌を見張っていればよい。「カッコウに観察者の一員として協力してもらえば、単調な仕事はかなりの部分を雌にさせることができる」とチャンスは書いた。

一九二〇年五月の終わりには、カッコウAはすでに一〇個の卵を産み終えていた。雌が一日おきに卵を産んでいたことをチャンスは知っていたので、一日おきに巣を順番に回転させ〔産卵を〕再開するよう注意深く一腹卵を「請け負う」ことで、雌がこれらの巣のどれを選ぶかをチャンスはかなり確定することができた。だが、それでも托卵の出来事そのものを目撃することはできなかった。チャンスは最初、カッコウはタヒバリとまったく同じように早朝に産卵すると仮定していた。それで、明け方には間違いなく宿主の巣の場所にいられるように一晩中入会地にいたが、巣を確認すると、カッコウがすでに托卵していたのを見て驚いた。次のときには、チャンスはさらに早くそこに着いた。霧の立つ寒い朝、午前三時四五分に起きたが、タヒバリの卵の横にはカッコウの新たな卵があった。どちらも冷えて湿っており、明らかに一晩放置されていた（タヒバリは、一腹卵が完成、あるいはほぼ完成するまで抱卵を始めない）。突然、彼は間違いに気づいた。カッコウは前日の午後に托卵したに違いなかった。

托卵タイミングの謎というパズルを解く最後のピースが発見されたことで、観察チームはカッコウの雌の見張りを毎日午後に絞ることにした。そしてついに托卵を見ることができ、その頻度が一番高いのは午後三時〜六時だった。托卵の前、雌は宿主の巣から一〇〇メートルはない木の枝にじっと動かずとまっている。この待ち時間は、チャンスと仲間にとり非常に辛いこともあった。雌はそこに三〇分間とまることも、二時間半とまることもあったのだ。そして、準備ができると雌は巣へ舞い降りるが、そこには普通一〇秒かそこらしかいずに飛び去る。観察者が巣を確認すると、宿主の卵が一つなくなり、その場所にカッコウの卵があるのが見つかった。信じがたいことに、雌は、宿主の卵を一つとり除いて自分の卵を産むというすべてのことを、わずか数秒間でやったのだ。だが、雌がどうやって産卵したのかきっちり見た人はまだいなかった。

＊

カッコウAは一九二一年に再び戻ってきて、この四度目のシーズンにチャンスはついに勝利した。いまでは、雌の産卵の予定日がわかっており（一日おき）、どの巣を選びそうか予想がつき（タヒバリが産卵中の巣）、カッコウの選択の対象を限定でき（タヒバリの一腹卵を「請け負う」ことで、その日に手に入るちょうどよい巣がたった一つになるようにする）、托卵の時間も知っていた（午後遅く）。したがって、托卵が予想される宿主の巣のそばに隠れ小屋を置けば、カッコウの托卵をわずか数メートルの場所から見ることができた。

以下は、チャンスが見たものである。〔カッコウの〕雌は、巣に着くやいなや、宿主の卵をとり除く。それから、その卵を嘴にくわえて少しの間巣に座り、自分の卵を産む。その後、あとずさりし、宿主の卵を持って飛び去る。近くの木にとまり、宿主の卵を丸呑みする。これらの観察は二つの謎を一度に解いた。雌は、他の鳥たちとまったく同じように、卵を直接巣に産むのだった。また、これまで観察者が見ていた、雌が嘴にくわえていた卵は、宿主の卵で、カッコウの卵ではなかった。「嘴派」と「吐き戻し派」は間違っていた。巣へ直接産卵するのはすべての宿主に托卵するカッコウで通常の手順であることが、いまではわかっている。ミソサザイのように巣がドーム型の宿主でも、雌はただ巣にしがみついて腹部を巣穴に向け、卵を放出する。

エドワード・ホーキンスが托卵の映像を撮るため最初に雇われたのは、この四回目のシーズン中だった。撮影が最もうまくいったのは、二回目、三回目、四回目、一二回目、一三回目、一四回目の托卵のときで、カッコウがタヒバリの巣へ舞い降りるシーンが最もきれいに撮れたのは、七回目のときだった。托卵に選ばれそうな巣をチャンスが非常によく予想できたのは驚くべきことで、隠れ小屋を正しく設置できたため、ホーキンスはきわめて多くの托卵シーンをとらえることができた。その結果、すべての段階を見事に細部まで現わすことができた映像が編集された。

一九二一年六月半ば、チャンスは宿主が産み終えた一腹卵を収集するのをやめた。手に入る巣を増やしてくれる助けがなくなったカッコウAは、その夏いつもより少ない一五個の卵しか産まず、一四個はマキバタヒバリの巣で、一個はヨーロッパビンズイの巣だった。カッコウが入会地に托卵できる数は、卵を作るための食料より、手に入る宿主の巣の数の制約をより強く受けることを、このことはきわめて整然と示していた。

一九二二年、カッコウAの五番目の最後のシーズンは、チャンス自身の言葉によると「突出した歴史的なパフォーマンス」だった。人の助けが復活し、宿主の巣が可能な限りたくさん手に入るようになり、すでに卵が入っている巣の隣にさらに人工の巣を置くというトリックも加えられた雌は、この夏の托卵数が全部で二五個に達し、チャンスはこれをすべて集めた。托卵はすべてマキバタヒバリの巣だったが、これに関わったタヒバリのつがいは一一組だけで、何組かのつがいはチャンスにより何度か一腹卵を「請け負わ」されていた。これらの托卵シーンの中には、チャンスが契約した第二のカメラマンのオリヴァー・パイクが、当時「ウルトラ・ラピッド」（超高速）と言われていたフィルムを使って隠れて撮影し、托卵の手順を明らかにしたものもあった。托卵を見にくる来客もあった。「パイク夫人はバードウォッチングの経験がかなり豊富だったにもかかわらず、カッコウの托卵を見たとき、隠れ小屋の中でたいそう興奮した」とチャンスは書いている。だが、皆がそろってこのように熱狂したり、我慢強かったわけではなく、決定的な一〇秒間の際、暖かい小屋の中で居眠りをして

1922年、パウンド・グリーン入会地のマキバタヒバリの巣に托卵するカッコウA。まず、宿主の卵を一つとり出して嘴にくわえ、その後、自分の卵を直接巣の中に産む。

いた人もいた。

チャンスは自分の発見を二冊の書籍で出版し、それは『カッコウの秘密』（一九二二年）と、その増補版の『カッコウの真実』（一九四〇年）である。そこには、一九三〇年までの入会地でさらに五羽のカッコウが托卵した様子が記録されていた。この五羽の雌たちは、カッコウAとまったく同様にすべてマキバタヒバリに特化していた。これらのカッコウをすべてチャンスが追ったところ、全部で八六個の卵が詳細に記録され、マキバタヒバリの巣に七一個、ヨーロッパビンズイの巣に八個、キアオジの巣に四個、ヒバリ、キタヤナギムシクイ、ムネアカヒワの巣に各一個だった。チャンスの著作にはオリヴァー・パイクが撮った白黒写真があり、カッコウAの托卵行動、すなわち、宿主の巣に降り、その中に体を

宿主の卵をくわえて飛び立つカッコウA。托卵するカッコウの写真は、これがはじめて撮影されたものである。Photos by Oliver G. Pike, *The Truth About the Cuckoo*, Edgar Chance.

入れて卵をくわえ、巣に座って産卵し、あとずさり、嘴に宿主の卵をくわえたまま飛び立つのを見ることができる。映画のフィルムからとられたスチール写真には小さく不鮮明なものがあり、チャンスは拡大鏡の使用を読者に勧めている。だが、そこには、カッコウがどのように托卵するかに関してはじめて正確にとらえた驚くべき記録があるのだ。

『カッコウの真実』の第七章には驚くべき詳細が見事に描かれている。カッコウAが記録破りの振る舞いを見せた托卵はすべて一九二二年夏のもので、最初は五月一一日、二五番目は六月二九日だ。托卵されたのは、五月一一、一三、一六、一八、二〇、二二、二四、二六、二八、三〇日、六月一、三、五、七、九、一一、一三、一五、一七、一九、二一、二三、二五、二七、二九日で、一一番目の卵を産んでからの二日間の中断を例外に、その後は一日おきである。私たちの賞賛に最も値するのは誰だろうか。宿主の巣をこれほどたくさん追い続けたので、タヒバリの産卵時期に合わせて一回ごとに托卵のタイミングを計れたカッコウの雌か、あるいは、雌を首尾よく追い続けたチャンスと仲間たちか。その判断は難しい。六番目の卵の托卵についての彼の記述は、雌がタヒバリのどの巣を選択するかを予測しようとするときの興奮や落胆をすべて伝えている。

五月二二日。出席者は、アラン・エリソン牧師、ガイ・チャタリス閣下、オリヴァー・パイク、シモンズ父子、私。托卵が予想される巣は3aだが、他の可能性もある……午前一一時、カッコウは6bを見ている……三五分間、じっと動かずにいる雌を見張るが、その後雌は飛び立つ……二時一五分～二時四五分、雷を伴うひどい嵐のため、隠れ小屋に避難する……二時四五分、見張りに戻る……エリソンは3aの巣から一五ヤード〔一四メートル〕の位置に、パイクは砂地のくぼみの中で、4aの巣と5の巣の縄張りを見張る。チャタリスは、シモンズ父子か私のどちらかと一緒に6aとb6《ママ》の巣の縄張りを見張っていたが、後者の巣はまだ見つからない。カッコウのいる気配や鳴き声はないが、午後四時ちょうど、エリソンが口笛を吹き、私はパイクの意見に従いそちらへ行った……すると、エリソンはカッコウが巣を飛び立ったところしか見なかったことがわかった。愛すべき友人は、蒸し暑さのため眠気を催していたことを認めた。難しい局面を乗り切るにあたり、この特別な来客を一番快適な場所に配置したのに、その挙げ句、彼の失敗のせいで苛々することになってしまった！

カッコウAの記録は、タヒバリから卵を集め続けて一腹卵を「再スタート」させるという自分の手助けによるところが大きいことを認めつつも、チャンスはその記録を自慢していた。自分が夏中、巣を操作していたことに明らかに注意し続け、そのお膳立てで増加した托卵の機会を利用したこの雌の観察眼に、チャンスは驚かされた。そのような誘導のない自然界では、托卵の機会は決してそんなに多くはないのは明らかだ。この記録は「カッコウがいくら托卵し続けても絶対に及ぶことはないだろう」とチャンスは信じていた。

しかし、チャンスはカッコウのずるさを過小評価していた。宿主の一腹卵の段階が進みすぎて托卵できないとき、カッコウはそれを丸ごと食べてしまうことがあるのをチャンスは知っていたが、この行動は、雌が宿主に一腹卵を再開させるための普通の戦略であることが、その後の研究で示された。一九七〇年～一九八一年にドイツのハンブルクの近くで実施されたカッコウのヌマヨシキリへの托卵に関する研究では、完成した一腹卵か、雛がいる宿主の巣の三〇パーセントがカッコウの雌にとられたことを、カルステン・ガートナーが見出した。ヨーロッパヨシキリへのカッコウの托卵に関するフランスでの別の研究では、カッコウの卵の四分の一以上は、このような捕食のあとの代わりの巣に産まれていることがわかった。雄ではなく、雌だけが宿主の巣を略奪するので、これは、空腹のカッコウが手ごろな餌を探してのことでは決してなく、手に入る宿主の巣を増やすための戦略である。

それならばチャンスは心ならずも、カッコウが自分のために普通にしていることをしてやっていただけだった。カッコウの雌は、縄張り内の宿主の巣の見張りに長けているだけでなく、宿主の一腹卵をとって産卵の時期をずらさせ、シーズンを通して托卵の機会を目いっぱい増やすずる賢い操縦者なのだ。一九八八年、イングランド中部のオックスフォードシャー州のマイク・ベーリスによる研究では、人が手を貸さずにカッコウAに匹敵する記録が打ち立てられた。この雌は三六のつがいを含むヨーロッパヨシキリの集団に托卵しており、このシーズンには二四のつがいに二五個の卵を托卵した（一つのつがいは二度托卵されている）。

パウンド・グリーン入会地での五シーズンの間、カッコウAは九〇個の卵を托卵し、これらはすべて、チャンスの発見以前に孵った数個は別として、彼により収集された。托卵先は、八七個がマキバタヒバリの巣、二個がヨーロッパビンズイの巣、一個がヒバリの巣だった。これらは現在、ハートフォードシャー州にある大英自然史博物館トリング分館の木製の陳列ケースの中に美しく展示されているが、托卵された卵の一つひとつにはチャンスが整然とラベルと番号をつけ、その関心が並みならぬものだった証となっている。カッコウAには托卵の代償もあった。サハラ砂漠を渡り、アフリカで冬の三ヵ月間を過ごし、戻ってくる長旅を五回行ない、タヒバリの巣探しを夏に五回行なっても、遺伝的不朽性〔自分の遺伝子を引き継ぐ子孫〕を何も残さなかったのだ。だが、アリストテレスの時代から謎だったカッコウの托卵の秘密は、その卵の殻が物語っている。彼女の残した形見はこれらの生命のない宝石の中に持続している。

＊

エドガー・チャンスは二万五〇〇〇個の鳥の卵を収集し、一九五五年に七四歳で亡くなった。当時、カッコウなどの普通の鳥は卵の収集が違法でなかったが、チャンスは希少種として保護されていた種の卵も収集した。一九二六年四月には、イスカの卵をとるという非合法な収集で一三ポンド一〇シリングの罰金を支払い、イギリス鳥学会から除名された。チャンスは、カッコウに関する二冊目の著作を娘のアン・オーガスタ・カーダミンに捧げた。この娘の名は、カッコウが繁殖のためにイギリスに戻るのとほとんど同じ四月の終わりにかけて薄桃色をした繊細な花を咲かせはじめるので「カッコウの花」の別名を持つ、タネツケバナの「カーダミン・プラテンシス」にちなんでつけられた。

二〇〇八年六月、私はパウンド・グリーン入会地へ「巡礼」の旅に出た。小さな小屋や、チャンスが自動車の後ろに小屋を積んで通ったでこぼこの小道といった、一九二一年の映画で目印となる場所のいくつかは、まだはっきり残っていた。だが、草をはむ羊が減少し、入会地はいまでは、ワラビ、シダレカンバ、オークが伸びすぎた雑木林になっていた。マキバタヒバリはいず、ヨーロッパビンズイが一羽だけ、シダレカンバの木のてっぺんでつがいの相手を求めてさえずっていた。

私は入会地の端に腰を下ろし、ここで九〇年前にツィードのスーツ姿で作業をしていたエドガー・チャンスを想像した。カッコウの秘密について注意深く観察し、問題を一つずつ明快に解いていったことは、明らかに、野外鳥類学の最も偉大な功績の一つと位置づけられるに違いない。私の心はあちこちをさまよい、遠くの松林からカッコウの雄のほんのかすかな鳴き声が数回聞こえたように思った。私は立ち上がって口に手をかざし、「クックー、クックー」と大声で応えた。だが、どこも静まり返っており、私は再び腰を下ろした。おそらく私は、巡礼者の白昼夢にだまされたのだろう。だが、その一分後、カッコウが突然、まさに頭上低くをこちらに高速で向かってきて姿を見せた。私がもう一度呼ぶと、その雄は入会地の上で二回輪を描いて「クックー」と鳴き、そしてまるで、私の侵入に苛立っているかのように、低いしわがれ声で「コーーーー」と鳴いた。それからシダレカンバの頂上にとまり、尾を高く上げ、翼を垂れ、体を左右へひねって「クックー、クックー」と大声で休みなく鳴き続けた。私は返事をせず、数分間、彼をそこで鳴かせるままにした。その後、侵入者が敗れたことに満足したらしい雄は、遠くの農地へ飛んでいった。

地元のメンバーは、ワラビやシダレカンバを刈りとろうと計画し、また、低地のヒースや草地を回復させることでマキバタヒバリやカッコウが戻ってきてくれるようにと思っている。だがこの日、カッコウが飛び去ると、私はエドガー・チャンスの残したものに敬意を抱きながら、静かな入会地に一人きりで座っていた。

# 第3章

# ウィッケン・フェン

夕暮れどき、ウィッケン・フェンで狩りをするメンフクロウ。
——2014年5月10日。

エドガー・チャンスは、カッコウの雌が普通、どのように卵を産むかを鮮やかに示した。私は、カッコウはなぜ、このような特殊な行動をするかを明らかにしたいと思った。カッコウは宿主の防御を破ろうとしてだましの技《わざ》を進化させたのか？　カッコウと宿主は、進化における軍拡競争を続けているのか？

私が学生だったころ、教師の一人が警告した。「双眼鏡とノートを持って田舎に行って何か興味深いものを発見できる時代は、とうの昔に終わったんだ」。科学の進歩は往々にして新しい技術次第であることを、教師はこの言葉で暗に示していた。たとえば、一九八〇年代から、DNAプロファイリングという新たな強力な手法が開発され、野生集団の中の父子関係、母子関係が決定できるようになった。これにより動物の配偶システムの研究に革命が起き、一夫一婦制の社会を形成する鳥たちは、私たちがかつて思い込んでいたような貞節を示す手本ではないことが明らかになった。

しかし、進歩が新しい技術から生じるのではなく、新しいアイディアや、単に新たな問いを立てることから生じることもある。カッコウは宿主の「誤った本能」につけ込んでいるというダーウィンの考えは、即座に新たな問いを提起した。それなら宿主は、どのように自分の卵と雛を見分けるのだろう？　また、誤って受け入れられることになるカッコウの卵と雛については、見分け方はどうなのだろう？　もし、その新たな問いが興味深いものならば、双眼鏡とノートを持って辛抱強く観察することは、いまでも自然界に対する新鮮な見方を提供し、それが新発見へとつながりうるのだ。カッコウと宿主との相互作用はダーウィンの「もつれ合った土手」の魅惑的な一隅になりうるし、単純な野外実験により問題が氷解するかもしれないと私は確信した。

それで私はウィッケン・フェンにもう一度戻ってきた。四月中旬のことで、夏の野外調査の準備中だった。冷たい北風が吹いていたので、渡り鳥たちは湾に留まっていた。しかし間もなく、カッコウとヨーロッパヨシキリがアフリカから渡ってくるはずで、彼らが縄張りを確立する前に私は自分の計画を立てなければならなかった。一九八五年以来、これは毎春のルーティンワークであり、ここの広大な空のもとで私はまさに我が家のようなくつろぎを感じていた。私は傍らに葦の生えた水路に沿って歩き、二〇歩ごとに数字のふられた小さなタグを葦につけていった。これらは、のちに繁殖シーズンが始まったとき、ヨーロッパヨシキリのすべての営巣場所の位置を記すのに役立つはずだった。ケンブリッジで調査中の公園に戻ると、クロウタドリ、コマドリ、ヨーロッパカヤクグリがすでに一腹卵を抱卵したり、巣立ち前の雛に餌をやったりしていたが、この湿原では春の到来はずっと遅かった。新しい葦は緑を見せはじめていたが、それは水面のすぐ上にごくまばらで、葦原自体はまだ昨年の黄色がかった茶色の茎が占めており、冬の気配だった。古いふわふわした種子をつけた穂が、早朝の朝日の中を歩くときは銀色に、夕方、太陽を背に家に帰るときは金色にゆらめいた。

葦(1)(*Phragmites australis*)はイギリスの在来種で最も背丈が高く、三メートルにも達することがある。それらは地下茎として成長し、土壌いっぱいに広がり、おそらく何世紀にもわたり毎年毎年、若枝を立ち上げてきた。地下茎が生き延びる一方で、地上の「葦」は毎年秋に死ぬが、その死んだ茎は何年間も立ち続けることがある。この古い葦が、最初にきたヨーロッパヨシキリの巣の覆いや営巣地になるのだ。一週間ぐらいで、これらの水路は歌うヨーロッパヨシキリでいっぱいになり、私は、自分が夏のためにテリトリーに印をつけることで得られるのと同じような満足を、彼らも得られるだろうかと思う。数字つきのタグをすべてつけ終えると、これらの水路はシーズン中は自分のもので、この湿原を所有したと感じるのだ。

＊

数千年前、春の渡り鳥はこれとは異なる風景に出会っていたかもしれない。鳥たちは夜空から、約四〇〇〇平方キロメートルという広大な湿地に降り立っていただろう。湿原は過去四五〇〇年間に、ウォッシュ湾に流れ出る四つの大きな川――ウィザム川、ウェランド川、ニーン川、グレートウーズ川の氾濫原に形成されてきた。この広大な氾濫原は、ウォッシュ川の北のリンカンシャーから南の方へ、ケンブリッジシャー州とサフォーク州に伸び、その後、ノーフォーク州のウォッシュ湾の南端まで弧を描く高地に囲まれている。

最後の氷河期にはもっと多くの水が氷の形で閉じ込められ、したがって、海面は今日よりずっと低かった。だから、もし一万年ぐらい過去の湿地形成前までさかのぼれば、この地域全体はヒグマやイノシシ、オーロックス、ヘラジカが歩き回る森林だったはずだ。氷河が退くと海面が上昇し、川の流れが海へ出ていくのを妨げはじめ、洪水が起きてそれが湿地の形成へとつながった。森林は徐々に死に、水浸しの土壌の下に沈んだ。ウォッシュ湾に一番近い北部は、北海からきた河口のシルトが周期的に押し寄せ、一方、さらに内陸では、沼地の死んだ植物が堆積するにつれて淡水の中に泥炭が形成された。

昔の湿原は野性に満ちた魅力的な場所だったに違いない。最も古い記録の一つは、約七四〇年、聖グスラックの死後三〇年以内に修道士フェリックスによって書かれた『聖グスラックの生涯』からのものである。

イギリスの中部地方には、ケンブリッジと呼ばれる炭鉱町から遠くないグランタ川［カム川］の土手から始まり、南から北に海まで伸びる巨大で最も荒涼とした湿原がある。それは、いまでは湿原となっているとても長い水域で、いまは沼地だが、ときに汚水に霧がかかったり、ときに樹木の茂る島が散在して流れが曲がりくねり、進路をふさがれたりする。

グスラックは引退し、湿原のとある寂しい島（いまはリンカンシャー州クロウランド村）で禁欲的な生活を送っていた。古英語で書かれたグスラックの詩は、イギリスのカッコウについて書かれた最初の記録である。

このように、優しい心は人の快楽から自らを解き放って主に仕え、かつてその世界を拒絶した野性の生き物の中に喜びを見出した。その勝利の地と住みかは新たな平和の地で、鳥たちの歌は美しく、田園には花が咲き乱れ、カッコウが年の始まりを告げる。

中世のころ、湿原に住む人々は頑健な血筋だった。人々はカワウソ、ビーバー、モグラの皮で作った毛皮を着ており、足には水かきがあると噂されていた。彼らは竹馬やスケート靴、パント（平底の小舟）で沼地を移動し、水鳥、ウナギ、魚を罠でとって生計を立てた。一一世紀に、ヘリウォード（一〇三五～一〇七二年頃）とその家来が古代イギリス人としてノルマン人の征服に最後の抵抗をし、侵入者たちを急襲したのち深い湿地帯に身を隠したのは、この地だった。ヘリウォードの最もどう猛な戦闘のいくつかは、ウィッケンのすぐ北のイーリー付近の沼地で戦われた。

この湿原の最近の歴史は、彼らの破壊によるところが大きい。湿原の浚渫は、最初ローマ時代に試みられた。しかし、浚渫が真剣に開始されたのは、チャールズI世が浚渫技術をもたらすコルネリウス・フェルメイデンをオランダから招いた一六三〇年のことだった。この浚渫はベッドフォード伯爵が率い、「冒険家たち」と呼ばれる裕福な地主の集団が出資したが、彼らは皆、地味豊かな泥炭地での農業から利益を生み出すことに抜け目がなかった。浚渫の水路が掘られると、最初は水が重力で川や海に流れ出た。だが、泥炭は空気にさらされるようになると、乾燥とともに縮み、腐乱した。その結果、土地は四メートルほど沈んでさらに脆弱になり、壊滅的な洪水に見舞われた。今日、浚渫された湿地帯の多くは標高が海面に近い。その結果、いまでは水路が周辺の土地より高いという上下逆の興味深い地形が形成された。このため、水は、最初は風車で、のちには蒸気やディーゼルエンジンによるポンプで浚渫路へ吸い上げなくてはならなかった。一八世紀から一九世紀には、この開拓地はついに、頻繁に起こる洪水からもっと確実に防護されるようになり、ヒツジやウシのための豊かな牧草地となったり、肥沃な黒土で小麦、芋、その他の作物を集約農業で育てる機会が生まれた。

土地が浚渫されると、湿地になる以前から残っていた古代の森林は泥炭にさらされるようになった。地元では「沼のオーク」として知られるこれらの木々には、イチイ、マツ、ナラを含む数種の樹木がある。中には、幹が高さ二〇メートル、太さ一メートルに達し、樹齢五〇〇〇年を超すものもある。しかし、一九世紀の終わりには古い湿原が九九パーセント以上姿を消した。今日、野生生物は、昔は湿原だった盆地の端に何ヵ所か残っている湿地帯に退却し、昔の湿原は、人間の消費に奉仕する広大な農地になった。いま、春に到来するヨーロッパヨシキリやカッコウにとり、ウィッケン・フェンは砂漠の中のちっぽけなオアシスに見えるに違いない。

ウィッケン・フェンのスゲの湿原は、地元の村人が簡単に入れる場所のため浚渫を免れた。彼らは、スゲと泥炭をここにとりにくる権利を必死で守ったのだ。テオフィラス・バードによる一六六六年の古い地図は、この湿原が庶民の間でどのように分割されてきたかを示している。村から湿原の中を通りこれらの土地に至る小道、「スゲ湿原の小道」は、一七世紀から草を刈りきれいに保たれてきた。私は、水路のどちらか一方の側に数字のタグをつけてきたこの小道に沿って歩くたびに、自分はこのテリトリーに印をつけた最初の人間ではないことを思い出す。

一八九九年以来、ウィッケン・フェンはナショナル・トラストにより所有および管理されてきた。ほとんどの保護区は、二〇世紀の最初の数十年間に一区画ずつ取得されてきた。燃料源としての泥炭が石炭にとって代わられ、屋根を葺くスゲが瓦にとって代わられるに従い、スゲの湿原も周辺の土地と同じ運命をたどり、農業のために浚渫されるのではないかと危惧されてきた。そのころには、湿原はヴィクトリア時代の昆虫学者や植物学者には有名な採集地になっていた。ジョージ・ヴェラル（一八四八〜一九一一）とチャールズ・ロスチャイルド（一八七七〜一九二三）は二人とも王立昆虫学会の会長だが、彼らは、湿原に生息する動物の保護のため、湿原の一部を買うという先見の明がある保護のパイオニアたちで、自分たちの割当地をナショナル・トラストへ遺した。この湿原は、長い間野生生物の宝庫として有名だった。それより七〇年前、チャールズ・ダーウィンがケンブリッジ大学の学生だったとき（一八二八〜一八三一年）、「労働者を雇って湿原の葦が持ち込まれた荷船の底からゴミを集めさせ」、「こうしてきわめて希少な種がいくつか得られた」。ダーウィンの教師のジョン・スティーヴンス・ヘンスローも、学生たちを促してウィッケン・フェンの水際の昆虫や植物を収集させた。

保護区は、農地として開拓されたところも含めると全部で七五〇ヘクタールあり、ここには、浚渫されていない昔のごく小さな湿原も一六九ヘクタール含まれていた。そこは野生の地に見えるが、いまでは周辺の農地と同じくらいしっかり管理する必要があった。そのおもな戦いは、湿原が乾燥して雑木林へ変わるのを防ぐことだった。この変遷は自然に起こる。それは開放水域で始まり、そこでは、植物の生育や死に伴ってできる堆積物が葦の定着に適するようになる。葦の地下茎は泥の中に広がり、新芽を出し、生息地を徐々に葦沼に変えていく。葦が死ぬと、その後その土地は少しずつ隆起し、干上がる。すると、スゲの野原が代わりに出現し、死んだ植物がさらに堆積すると土地はさらに干上がり、クロウメモドキやセイヨウウイソノキを主とする森林に適するようになる。これが、かつて開放水域だったところが長い年月を経て深い雑木林へ変化する顛末である。

この遷移は、昔、湿原だったころには自然の洪水の頻発で妨げられていたかもしれない。しかしいまでは、ウィッケン・フェンの「スゲ湿原」をとり囲む土地は農業のために浚渫され、冬の洪水に見舞われないようにするため、湿原の水を保ち、下の農地に漏れ出ていかないようにするための常なる戦いがある。湿原は水をくみ入れなければならず、スゲ、葦、その他の草（「落葉落枝」）は、死んだ植物の堆積を防ぐため定期的に刈りとらなければならない。それにもかかわらず、二〇世紀はじめには、乾いていた区域は雑木林がとって代わり、木々をとり払わなければならなかった。

いまでは再び大型草食動物が湿原を歩き回っているので、彼らが湿原を踏みつけ、草を食むことで生息地が開け、雑木林に戻るのを防ぐ助けになるかもしれないという望みがある。葦の中で巣を探していると、ときに、コニク・ポニーの雄が雌に群がり沼地を駆けるひづめの音に驚かされる。ポーランドの品種のこの馬は、七〇〇〇年前にイギリスに優美な姿を見せた絶滅種の野生馬の性質をいくぶん持ち、古代ヨーロッパの洞窟画に不朽の姿を留める。馬たちは背丈が低くずんぐりし、クリームがかった灰色の毛皮をまとい、湿原で完全にくつろいでいるようだった。そのふさふさしたたてがみと長い尾は、風に吹かれていた枯れた葦の種子をつけた穂を思わせた。

そこにはハイランド牛も導入された。彼らは長時間静かに立って草を反芻して過ごし、私が葦からしばしば姿を見せると、巨大な二本の角が生え、二つの小さな目をぽかんとさせた顔と出会ったが、その顔は、人間はなんでこんな場所が面白いのかと戸惑っているかのようだった。彼らは、二五〇〇年前に湿原を歩き回っていたが絶滅した野生の牛、オーロックスを思わせた。オーロックスの骨は湿原の土の中でよく見つかり、その中には、石器時代の道具が刺さった頭蓋骨もあり、ウィッケン・フェン付近ではほとんど完全な骨格が発掘されることもあった。

湿原が自然に任されていたころは、ヨーロッパヨシキリやカッコウに適した生息地が豊富にあった。いま、湿原は私たちが管理し、彼らの将来は私たちの手の中にある。もし、ヨーロッパヨシキリやカッコウを私たちの土地にいさせたいなら、この土地を農作物とまったく同じように管理し、彼らのための費用を出さなければならないだろう。

*

私は古い「観察塔(2)」の階段を上ったが、その入り口には以下の注意書きがあった。「すみませんが、吐き出された骨やふんがあります。メンフクロウがここで眠っています」。一九五六年に建てられたこの塔には、屋根の棟がスゲ葺きの葦葺き屋根がついていて、これは湿地の村々の伝統的な建築法だった。〔屋根の〕棟付けに関しては、スゲは葦より柔軟性と耐久性にはるかに富んでいた。この隠れ場所の中を上っていくと、木の壁からはキツツキがあけた穴を通して湿原がちらりと見えた。そして、てっぺんに上ると鳥瞰的な景色が広がり、私は自分のテリトリーを調べることができた。フクロウのペレットを椅子から払い、散在する生息地を見渡すと、それは、昔の湿原の日々以来、多様な歴史をもつ豊かなタペストリーだ。

すぐ下には、幅約一〇メートル、深さ約一メートルの「ウィッケン・ロード」という水路があった。おそらくローマ時代からあるこの人工の水路は、自然保護区の入り口にあるウィッケン村の端で終わっている。水路は湿原を西へ曲がり、バーウェルとリーチという隣村からくる他の二本の水路と合流したのち、北西へ流れてカム川に入り、その後グレートウーズ川に合流してからウォッシュ川と北海へ流れ出る。水路は高地に作られてはいるものの、ぬかるみの中で島同然に孤立する村々の交通のために建設された。湿原には、それより細い直線状の浚渫路も縦横に走っていた。湿原の周囲には流れの穏やかな「堀」がある。さらに、それより小さい「排水渠」ともっと細い「溝」があり、これらはともに稀にしか水が流れず、干上がることもある。これらの水路、堀、排水渠、溝のネットワークを縁どる葦は、わがヨーロッパヨシキリやカッコウの夏の住みかとなるだろう。

北の地平に向かうと、イーリー島の高台に一一世紀に建てられたイーリー大聖堂があり、ヘリウォードはここからノルマン人に立ち向かう奇襲隊を率いた。早朝に霧が低く立ちこめると、大聖堂は湿原を航海する大きな船のように見える。下は、水路の北の方にウィッケン・フェンの「スゲ湿原」が見渡せるが、ここは、かつて浚渫されたことのない、草や野の花が咲くスゲの野原と牧草地を含む小さな区画で、草の刈りとられた小道と葦がへりに生えている溝によって分割されている。

水路の南では土地の状態が異なる。そこは過去四〇〇年間、定期的に浚渫が行なわれ、耕作されてきて、いまでは水路の水面より高さが二メートル低くなっている。ここは、一七世紀の大浚渫計画に投資した投機家たちにちなんで名づけられた「冒険家たちの湿原」である。私のヒーローの一人、芸術家のエリック・エニオン（一九〇〇～一九八一）は、「冒険家たちの湿原」の南端にあるバーウェル村での日々を詩的な文章にした。一九二〇年代から一九三〇年代にかけて農業が衰退した期間、浚渫設備は荒廃し、農地が水浸しになったとき、自然は再び農地を元の湿原にした。エニオンは、一九四二年の自著『冒険家たちの湿原』で季節のリズムを回想している。春は、泥炭を切断し、積み重ねて乾かし、その後、はしけに乗せて運ぶ季節だった。夏は、スゲや草を刈りとる季節だった。そして冬は、寒さと風が葉を剥ぎとったあと、葦が刈られる季節だった。冬はまた、編み細工のかごやウナギの罠を作るためにヤナギの枝を刈り、排水渠や堀を平底小舟で行き、猟鳥を仕留める季節でもあった。

エリック・エニオンは医学の教育を受けた。一九二六年に父親がバーウェルで開業する医院に入り、二年後の父の死後にあとを継ぎ、二〇年間そこで働いた。湿原で夜間、医業に携わる仕事は、それ自体が冒険だったかもしれない。

人里離れた農場や湿地に住む人の小屋に行くため、夜、細く滑りやすい土手の上をおそらく何マイルも歩くのは、薄気味悪いことだった。ときには、あらかじめ決めた場所で案内者と会い、彼がランタンを持って先に進むこともあった。

エニオンが子供のころから情熱を持っていたのは、鳥と美術だった。週に一度の休日である日曜日には明け方に起き、スケッチブックとともに愛する湿原に浸りきった。「日曜日は望むままに過ごすべきだ」とエニオンは書いた。「私にとり、空を走る雲、葦や水の上をさざめく風、鳥の叫び声、豊富な運動は、賛歌であり、聖歌であり、説法なのだ」。この日、彼は急患が生じたときのために「口頭伝達方式」を用意した。「旗をとめた背の高いポールを妻に持たせ、銅鑼の太いばちで大きな茶盆を叩かせるのだ」。盆を叩く不吉な音が聞こえると、エニオンは決まってスケッチブックをたたみ、急いで仕事に戻るのだった。

エニオンは鳥の描き方に革命的な方法をもたらしたが、正規の美術教育を受けていなかったので、野外で長時間観察することで鳥の行動を知るという独自のスタイルを編み出した。それゆえ、ある瞬間を素早く描いて頁に留めるために、驚くべき視覚的記憶力を用いた。彼の鳥たちは、羽の一枚一枚を細部まで描くため注意深くポーズをとることはなく、肖像というよりは印象で、野性的で自由だった。その動植物に特徴的な印象は、器用な鉛筆さばき数回でとらえられた。流線型になって注意深く沼地を見つめていたアカアシシギは、飛び立って大きな警戒の鳴き声を上げようとしている。攻撃をしようと構えるアオサギは、首を伸ばし、目は下の水に集中している。ハイタカは尾羽を広げ、若いムクドリをつかもうとかぎ爪を突き出している。エニオンは、しばしば、一瞬を描くために必要不可欠な鳥の影も絵の中に含めている。スケッチを見ると、ヨーロッパヨシキリは両足で葦をしっかり握って突風に吹かれ、ヨシキリはまさにこんなであろうという姿をほぼ感じとることができる。エニオンの絵は、鳥たちを新鮮な目で見ることを私に教え、科学の新理論と同じように鳥たちに敬意を払うよう促すのだった。

一九四一年、「冒険家たちの湿原」は再度浚渫され、葦、スゲの野原、サルヤナギは、戦時中に農地を造成しイギリスの飢えた人々に食物を供給するために焼かれた。美しかった「冒険家たちの湿原」は完全になくなってしまった、とエニオンは嘆き、その後間もなく医業をやめてこの地を去り、サフォーク州のフラットフォードミル野外研究センターの先駆者になった。しかし、「冒険家たちの湿原」は、いまではナショナル・トラストの管理するウィッケン・フェン保護区の一部になり、モザイク状の葦原と沼地が少しずつ回復している。私たちはいつの日か再び、七〇年以上前にエリック・エニオンを鼓舞したかつての輝かしい姿を見ることができるかもしれない。

夕方、私は「観察塔」の階段を降り、帰途につく。タグを全部つけ終わると、私のフィールドにはそのシーズンの印がつき、いまやヨーロッパヨシキリとカッコウの到来を待つときとなる。メンフクロウはすでに「スゲ湿原」の低空を幽霊のように飛び、狩りをしている。フクロウは、溝と小道沿いにお気に入りの縄張りを持っていて、物音を立てずに羽ばたける羽で風の中をゆっくり確実に飛行する。それから彼は小休止し、かぎ爪を伸ばして短時間ホバリングし、地上に急降下する。おそらくハタネズミをつかまえたのだろう。そして今夜遅く、隠れ家の「観察塔」デッキのとまり木に戻り、毛皮と骨を吐き戻すのだろう。私が次に訪れたときには、吐き戻されて間もないペレットの山が椅子の上に待ち受けているはずだ。

# 第4章

# 春を告げる鳥

アフリカからきたばかりのヨーロッパヨシキリの雄とカッコウの雄。
——2014年5月19日。

一週間後、四月の最終日。風が南風に変わり、いまや渡り鳥が続々とやってくる。湿原の姿が変わった。この間きたときは静かだった葦原は、ヨーロッパヨシキリの雄が縄張りを作り、雌の気を引こうと、粋なハスキーヴォイスでチーチー、チュッチュッと歌う声で急に活気づいた。すると、遠くの方で今年はじめて「クックー」という声がした。

私は、トネリコの木の上にいる彼を一目見たが、彼の方が先に私に気づき、湿地の向こう側に素早く飛び去ってしまった。カッコウは単独で行動をし、用心深く、姿よりは声の方がよく聞かれる。ウィリアム・ワーズワースはその見つけにくさを「カッコウへ」という詩に留めた。

新たな到来者よ、ああ、なんと楽しそうなこと、
私はあなたの声を聞いたが、今また聞いて嬉しく思う
カッコウよ、あなたを鳥と呼んでいいのだろうか、
それとも、さまよう声にすぎないのか？(1)

マイケル・マッカーシーは、その著作『カッコウにさよならを』の中で、春のこの渡り鳥を熱烈に賞賛し、その減少を悲しんでいる。

このようなさすらいの声は、自然の中になかった。この声が、最も待ち焦がれた年の変わり目、春の到来と一緒になると、ヨーロッパでは人生の中で最も意味ありげで、よく響く音の一つになると言っても過言ではない……。詩を生み出したのはナイチンゲールの方が多いかもしれないが、

カッコウの方がより多くの格言を生み出した。

地方によっては、朝食前にカッコウの声を聞くのは不吉で、一方、ベッドの中でカッコウの最初の声を聞くのは、病気や死が近い印であると考えられていた（早起きをするようにと言っているのだ！）。しかし、散歩のときにカッコウの声が聞こえたら、それは幸運の印で、カッコウが最初に鳴いた春の日に生まれた子供は生涯幸運に恵まれるとされた。鳴き声の回数も、その人の寿命や子供の数といったものを予言すると言われた。デンマークの民間伝承では、カッコウはこれらの予測であまりに忙しいので、巣作りの暇がないと言われていた！

＊

ヨーロッパヨシキリとカッコウは、四月末から五月にかけて湿原に相ついで到来する。カッコウを見つけるのは難しいが、ほとんどの日、私は二羽か三羽の雄が飛び回り「クックー」と鳴いているのを見た。カッコウは大きさはシラコバトに似ているが、先のとがった長い翼と長い尾、下腹の横縞は、捕食者の鳥〔タカ〕の飛ぶ姿に似ている。雄は、木のてっぺんにとまって鳴くときは尾を上げ、翼を体の下に垂らすという特徴的な姿勢を必ずとる。そして雄だけが「クックー」と鳴き、雌は、一度に一〇回から一五回奇妙な「ピピピピ……」という声を出すが、その声は弱くなり最後は消える。雌は雄より用心深く、開けた場所にとまることはめったにない。ウィッケン・フェンでは、ほとんどの雌の羽は雄と似て、上面は灰色で下面は白で、腹部は茶色がかった黒の線入りだが、胸がいくぶん淡黄色がかっているので、近寄れば見分けることができる。だが、少数の雌は外見がきわめて異なっており、腹部が黒線の入った明るい赤褐色である〔口絵04、多型*〕。

ヨーロッパヨシキリの繁殖行動を夢中で記録するようになるにつれ、カッコウの雌も見晴らしのよい秘密の場所から彼らを見ていることがわかった。雌は、雄を伴わずに宿主の巣を一人で探し、雄も、雌が産卵するときは、自分が邪魔になるのを知っているかのように不在である。それなので、溝の横の藪から出てきた雌を驚かせたときは決まって、偵察を邪魔された雌が私をののしっているのではないかと思った。しかし、雌の横を通り過ぎてもその存在に気づかなかったことも多いはずだ。かつて、雌が人の多い小道の横の藪に降り立ち、その後一時間、数十人の人々が雌から数メートルも離れていないところを歩いていくのを見たことがある。雌はじっと座っていたため気づかれず、その灰色の背と縞模様の腹部は、枝の中で完全なカムフラージュになっていた。

私は直線の水路に沿って、ヨーロッパヨシキリたちに色足環〔カラーリング〕をつけていったので、彼らをすべて個体識別することができた。私は彼らを、垂直に立てたポールの間にかすみ網を張ってとらえた。一番よい時間は早朝で、日が昇って網が見えやすくなる前、かつ、風が強くなり網が波打ち、その効力が弱まる前である。ほとんどの鳥は、葦の間をせわしなく飛び回るか、近くの藪に餌をとりに飛んでいくため、簡単につかまえられる。しかし、おそらく毎年数羽は、網にぶつかりはねかえり、その後は網をもっと注意深く見るようになるため、捕獲を免れる。それからは、新たな場所に網をかけたり「ピッシング[2]」という丁重な技を使ったりして、さまざまなトリックを試してみなければならなくなった。

「ピッシング」は、なぜそんなに効果的になりうるのかはわかっていない。唇から優しく息を吐き出し「ピッシ、ピッシ」という大きな音を立てる。すると、ヨーロッパヨシキリがすぐに近寄ってきて、何が起きているのか見ようとして葦に上ることがしばしばある。ときどき、網の反対側でこの音を立てると、鳥たちを網の中におびき寄せてつかまえることができるのだ。一度私は、捕獲を本当に巧みにすり抜ける個体をつかまえるため、網の下の地面にじかに横になり、できるだけ大きな声で「ピッシ、ピッシ、ピッシ」と言った。すると、その鳥はまっすぐ私の方に飛んできて、私の顔のわずか数センチのところで柔らかい網にあたり、引っかかった。

ヨーロッパヨシキリを手でそっと握るのはいつも感動的なことだ。とりわけ、春、数時間前に夜空から降りたち、到着したばかりの鳥はそうだ。この小鳥がしてきた旅行は、本当に驚嘆すべきである。大きな封筒ほどの重さもないわずか一一か一二グラムの鳥が、西アフリカの越冬地からここまで、約四三〇〇キロの距離を飛んでくるのだ。鳥たちは夜に移動し、旅の各段階で体重を増やしエネルギーを補給するために中継地に立ち寄るので、サハラ、地中海、スペイン、フランス、イギリス海峡、そしてイングランド南部を渡るには、数週間かかっていそうだ。これから三ヵ月間住みかとするのは、長さ二〇メートルの葦原である。私は、一本の脚に番号のふられた金属の環を、それからもう一本の脚に、個体識別のための唯一の組み合わせとなる二つの色足環をつける。そして放鳥のとき、この鳥はカッコウにだまされ、間違った種の雛を育ててこの夏を過ごす運命にあるのだろうかと考える。

*

これからの数週間、私は自分のヨーロッパヨシキリたちの行動を毎日追跡する。いったん色足環がつけられると、鳥たちは個体として知ることになり、彼らのことは、旧友に接し続けるというより、シーズン中の過ごし方をたどりたいという意味でまさに「自分のもの」と感じる。そしてまた、カッコウの雌はどのようにして宿主を追い続けるのかとも思う。宿主の巣を見つけ、ヨーロッパヨシキリ自身の産卵期間と一致するような托卵の時期を知るには、雌はどのような手がかりを使えるのか? これが私の観察することであり、カッコウの雌が注意深く観察しなければならないことでもある。

ヨーロッパヨシキリは、雄が最初に到着し、縄張りを作る。一羽一羽の雄は、水路や溝沿いの、約二〇メートルの長さにわたる葦原に縄張りを持つが、この縄張りはさえずりによって主張し、一夏守り抜くことになる。幅の広い水路では、土手の一列だけが守りの範囲となるが、細い溝では、雄は土手の両側を防衛する。つがいを形成していない雄はほとんど一日中さえずる。詩人のジョン・クレアは、一八三二年五月にリンゴの木でナイチンゲールが歌うのを聞いたとき、その歌を二二行の短い詩に書きとめることができたが、それは、ナイチンゲールは歌を繰り返すがフレーズの間に休みがあるからだった。それとは対照的に、ヨーロッパヨシキリは同じ歌をしばしば三〇秒間、ときに数分間も切れ目なく歌い続けるので、書き起こされるのは一つの連続した歌になるはずである。

チュ‐チュ‐チュ、トゥルプ‐トゥルプ、チュク‐チュク、ケック‐ケック‐ケック、トゥイ‐トゥイ‐トゥイ、ウィット‐チャック、ウィット‐チャック、ウィット‐チャック、トゥルプ‐トゥルプ、ウァーチー‐ウァーチー、ウィット‐ウィット‐チュ、プトゥチュルル‐プトゥチュルル、チルルチルル‐チルル、チルルック‐チルルック……

約一週間後に雌が到着しだすと、つがいはすぐに形成される。雄がいつ相手を引きつけたかは簡単にわかる。というのは、雄のさえずりがずっと減り、代わりに、ライバルたちを排除する短い歌を歌うようになるからである。葦の縁を歩くと、新しくできたつがいが「チャップ」という柔らかい声で鳴き交わすのがしばしば聞こえる。

ヨーロッパヨシキリはつがいになると、一日か二日のうちに巣作りを始める。巣を作るのは雌だけで、雄は雌が材料を集める間、しばしばその前後を飛び回って雌を追いかける。シーズン初期の巣は、水面からわずか五〇センチほどしかない低い場所で、この時期に巣をおおい隠す唯一の素材である古い枯葦の中にしばしば作られる。しかし、新しい葦の方が好ましいので、いったん葦が育ち、新緑の葉が巣を上から隠すようになると、巣は水面から一メートルかそれ以上のもっと高い場所に作られる。低い場所に作られた巣は、近くを泳ぎ、巣を引きずり下ろして卵を食べるバンによる下からの攻撃に弱い。おそらくこれは、ヨーロッパヨシキリが高所を好む理由になるだろうが、それは上に覆いがあるときだけである。というのも、上方から彼らを探す捕食者もいるからである。カケスは近くの木から舞い降りてきて、卵や雛をとる。ヨーロッパヨシキリは、成鳥も、とまっているときに上空を飛ぶチュウヒにかぎ爪でとらえられる可能性がある。

ほとんどすべての巣は、地上の捕食者、とくにイタチから身を守るのに役立つため水上に作られる。ある溝が夏に干上がったとき、イタチが若い雛のいる巣に近づくのを見たが、それは間違いなく、雛たちが餌を求めて声高く鳴く声に引かれてのことだった。イタチは瞬く間に巣に上り、私がそれを阻もうと駆けつけたときには一羽の雛をくわえて逃げ去っていき、巣には頭に噛み跡のある三羽の雛が死んでいた。一シーズンの懸命の労働は一瞬にして終わった。このイタチは、残りの雛を狙ってその後戻ってきた。

巣は通常、三本から七本（平均は四本）の葦の茎のまわりに編まれる。葦の密度が高くなれば、支えの本数も多くなる。葦がそれよりまばらだと、巣はわずか二本か三本の茎のまわりに作られるが、そのような巣は滑り落ちたり、湿原の嵐に吹かれて葦から外れたりしやすい。したがって、雌の営巣場所の選択は重要である。この湿原で昨年繁殖したことのある年長の雄は、昨年生まれた若い雄より約一週間早く到着し、最初につがいを作る傾向があるが、これはおそらく、一番よい営巣場所を縄張りと主張するためもあるだろう。営巣場所がもっと貧弱な雄は、つがいにする相手を引きつけるために二、三週間歌い続ける。このときには、他のつがいにはすでに若い雛がいるかもしれない。したがって、産卵の開始は湿原の水路により異なり、葦が成長して覆いになるまでどのくらいかかるか次第である。産卵の時差は、シーズン中ずっとカッコウに巣を提供することになり、ヨーロッパヨシキリをかくも魅力的な宿主にしている特徴の一つであることは疑いない。

巣は、葦の茎と葉を細長く裂き深い椀型に作られた芸術品だ。椀を葦の茎へくっつける材料は、クモの糸で強化されている。夏の最も魅惑的な時間の一つは、ヨーロッパヨシキリの雌が日の出の逆光を浴び、葦のてっぺんに張られた蜘蛛の巣からきらめく糸を集めているのを見るときだ。私は、雌の巣作りを見ていくつかの巣を見つけたが、一番よい方法は、単に土手沿いを歩き、数メートルごとに葦を杖でかき分けていくことである。

杖は、双眼鏡やノートと同じくらい、夏の間の野外観察に欠かせない頼もしい相棒になった。杖は三シーズンか四シーズンもつが、ふとしたことで折れてしまい、それはたいてい、私が不器用にも、溝から出るのに杖に重みをかけすぎてしまうときである。すると、代わりのよい杖が見つかるまで喪失感を味わうことになる。理想の杖は、高さが肩まであり、太さは親指ぐらい、そして、かき分けた葦を保持しておくため先の曲がったものである。私は、釣り人が愛用の釣り竿に愛着を感じるのと同じように杖の感触と重さに慣れ親しみ、茎と葉の茂みの中で巣を探し、葦を払うリズムを楽しむ。巣は、シルエットが見えるときは太陽光の中で見つけるのが一番簡単だ。太陽が背にあるときは、葦から光が強く反射し、巣は見えにくくなる。

＊

巣の椀は四、五日で完成する。その後、髪の毛、古い葦の穂からとった繊維のようなさらに細い材料で内側がおおわれる。内側が完成すると、産卵は普通、二〜四日後に始まる。このときこそが、カッコウの雌が一番しっかり巣を見張るべきときで、そうすれば、托卵のタイミングを正確に計れる。しかし、巣の完成から産卵の開始までの間は、ヨーロッパヨシキリははるかに観察しにくくなる。雌はときに、縄張りを離れて近くの藪で餌をとるが、そこは防衛の範囲外で、彼女は他のヨーロッパヨシキリと出会う可能性が高くなる。

雌の行くところには縄張りの中だろうと外だろうと、雄はどこへでも、一、二メートル以内をぴったりついて行く。彼は、他の雄の接近から彼女を守っている。というのも、このとき彼女は受精可能で、交尾の誘いを始めるからだ。雄は、飛び去った雌を見逃したときは葦の中で激しくさえずるか、雌を見つけるまで縄張り中を探し回る。色足環をつけた個体の観察の結果、雌が受精可能な期間中、雄は侵入してくる雄を一時間に一、二度追い払わなければならないことがわかった。こっそりやってくる侵入者は、ほとんどが一番近くの縄張りからだが、四つも離れた縄張りからくるものもある。これらの侵入者は、たいていは、自分の雌がまだ巣作りを開始していないか、一腹卵をすべて産み終えたかで、雌を守るのに忙しくない雄である。したがって、侵入者は父性を失うというリスクなしに縄張りに戻り、あたりを自由に飛び回ることができる。

つがいの相手を守っている期間、ある種の鳥では、雌が他の雄を交尾に誘うために夫の注意から逃れようとし、そのためいくつかの縄張りを渡り歩くことがある。数種に関して注意深く研究をした結果、雄のディスプレイは雄の遺伝的な質の印で、より入念なディスプレイをできる雄の方が生き残って、優れた遺伝的性質を子孫に渡すことができるということがわかった。雌が自分の子孫のために雄のよい遺伝子を探すという考えを支持するものとして、巣から離れて浮気をする、あるいは専門用語で言う「婚外交尾*」をするため、雌はとくに魅力的な雄に的を絞るという事実がある。雌から魅力的と思われる内容は、種によって異なる。魅力は、ある種では雄の歌の複雑さだし、他の種では羽の鮮やかさだ。雌は「婚外交尾」にあたり、自分の相手より複雑な歌を歌ったり、羽がより鮮やかな雄から選ぶ傾向がある。雌は、これらの特徴において魅力的な雄とすでにつがいになっている方が貞操を保つ。

雌には、生殖器官の中に先が袋になった細い管状の精子貯蔵管があり、そこに生存能力のある精子を一週間以上保存しておける。したがって、もし、雌が一羽以上の雄と交尾すれば、精子貯蔵管の中のライバルの雄の精子から雛鳥を産むことができ、その結果、しばしば雛たちの父親が異なってくる。オオジュリンのように、雌が著しく乱婚性の種では、半数あるいはそれ以上の子供は「婚外交尾」の雄から生まれる。

父親の判明にDNAマーカーを使った私たちは、ウィッケン・フェンのヨーロッパヨシキリの雌は、ほとんどがつがいの相手に忠実だったことを発見した。一腹雛のうち、「婚外交尾」の雄から生まれていた雛を含むものは、わずか一五パーセントだけで、これらは普通、一腹雛の中でたった一羽のみであった。全体では、雛のわずか六パーセントが「婚外交尾」の雄から生まれていた。おそらく、ヨーロッパヨシキリの雄は雌をしっかり守ることができるのだろう。あるいは、雌は普通「婚外の」求婚者を拒むのかもしれない。他の種での研究の結果、もし、雄が雌を「寝とられた」ことを突きとめると、雄は、自分が本当の父親である確信が持てずに雛たちの子育てをあまり手伝わなくなることがあるとわかった。もし、ヨーロッパヨシキリの雌が子育てを成功させるため、つがいの相手の雄の懸命な働きを頼みにしなければならないのなら、雌の貞操は、父親として精いっぱいの努力を必ずしてもらうことに見合ったものだと思われる。

ヨーロッパヨシキリは日の出直後に一日一卵ずつ毎日連続して産卵する。ウィッケン・フェンでは一腹卵数はほとんど四つで、三つや五つのときもあるが、二つや六つのことは珍しい。いったん最初の卵が産まれると、雄は急に雌のガードを減らし、巣の近くでより多くの時間を過ごすようになる。これはなぜだろう? シェフィールド大学でティム・バークヘッドと同僚たちが、とらえたキンカチョウを使って行なった実験では、婚外交尾は産卵開始前が最も効果があるが、最初の卵が産まれたあとも、ガードをする雄が父親になれなくなる脅威は残ることを示している。卵は、産卵の約二四時間前から受精が可能である。したがって、いったん最初の卵が産まれると、一腹卵の中で翌日産まれる予定である二つ目の卵は、すでに受精が可能ということだ。したがって、つがいの雄は雌を守ることに成功すれば、最初の二つの卵は自分が父親であると信じることができる。しかし、三つ目と四つ目の卵は、その後の婚外交尾で受精されるリスクがまだある。なぜ雄は、三つ目の卵が産まれ、したがって最後の四つ目の卵も自分が父親であることが確実になるまでガードを続けないのか?

ヨーロッパヨシキリの雄が最初の卵を雌のガードの停止のきっかけにするのは、いくつか理由がありそうだ。まず、他の種での研究から、雌はいったん最初の卵を産むと、交尾の誘いが少なくなることがわかっている。二つ目に、雄は、産卵開始前の約一週間は日に数回つがいの雌と交尾するので、卵に受精の準備が整うころには、その精子は通常、雌の精子貯蔵管の中で数的優位を占めるだろうということがある。したがって、おそらく最初の産卵は、雄が安心できるようになる印なのだ。雄の行動が突然変化する理由はもう一つあるかもしれない。それは、最初の産卵とともに巣が托卵に弱くなるということである。おそらく、雄は自分の注意の対象を、間男に対する防衛からカッコウに対する防衛に変えなければならないのだ。

巣に卵が一つか二つしかないときは、雄はほとんどの時間を、卵を監視し続けるか、場合によっては自分が巣に座るかして卵の近くで過ごす。最近の巣のチェックでは、私がいると雄はしばしば数種のさえずりによって反応した。抱卵と卵の発生は、(通常四つ目の)最後の産卵とともに本格的に始まる。その後、雄と雌は時間は一〇分から三〇分と異なるものの、交替して同じ回数を卵に座る。バトンタッチは素早く、混乱が起こることはまずない。抱卵中の鳥は、つがいの相手が優しく「チャップ」と鳴きながらすぐそばまでくると、そっと飛び立つ。

雛たちは通常約一二日間の抱卵後に孵《かえ》る。最初の二羽か三羽は最後の卵より一日早く孵ることが多い。というのも、一腹卵がそろう前から雄が卵の上に座っているため、彼らは発生開始が早いからである。その結果、巣の中には大きさの違う雛がいることが多い。巣立ち前の雛たちは、その後両方の親から約一〇～一二日間給餌される。雛たちは羽が完全に生えそろう前に巣立ちをし、葦を小さな軽業師のようによじ登ったり、強い脚でしがみついたりする。最初、雛は親たちがきて餌をくれるのをじっと座って待っている。この段階ではあまりに静かで、暖かな茶色の羽が古い葦によく溶け合い紛れ込んでいるので、巣を探して葦をかき分けているとき、鼻からわずか数センチのところに巣立ち直後の小さな雛がとまっていることがよくあった。

そうして時間がたつにつれ、若鳥は縄張りの周辺で親たちを追いはじめ、土手の藪に遠出する。翼と尾の羽は巣立ちから一〇～一四日後にだいたい生えそろうので、自分で餌をとるのが上手になる。それから独り立ちし、生まれた縄張りを離れる。シーズンのはじめに一腹雛たちを首尾よく育てたつがいは、もう一つ巣を作り、二度目の子育てをする時間があるかもしれない。しかし、ほとんどのつがいは子育てが一度だけだ。そして多くは、カケスのような捕食者により卵や巣立ち前の雛鳥を失う。いったんこのようなことが生じると、一日か二日のうちに雌は、縄張りの中の新たな場所にしばしば古い巣の材料を使って代わりの巣を作りはじめる。

＊

この三〇年間、ヨーロッパヨシキリの親鳥が子育てに注ぐエネルギーに驚きの気持ちが消えたことはついぞない。すなわち、雄による縄張りの確立、つがいの相手を引きつけるための絶え間ないさえずり、受精可能な巣作り期間中に雌を守ること、抱卵と給餌の義務の分担、そして、どこかの段階で巣が失われてもすべてをもう一度始める迅速さである。それゆえに、このルーティンの中にカッコウが潜入できるということは、なんと注目すべきことであろうか。ヨーロッパヨシキリの方も、カッコウの托卵からの防衛に同じくらい注意を払わなければならないと間違いなく思われる。

一九八〇年代、ウィッケン・フェンでの最初の三シーズンの夏の野外調査で、私は、学生時代からのよき友人で、いまではケンブリッジの動物学博物館で鳥類の学芸員をしているマイケル・ブルックとチームを組み、見つけることのできたヨーロッパヨシキリの巣をすべて観察し、どのくらいの巣がカッコウに托卵されているかを突きとめた。私たちは湿地を半分ずつに分けた。めいめいが自分のテリトリーを持つことはまったく自然で、狩猟本能に訴えるように思われた。事実、私たちは、巣やカッコウの卵をいくつ見つけられるかでお互いを負かそうとするのが楽しかった。このとり決めは、その後も男性の同僚と一緒に働くときはいつもなされた。どちらも、もう一人のテリトリーに許可なく侵入することを夢見たりはしなかった。もしそんなことをしたら、他の鳥の縄張りに侵入するヨーロッパヨシキリと同じくらい罪なことだと感じたはずだ。

だが、女性の同僚には、この野外調査の方法はとても奇妙なことだと思われた。女性たちは普通、全体を一つのテリトリーと見て共同で作業するのを好む。そして、協力し合うことを〔男性どうしの競争と〕同じくらい楽しく感じ、マイクや私と同じくらいたくさんの巣を見つけた。にもかかわらず、テリトリーに対する私の本能は、ウィッケン・フェンで三〇年近くを過ごしたあとにも強く残った。最近、年とった男が杖を持ち、私の葦のテリトリーで巣を探すのを見たというある訪問者の報告を、湿地監視員が話してくれた。私はそれを卵のコレクターではないかと考え、穏やかならぬ気持ちで夜を過ごした。翌朝起きたとき、気持ちはすっきりしていた。その年とった男は私に違いないということに突如気づき、安心したのだった！

一九八五年と一九八六年、研究の最初の二年間に、マイクと私は全部で二七四個のヨーロッパヨシキリの巣を産卵期間中に毎日見張った。これらのうち、四四個の巣（一六パーセント）はカッコウに托卵され、うち三八個はカッコウの卵は一つだけだったが、六個にはカッコウの卵が二つあった。ちょうどエドガー・チャンスと同じように、一羽一羽のカッコウの雌の卵は、その地の色と刻印で識別できた。カッコウの卵が二つあった六つの巣はすべて、卵の色と刻印の違いから、二羽の異なった雌のものであることが明らかだった。

私たちの雌のカッコウの多くも、チャンスのカッコウと同じように別個の縄張りの中に卵を産んでいた。たとえば私は、長さ四〇〇メートルの同じ溝沿いに、一羽の雌の卵を七個見つけ、長さ八五〇メートルのもう一本の溝沿いに、他の雌の卵を七個見つけた。これらの雌はめいめいが托卵の縄張りに約二〇個のヨーロッパヨシキリの巣を持ち、したがって、すべての巣に托卵しているのではないことは明らかだった。

私は、カッコウがどの巣を選ぶかを予測しようとして、六〇年前のチャンスの興奮を多少経験した。いつも正解を当てたのではなかったのだ！　ある午後、一羽の雌が二日前に卵を産んでいたので、私はその雌の産卵を予想した。縄張りにはヨーロッパヨシキリの適当な巣が二つあり、どちらも一腹卵の産卵が始まったものの、全部は産まれていなかった。一つの巣はビジターセンターの右にあり、そこでは学校の生徒たちや監視員たちのグループがトラクターを使って作業していた。もう一つの巣は湿原の静かな場所にあり、したがって、托卵を目撃することを期待して、私はそちらの場所で待つことにした。カッコウのくる気配はなかったが、午後五時直後、驚いたことに、ビジターセンターの方向から雌の「ピピピピ……」という声が聞こえた。巣を確認すると、卵を産んだばかりのことが明白だった。そばには約三〇人の人がいた。だが、カッコウを見た人は一人としていなかった。

＊

色足環はヨーロッパヨシキリを個別追跡するにはよい方法だが、カッコウはあまりに用心深く、観察が難しいので、その動きを確実に調査する唯一の方法は、電波追跡だ。カッコウの背中の羽根に小さな発信器をのりでつければ、三キロメートル以内のシグナルがアンテナで拾える。発信器は通常二ヵ月もつので、カッコウを繁殖期間中追い続けるには十分だ。そして、鳥が換羽*する夏の終わりに発信器は落ちる。

最初の調査は、一九七〇年代に、ケンブリッジシャー州セント・アイヴス付近の湿原の外れでカッコウを電波追跡したイアン・ワイリー(3)により行なわれた。ワイリーは、他のカッコウたちの翼に色のタグをつけて個体識別した。彼のカッコウは、ウィッケン・フェンのカッコウとまったく同じようにヨーロッパヨシキリを宿主にした。雄はそれぞれ、約三〇ヘクタールの範囲の中でさえずり（一ヘクタールは一〇〇×一〇〇メートル）、さえずる場所は最大四羽の雄が重なっていた。したがって、雄たちは排他的な縄張りは明らかに持っていなかった。

雌もそれぞれ、やはり約三〇ヘクタールの決まった範囲に卵を産む。雌によっては縄張りは本当に排他的だ。だが雌も、托卵場所をほかの三羽までの雌と分かち合うことがある。托卵場所が重なる場合は、一羽の雌が支配的で、より多くの卵を産むようだ。電波追跡をしたうち一羽の雌の繁殖場所には、シーズン中に六羽の別の雄がいて、ときに何羽かの雄が同時に雌を追って飛び回るのが見られた。

ドイツでヨーロッパヨシキリに托卵するカッコウの電波追跡でも、ワイリーの調査と似たパターンが明らかになった。雄のカッコウはさえずりの縄張りがしばしば重なる。雌は、支配的なものが托卵の縄張りを防衛し、翌年以降もそこに戻ってくる。より下位の雌たちは、一羽あるいはそれ以上の支配的な雌たちと縄張りが重なり、卵の数は少ない。ある支配的な雌がいなくなったときは、下位の雌たちが繁殖の縄張りを引き継ぐ。

これらの調査は、カッコウの雌は宿主の巣が豊富にある場所をめぐって争うことを示している。一羽の雌は、自分の托卵場所を排他的縄張りとして防衛することがある。雌がどのように縄張りを主張するかはわかっていない。おそらく「ピピピピ……」の声が、他の雌たちへの「出て行け」のサインになるのだろう。しかし、おそらくある場所に宿主の巣がたくさんあるため、多くの雌がそこに引かれたとしたら、下位の、あるいは縄張りを持たない雌は、支配的な雌の縄張りに自分の卵を産むことがあるかもしれない。このことは、なぜ、二羽のカッコウの卵が同じ巣に見つかるかの説明になる。

托卵される巣がほんのわずかの割合だとすると、最初は、宿主の巣をめぐるこの競争は奇妙に見えた。ヨーロッパヨシキリの巣への托卵率*は、ウィッケン・フェンでの私たちの最初の二年間の調査ではたった一六パーセント、イギリス全体では五パーセント以下だったのだ。明らかに、宿主の巣はカッコウに十分行き渡るだけあるはずなのに？　しかし、ヨーロッパヨシキリのすべての巣にカッコウが接近できるわけではない。カッコウの雌は藪や樹木の中に隠れてとまり、宿主を見張って巣を探す。私たちはウィッケン・フェンで、カッコウの見張りに適した場所から巣が離れるにつれ、托卵の確率が劇的に減少することを発見した。見張りの場所から五メートル以内の巣は二二パーセントが托卵され、一〇メートル離れると一〇パーセントになり、二〇メートルだと五パーセント、そして、四〇メートル以上離れると一パーセント以下になった。したがって、カッコウが探知できる範囲にある接近可能な巣をめぐり、競争があるのである。

カッコウの雄は托卵の際に何の役割も果たさず、彼らの成功は、交尾できる雌の数と、自分が確実に父親になるため他の雄を寄せつけない能力次第である。したがって、雌が宿主に注意を集中する間、雄は雌に注意を集中する。ときに、雄は雌の繁殖の縄張りを独占し、他の雄を寄せつけずに彼女へ接近できるかもしれない。たとえば、マイク・ベーリスがオックスフォードシャー州の人里離れた葦原で調査した一羽のカッコウの雌は、一夏にヨーロッパヨシキリの巣に九個の卵を托卵し、その雛のDNAプロファイリングから、父親がすべて同じであることが確認された。

だが、宿主の密度が高く、カッコウの雌が同じ場所にたくさん引きつけられる場合は、その場所にたくさんの雄が重なり、皆が交尾の機会を争うこともある。日本の信州大学の中村浩志は、長野市郊外の高密度地域を調査したが、そこではカッコウは、千曲川沿いの葦原に営巣するオオヨシキリに托卵していた。中村は、電波追跡をして鳥たちの翼に色つきタグをつけてカッコウを追い、何羽かの雄と雌が同じ縄張りを共有することを発見した。したがって、雄も雌も多くの相手と交尾を行なえる可能性がある。調査地でのカッコウの雛のDNAプロファイリングでは、多くの雌は、同じシーズンに父親が二羽か三羽の異なる子供を持ち、多くの雄は四羽までの雌とともに子供を持つことが明らかになった。

電波追跡による調査はカッコウの動きに関する異常なパターンも明らかにしたが、このパターンにより、雌は自分だけが宿主の巣に確実に接近するのが困難になり、さらに、雄が雌をガードすることもより困難になる。カッコウの雄も雌も、繁殖場所からしばしば四、五キロ、時に二三キロも遠く離れたところで餌をとることがある。これらの場所は普通、カッコウの大好きな餌である毛虫がたくさんいる果樹園か森林である。カッコウはこのような餌場では鳴かず、鳴くのはすべて繁殖場所に帰ってからだ。中村浩志の観察で、カッコウは、平均すると毎日たった半分の時間しか繁殖場所で過ごさないことがわかった。雄は明け方繁殖場所に到着し、朝遅く餌場に行く傾向があるが、夕方に一、二時間繁殖場所に戻ってくることがある。雌はあとから繁殖場所に到着し、とくに托卵の日は午後に入ってもそこに留まる傾向がある。

＊

ウィッケン・フェンでのマイク・ブルックと私のヨーロッパヨシキリの巣の毎日の調査は、とてもわくわくするものだった。一腹卵の中にカッコウの卵はあるだろうか？　ヨーロッパヨシキリはその卵を受け入れるだろうか？　私は、カッコウの卵を最初に発見したときの興奮をいまでも覚えている。正午には巣の中にヨーロッパヨシキリの卵が三つあったのに、その後、午後六時に再び調べたときは、そのうちの一つがなくなり、代わりにカッコウの卵があったのだ。カッコウの卵は、残っているヨーロッパヨシキリの二つの卵より少し大きく、形も丸いので、明らかにわかる。さらに、地の色は、ヨーロッパヨシキリの緑がかった色と同じものの、カッコウの卵の斑点はヨーロッパヨシキリのそれより小さかった。もし、それが私にとって明らかなら、なぜ、ヨーロッパヨシキリには明らかでないのか？　最初私はそう考えた。それで、葦の間の小さな隙間から中の巣を監視しようと土手に座った。一分もしないうちに雄が巣に戻ってきた。雄は巣の縁にとまり、卵を一生懸命見た。それから一分少々の間、巣の底に嘴《くちばし》を突っこんだ。明らかに、すべては良好と満足したらしい雄は、抱卵のために座り、下の方でもぞもぞしていたが、巣の縁の上には、片方から嘴の先端と目が覗いており、もう片方から尾が突き出していた。二〇分後に雄は突然音を立てずに立ち去り、数秒後に雌が到着した。雌は巣の縁にとまって巣の中を覗き、一腹卵を一生懸命調べていた。しかしその後、雌も抱卵のために座った。私は、つがいのどちらもよそ者の卵に気づかなかったようであることに困惑しながら見張りから離れた。

翌日午後、私はその巣をもう一度調べた。雌は卵をもう一つ産んでおり、いまでは巣の中にヨーロッパヨシキリの卵が三つあった。だが、カッコウの卵はなくなっていた。ということは、托卵一日目のうちにヨーロッパヨシキリたちはそれを排斥していたのだ。一九八五年〜一九八六年にマイクと私が見つけた托卵された一腹卵は、全部で四四だったが、そのうち二つは托卵の直後に捕食者に壊されていたので、ヨーロッパヨシキリがどう反応したかはわからなかった。残りの四二のうち八つでは、ヨーロッパヨシキリがカッコウの卵を排斥した。うち四例では、カッコウの卵は巣から押し出されていた。押し出されたカッコウ卵のうち一つは、巣の下の溝の、水面から一メートル下の底にまだ丸ごとあった。他の四例では、ヨーロッパヨシキリが一腹卵を見捨て、雌がすぐ近くに新たな巣を作るための巣材として巣を分解しはじめた。したがって、カッコウの卵は一九パーセントの巣で排斥され、八一パーセントの巣で受け入れられたことになる。宿主がカッコウの卵を拒絶するまでには、しばしば一日か二日かかることもわかった。この遅れが意味するのは、カッコウの卵は産みつけられてからあまりにすぐにとり除かれるので、私たちが托卵を記録し損ない、それゆえ、卵がとり除かれたこともわからなかったとは考えにくいということだ。

マイクと私は、ヨーロッパヨシキリはいつもだまされているわけではないとわかり、興奮した。ヨシキリたちがカッコウの卵に気づくことのメリットは、明らかだ。ウィッケン・フェンでは、ヨーロッパヨシキリが一腹雛の平均である四羽を育てるのに約四七日間かかる。巣作りに六日間、産卵に四日間（一日一つずつ）、抱卵に一二日間、巣立ち前の雛への給餌に一一日間、そして、巣立ち後の雛が独立するまでの給餌に一四日間である。繁殖を早く開始したつがいは、一シーズンに二度の繁殖をかろうじて行なえるかもしれないが、ほとんどのつがいは、一シーズンに一度の繁殖を成功させる時間しかない。だが、カッコウの雛は、ヨーロッパヨシキリより約二週間成長に長くかかる（巣立ち前の雛への給餌に一九日間、巣立ち後の雛への給餌に二、三週間）。したがって、最初の巣に托卵された不運なヨーロッパヨシキリのつがいは、カッコウの雛を育てるのにとても時間がかかるため、その年に自分たちの雛を育てる時間がまったくなくなるだろう。宿主にとり、巣の中のカッコウ卵の存在は、捕食者にすべての卵や雛をとられる以上に悲惨な事態を生じさせる可能性がある。捕食者にやられたあとなら、少なくとももう一度繁殖を試みるチャンスはあるのに、カッコウを受け入れてしまえば、宿主はその夏の繁殖の成功がなくなる運命に追いやられるのだ。

ここで、カッコウの卵を排斥することから救われるものを考えてみよう。もし、ヨーロッパヨシキリがカッコウの卵をとり除いたら、残った卵は救われるので、失ったのはカッコウが托卵のときに巣からとり除いた卵のみである。したがって、最初の卵が四個なら、カッコウの卵をとり除いたヨーロッパヨシキリには、自分たちの残り三羽の雛を育てるチャンスがあり、最初から托卵を免れたときより一羽少ないだけである。たとえ、ヨーロッパヨシキリが、おそらくカッコウの卵を放り出せないために一腹卵を見捨てるという対応をとったとしても、かなりのものは救える。それからすぐに新しい巣を作りはじめ、自分たちの雛を育てるチャンスがもう一度あるからである。

したがって、カッコウはいつも勝つわけではないのだ。ヨーロッパヨシキリは、カッコウの卵を突きとめるのにどのような手がかりを使うのか？　宿主の防衛を破るカッコウのトリックはどのようなものか？　マイクと私は野外実験でこれらの疑問を調べることに決め、これを行なう最良の方法は、自分たち自身がカッコウになることだとわかった。

# 第5章

# カッコウのふりをする

巣材のためにクモの糸を集めるヨーロッパヨシキリの雌。つがいの雄が近くにいるが、その上にはヨシキリをしっかり見張るカッコウの雌がいる。
——ウィッケン・フェン、2014年5月20日。

カッコウの卵を作るためのレシピがある。カッコウの卵を博物館から借りてきて、型をとって半分に割り、それぞれの中に樹脂を注ぎ、それらをくっつけて固まるのを待つ。型を開くと……？　本物のカッコウの卵と、大きさも重さもまったく同じ卵の模型（擬卵）ができるのだ。それから、カッコウの托卵系統による違いが表われるよう、アクリル絵の具でさまざまな色を塗る。緑色に斑点模様は、ヨーロッパヨシキリだけに托卵するカッコウ用。茶色に斑点模様は、マキバタヒバリだけに托卵するカッコウ用。灰色がかった白色に斑点模様は、ハクセキレイだけに托卵するカッコウ用。そして、まっさらの青色はジョウビタキだけに托卵するカッコウ用だ。机の上には、このようなカッコウの卵の擬卵が百個ある。さて、これで私がカッコウになる用意は整った。

エドガー・チャンスがきわめて見事に明らかにした、カッコウの托卵の手順に立ち返って考察してみよう。最初に、カッコウの卵自体について問うてみるといいかもしれない。なぜ、カッコウのさまざまな托卵系統は「そっくり」な卵、すなわち、いろいろな宿主の卵に外見が似た卵を産むのか？カッコウの卵はなぜこんなに小さいのか？　大きさは宿主の卵に似ているが、こうなるには、カッコウは自分と同じ大きさの鳥に比べとりわけ小さい卵を産むことになる。

産卵の手順についても問うてみることができる。なぜカッコウの雌は、宿主が一腹卵を産みはじめるまで托卵を待つのか？　なぜ、自分の卵を産みつける前に宿主の卵をとり除くのか？　そしてなぜ、産卵がかくも信じがたいほど素早いのか？

最後に、カッコウの雛について考えてみよう。なぜ、雛は宿主の卵や子供を追い出すのか？　なぜ、追い出すのは孵《かえ》ったばかりのカッコウの雛の仕事なのか？　追い出すなら、カッコウの母鳥が、前もって托卵の前に宿主の卵を全部とり除いておく方が明らかに簡単だろう。

これらすべての問いに対する明確な答えは、カッコウの戦術は、宿主の防衛に勝つように立てられているということだ。もしカッコウが、大きさや見た目が宿主自身の卵にそっくりの卵を産まなかったり、托卵の時期が遅かったり、タイミングを誤ったり、宿主の卵を一つとり除かなかったりすれば、宿主は托卵にもっと気づくようになるはずで、カッコウの卵を排斥するだろう。カッコウ卵の擬卵がひととおりそろい、この研究に対する許可証が降りたので、自分たちがカッコウのしている肝要な部分を演じることにより、これらの推測をすべて実験的に検証できることになった。私たちのアイディアは、カッコウの産卵の各過程を順に変えていき、それがヨーロッパヨシキリをだますのに役立つかどうかを調べ、もしだませるならどのようにしてだませるかを調べるというものだった。

マイク・ブルックと私による最初の発見は、カッコウになるのは大変な仕事だということだった！　実験にあたっては、ヨーロッパヨシキリの巣、それも、托卵される期間というまさにその段階の巣をたくさん見つけなければならなかった。にもかかわらず、擬卵を巣に置き、その後、ヨーロッパヨシキリがその卵を受け入れるかどうかを見るため、毎日巣を訪れるのは非常に楽しかった。擬卵は、私たちの目には本物に見え、ヨシキリが座ったときも本物の卵に思えるように前もって暖めてあった。イギリスで当時最も経験豊かな鳥類学者の一人だった友人のブルース・キャンベルが、実験中の巣の一つにやってきて、本物のカッコウに托卵されていると言ったとき、私たちは喜んだ。

私たちはまず、カッコウ卵の色と斑点が宿主の卵のものと同じことが重要かを調べた。一九一三年にスチュアート・ベーカーは、宿主による卵の識別が、カッコウが卵を似せる選択につながったことを最初に示唆した。

完全な適応の過程は、ゆっくりだったが、育ての親自身の卵とは最も明確に区別できて対照的である卵に対する、育ての親による確実な排斥によって獲得される……すなわち、最も適合度の悪い卵を産む血統のカッコウは徐々に死に絶え、他方、育ての親の卵に最もよく似た卵を産む血統のカッコウは生き残れることになる。

ベーカーはインドのカッコウを調査し、宿主による識別の興味をそそる証拠を発見した。彼は、明らかに異なる托卵系統のカッコウがときおり産んだ宿主卵に似ていない卵の運命と、ある決まった種の宿主に特化した托卵系統が産んだ、よく似た卵の運命とを比較した。すると、全体では、似ていない卵は二一個のうち一二個（五七パーセント）が排斥されたのに対し、よく似た卵では、一五八個のうち六個（四パーセント）だけしか排斥されないことがわかった。これらの結果から、宿主は卵の外見にこだわることが明らかに示唆される。しかし、おそらく他の要因が似ていない卵はなおいっそう排斥される原因になるのだろう。たとえば、よそ者の托卵系統のカッコウは宿主の種になじみがなく、巣を見つけるのにもっと時間がかかるかもしれない。このことで托卵には困難が増し、宿主による排斥の増加につながるかもしれない。卵の外見そのものが宿主の排斥に影響を与えることを確かめるには、他のすべての条件を一定にした上で、卵の外見を変える実験を行なう必要があった。

私たちの実験で、ヨーロッパヨシキリは、巣の中の卵の外見に実際にこだわることが示された。色と斑点をヨシキリの卵に似せて彩色した擬卵は、ほとんどすべて受け入れる（色は、ヨーロッパヨシキリに特化したカッコウの托卵系統が産む卵にそっくりの緑色だ）。だが、自分たちのものとは明らかに外見の異なる擬卵――たとえば、マキバタヒバリに特化して托卵するカッコウの托卵系統に典型的な、茶色の地に斑点の入った卵、セキレイに特化して托卵するカッコウの托卵系統の産む灰色がかった白色に斑点のある卵、あるいは、ジョウビタキに特化して托卵する托卵系統の産む青一色の卵——は、三分の二が排斥された。排斥の仕方は、本物のカッコウの卵の場合とまったく同じで、約半分の例では、擬卵は巣から押し出され（いくつかの卵は下の水の中から見つかった）、もう半分は、擬卵がひとしきりつつかれたあとに一腹卵は巣ごと放棄された。

本物のカッコウ卵のときとまったく同じように、ヨーロッパヨシキリは、一腹卵がすべてそろうまで擬卵の排斥を待つのが普通だった。私は、カッコウの青色の卵をヨーロッパヨシキリの巣に最初に置いたとき、ヨーロッパヨシキリはそれをすぐに捨てると予想し、土手に座って見張っていた。ヨシキリが丸一日その卵を受け入れたとき、私は、擬卵の実験も失敗するのだろうかと思いながら帰宅した。おそらく、ヨシキリたちは私たちの卵が偽物だと気づき、それらを無害な無生物として受け入れるのではないかと考えたのだ。しかし、いったん一腹卵がそろうと、受け入れか否かはよそ者の卵の外見で決まり、卵が樹脂製であることは関係ないことがその後の反応でわかった。したがって、教訓はこうだ。実験ごとに必ず対照群を用意し（この場合はヨーロッパヨシキリ自身の卵に合わせた卵）、辛抱強くあるべし！　奇妙な卵は、すべての卵がそろってからの方が比較して見つけやすくなるから、排斥が遅れるのだろうかと私たちは思った。

ヨーロッパヨシキリは雄と雌で抱卵を分担し、擬卵をつつくのを観察した結果、雄雌どちらも自分たちの卵に似ていない卵を排斥することは明らかだった。しかし、つがいは必ず考えが一致するわけではなかった。ある巣では、雄は似ていない擬卵がある巣で抱卵を続けたが、雌は雄の下で徐々に巣を壊しはじめ、その材料で近くに新しい巣を作りはじめた。これは見ていて面白かった。雌が巣材を嘴《くちばし》で一つまみ抜くごとに、雄は巣の縁から、何が起きているのかとばかりに外を覗く。数時間後、もはや巣はほとんどどとり去られ、雄は引越への同意を余儀なくされた。

擬卵の一つに反応したときも、本物のカッコウの卵に反応したときも、ヨーロッパヨシキリは必ず巣を放棄した。その場合、普通は新たな巣を近くに作るが、古い巣の上に新しい巣を作ることがときにある。その結果、二階建ての深い巣ができ、そこでは、放棄された古い卵が下の階に葬られ、その上に代わりの一腹卵があるという構造になる。なぜ、新しい場所に巣を作らず、このようなことをするのだろう？　おそらくこれは、もう一度托卵される機会を減らすためだ。もし、カッコウの雌がすでに托卵した場所を覚えており、その巣にはそれ以上干渉せずほっておけば、新しい巣を古い巣の上に作ったヨーロッパヨシキリは報われることになる。カッコウの雌がすでに托卵したのと同じ巣だと思い、ほっておけば、ヨシキリの思うつぼだ。おそらく、新しい場所にした方が、すぐに新しい巣だと認識されるのではないか？　このアイディアはいつか試すと面白いだろう。

＊

ヨーロッパヨシキリは自分たちの卵と外見の似た卵は受け入れやすいという私たちの発見は、あまりに明瞭で予想通りの結果に見えるため、この実験に価値はあるのかと思う人もいるかもしれない。だが、なぜカッコウが卵を似せるように進化してきたかには、少なくとも二通りの仮説がある。ダーウィンと同時代人で、自然選択の原理の共同発見者であるアルフレッド・ラッセル・ウォレスは、カッコウの卵の隠蔽色*に魅了され、その卵は保護色の見事な例だと考えた。もし、宿主の卵が捕食されるのを減らす隠蔽色であることが重要なら、明らかにこれはカッコウの卵にもあてはまる。「もし、個々の鳥の卵がまわりの色と調和することである程度守られるなら、巣の中の大きな、まったく違う色の卵の存在は危険で、一腹卵の全滅につながるかもしれない」とウォレスは一八八九年に書いた。ウォレスの考えは、一腹卵は捕食者の目を引かないよう、宿主の卵とカッコウの卵は独立して進化し、同じ色と模様になったということだ。したがって、たとえ宿主が識別しなくても、カッコウの卵は選択的捕食を通じ、宿主の卵に似るように進化し続けるかもしれないということになる。

私たちは、擬卵を入れたヨーロッパヨシキリの巣がうまくいくかを追跡することで、ウォレスの仮説を検証することができた。しかし、結果はウォレスの考えを支持しなかった。宿主の卵に似たカッコウの卵のある巣より、宿主の卵に似ていないカッコウの卵のある巣の方を捕食者が多く選ぶ傾向はなかったのだ。

擬卵の進化に関する三番目の仮説は、カッコウの雌の托卵する地域が何羽かで重複する結果として、すでにある雌が托卵した巣に、さらに他の雌が卵を産むことがときにあるという観察からくる。ここでは、一つの巣に一羽のカッコウの雛の入る余地しかないため、もし二つの卵が孵ったら、争いが生じ、結果的にどちらかがもう片方を追い出すことになるだろう。このことは一七八八年、ヨーロッパカヤクグリの巣の中にカッコウの雛を二羽見つけたエドワード・ジェンナーによって最初に述べられた。

二羽のカッコウが今朝、同じ巣の中で孵った。それから数時間後に、カッコウどうしで巣の所有をめぐる争いが始まり、翌日午後まで決着がつかなかったが、大きさでやや勝っていた一羽がもう一羽を追い出した。この争いはとても注目すべきものだった。当の鳥たちは、交互に優勢に立つようだった。一羽が他の一羽を巣のほとんど縁まで何回か運び上げ、その後、相手の重みに圧迫されて再び巣の底に崩れ落ち、さまざまな苦闘の末、ついに強い方が勝ったのだ。

エドガー・チャンスが発見したように、カッコウの雌は、自分の卵を産む前にまず卵を一つとり除く。もし、巣にすでに一つの卵が托卵されていたら、二羽目のカッコウが最初のカッコウの卵をとり除くことは確実に割に合うことである。先の雌の卵は先に孵り、巣の所有をめぐる争いで自分の雛の方が負けやすいからだ。それゆえ理論上は、カッコウの卵は、同じ巣に卵を産みにくる他の雌に気づかれてとり除かれる可能性を減らすため、宿主の卵に似せるよう進化することがありうる。

カッコウは擬卵を置いた巣を訪れることもあるので、私たちはこの仮説も検証することができた。驚いたことに、カッコウは、擬卵の色が宿主の卵と異なっていてもそちらを選んでとり除くことはないとわかった。すでに、本物のカッコウの卵のある巣へ托卵する場合の観察から、卵の除去に何らかの選択性はないことが示された。カッコウはただ、卵をアトランダムに選んでいるのだ。したがって、卵の似具合は、自分の卵が他のカッコウに除去されないよう役立っていることを示す証拠は発見できなかった。

マイクと私は、この結果を見てもまだ困惑していた。確かに、カッコウは他のカッコウの卵を見てとり除いているはずだ。宿主の巣にいるカッコウの雌の映像は、雌は自分の卵を産んだ直後に飛び去り、決してその巣を振り返らないことを示している。したがって、カッコウの卵が宿主の卵と比較してどのように見えるかを、おそらく雌は決して知ることがない。それにもかかわらず、一腹卵の中で最も奇妙な、あるいは最も大きい卵を托卵の前にもしとり除けば、その雌はそれにより明らかに利益を得るのだ。托卵の際にはかくも注意深いカッコウが、托卵の手順にこの改善を加えないのは奇妙である。

そうではあっても、カッコウが識別にきて奇妙に見える卵を放り出したとして、その選択圧は、宿主の識別による選択圧と比較するとなお弱い。ウィッケン・フェンでは、托卵された巣のわずか一四パーセントしか二羽目のカッコウが訪れず、他方、托卵された六九パーセントの巣では宿主が似ていない卵を排斥した。換言すれば、宿主の卵に似ていないカッコウの卵は、ヨーロッパヨシキリ自身に除去される可能性が六九パーセントあるのに比べ、他のカッコウに除去される可能性はせいぜい一四パーセントである。

＊

カッコウの卵は、もし、その色や斑点が宿主の卵に似ているなら、宿主の方をだましやすいことをこれらの実験は明らかに示していた。それでは、卵の大きさについてはどうだろう？　これも似なければいけないのか？　托卵するカッコウは、体の大きさは同じだが托卵をしないカッコウの卵と比較するとはるかに小ぶりの、目立って小さな卵を産む。普通のカッコウの卵の重さはヒバリの卵とほぼ同じで、平均でわずか三・四グラムだが、一方、体重は同じ（一〇〇グラム）でも托卵しないカッコウは、ヤドリギツグミの卵と同じくらいの重さの一〇グラムの卵が普通だ。こんなに大きな卵は小さな宿主では抱卵できないだろうが、私たちの実験では、ヨーロッパヨシキリはこのような大きな卵も排斥することが示された。大きさはヤドリギツグミの卵だが、着色はヨーロッパヨシキリの卵に似せた擬卵をヨシキリの巣に置いたら、それらは普通の大きさのカッコウの卵以上に排斥されるようだった。

托卵をするカッコウの卵にはもう一つ独特な点がある。すなわち、托卵しないカッコウの卵や宿主の卵と比較すると、殻が異様に頑丈ということだ。殻の強化は、一部には材料が高密度であるため、また一部には殻が厚くなるために生じる。ヨーロッパヨシキリのような小さい宿主は、カッコウの卵は大きすぎて嘴でつかめないので、殻をつついて穴をあけようとする。もし、うまく穴があけられれば、卵の中身が他の卵にかかってねばねばしないように中を少し飲み、それから嘴で穴の縁をつかんで卵を注意深く持ち上げ、外に出す。殻は厚いほど穴をあけるのが難しくなり、宿主は卵をとり除こうという気持ちが弱ければ、排斥を断念するかもしれない。にもかかわらず、ヨーロッパヨシキリは、ときにカッコウの卵をどうにか丸ごと排斥する。というのも、割れていないカッコウの卵が彼らの巣の下で見つかるからだ。ヨシキリがどのようにそれを行なうかはわかっていないが、嘴か、おそらく脚で転がして出すはずだ。

殻が厚いカッコウの卵は、単に宿主の攻撃から身を守るだけでなく、産卵時の損傷を減らす可能性もある。もし、雌が急いでいたり、巣の底に短いトンネルが続く狭い巣の入り口から卵を勢いよく産み落とさなければならないとするなら、これはとくに利点となるだろう。

＊

ここまで述べてきた実験では、宿主の防衛を破るには、カッコウの卵は大きさも外見もヨーロッパヨシキリの卵に似せる必要があることが示された。では、カッコウの托卵行動の他の側面はどうだろう？　宿主をだますにはそれらの側面も重要かを検証するため、私たちは、ヨーロッパヨシキリに特化して托卵するカッコウの托卵系統の産む卵に似せて彩色した擬卵でさらに実験をしたが、今度は、カッコウの戦略の各部分を順に変えて行なった。

まず、産卵のタイミングを調べた。巣は完成しているが空っぽの、つまり、ヨーロッパヨシキリが一腹卵を産みはじめる前の巣の中に擬卵を置くと、全部排斥された。巣の外に放り出される卵もあったし、古い巣の上に新しい巣を作ることで埋められた卵もあった。たいへん賢くも、ヨーロッパヨシキリは、「私が卵を産みはじめる前に巣に現われた卵は、私のものであるはずがないから、それは排斥する」という規則を採用していた。これは、なぜ、宿主が産卵を始めるまでカッコウが托卵を待つかの説明になる。

ヨーロッパヨシキリはいったん一腹卵を産みはじめると、巣の中の卵の数は排斥の頻度に影響しないことがわかった。にもかかわらず、本物のカッコウは宿主の産卵期間の初期に托卵するのを好む。ヨーロッパヨシキリの巣は、卵が四個あるいはそれ以上ある方が、この段階の巣の比率から予想されるより実際は托卵されることが少ないとわかった。なぜ、こうなるのだろう？　ほとんどのヨーロッパヨシキリは一腹卵を四個産み、最後の卵が産まれた日から本格的な抱卵が始まる。このことは、卵が四個の段階、もしくはその後の段階に托卵するカッコウには不利になることを意味する。というのも、カッコウの雛が宿主の雛より前に孵る可能性が減り、宿主の雛は卵のときよりも巣の外に出すのが困難だからである。したがって、適切な段階の巣に托卵するカッコウが選ばれるという選択が働き、それは、早すぎもせず（早すぎれば卵が排斥される）、遅すぎもせず（遅すぎれば卵が孵るのが間に合わない）ということだ。

ほとんどの鳴禽類の小鳥は早朝に卵を産む。ウィッケン・フェンでは、ヨーロッパヨシキリは普通、日の出から一時間以内の、午前五時から六時の間に産卵する。それに対しカッコウは、エドガー・チャンスが辛抱強く観察して発見したように、午後のおもに二時から夕暮れまでの間に産卵する。なぜか？　カッコウはしばしば、卵が一つの段階の巣に托卵する。このような巣を利用するには、産卵は明らかに宿主の産卵したあとでなければならないので、なぜ、一日の遅い時間に産卵するかの説明はつくかもしれない。だが、なぜ、それが午後の遅い時間なのかは必ずしも説明できない。カッコウの卵が巣に現われる時間が卵の受け入れに影響するかどうかを、私たちは、夜明けに擬卵をヨーロッパヨシキリの巣に置いてテストした。その結果、これらは午後に置いた卵より排斥にあう可能性が高いことがわかった。したがって、午後の産卵はカッコウのもう一つのだましのテクニックなのだ。しかし、なぜ午後が一番いいのかはわからない。ウィッケン・フェンでは、ヨーロッパヨシキリは午後に巣をあける傾向があるので、カッコウの雌が宿主に見つかるのを避けられる可能性が高くなる。しかし、他の場所では、午後に宿主が巣にいる可能性は午前と同じである。

＊

このことは、カッコウの産卵の過程でおそらく最も注目すべき側面、すなわち、産卵の速さの問題を提起する。ほとんどの鳥は、産卵のときは二〇分から一時間巣に座って過ごす。それとは対照的に、カッコウの雌が宿主の巣を訪れるのは驚くほどあっという間だ。エドガー・チャンスがパウンド・グリーン入会地で観察した「カッコウA」は、タヒバリの巣にいた時間が平均八・八秒だった。八個の卵の産卵時間を正確に計ったところ、七個は一〇秒かそれ以下、最速は四秒という信じられない速さで、最長は一六秒だった。

イアン・ワイリーが調査した、湿原の端のヨーロッパヨシキリに托卵するカッコウも、普通約一〇秒で産卵した。しかし、チェコ共和国のヨーロッパヨシキリの巣に托卵するカッコウの調査では、ときにもっと長く時間がかかることが示された。アルネ・モクスネス、エイヴァン・ロスカフト、マルセル・ホンザとその同僚たちが、ビデオカメラで一四回の産卵を記録したところ、宿主の巣にいた時間は七秒から一五八秒で、平均は四一秒であった。実際の産卵、つまり、最初に宿主の卵をつかんでとり除き、巣に座って産卵して飛び立つまでは、平均で一三秒しかかからない。この違いは何が原因かは不明だが、もしかすると、年をとり、より経験豊富な雌の方が速いのだろうか？

なぜ、カッコウの雌はいつもそんなに産卵が速いのか？　産卵が素早ければ、宿主の攻撃による損傷が減るかもしれない。東欧の葦原でカッコウが好む宿主は、体の大きさがヨーロッパヨシキリの約三倍あり、その名にふさわしく、オオヨシキリと名づけられている鳥だが、このオオヨシキリは、産卵中のカッコウめがけて飛んでカッコウを巣の下の水面に突き落とし、カッコウがときに溺れるのが観察されたことがある。マキバタヒバリやヨーロッパヨシキリのようなもっと小さな宿主でも、嘴や脚で攻撃する間にカッコウの羽を傷つけることがある。とはいえ、カッコウの雌が産卵の前にこっそり行動すれば、自分が気づかれる機会を減らすという印象を与える。巣にいるカッコウを見たら、それは、カッコウの卵を排斥するようにという宿主への警告になるのではないか？

マイクと私はこの考えを、産卵期間中のある日の午後、カッコウの雌の剥製をヨーロッパヨシキリの巣に置き、ヨシキリたちに五分間それが見えるようにして検証した。剥製のカッコウには、雌にはあまりふさわしい名前でないと気づいたものの、チャンスに敬意を表し「エドガー」と名づけた。多くの巣では、ヨーロッパヨシキリはカッコウの一メートル以内をせわしなく飛び回り、嘴で鋭い音を立て、大きな耳ざわりな声で「スクルル、スクルル……」と鳴き、しばしば脚や嘴で剥製を打って攻撃した。攻撃はあまりに猛烈なこともあったので、最初の数回のテストのあとは、エドガーが壊されないようにするため、まわりに細い針金のケージを設けなければならなかった。五分間の攻撃ののち、私たちは剥製のカッコウをどかし、カッコウの擬卵を巣の中に置いた。したがって、この実験は、産卵があまりに遅いため宿主に察知されたカッコウを模している。嬉しいことに、これらの卵は、剥製のカッコウを先に見せずに卵を巣の中に置いたときと比較して、排斥の割合がずっと多い（三パーセントに対し四〇パーセント）ことがわかった。自分たちの巣にカッコウがいるのを見ることは、宿主にとり本当にカッコウの卵を排斥する警告になっていたのだった。

卵を排斥しようとする宿主の動機が強くなることは、カッコウ自体に対する特有の反応というより、一般的に、興奮が増した結果という理由も一部にあるかもしれない。というのは、ヨーロッパヨシキリの巣を襲うコクマルガラスの剥製を巣の中で見せたときも、擬卵をいっそう排斥させる刺激になることがわかったからだ。しかし、カッコウの剥製はそれ以上の効果を示した。もちろん、巣への侵入者に対する一般的な反応の結果、卵の拒絶が増えたとしても、それにより、カッコウの産卵は速くなるという選択に向かうだろう。

剥製のカッコウを使った類似の実験では、マキバタヒバリやオオヨシキリも、巣にカッコウが見えると、卵をよりいっそう排斥するように刺激されることが明らかになった。そして、チェコでのヨーロッパヨシキリの巣のビデオ録画からも、本物のカッコウでも同じ効果が起きることがわかった。カッコウが産卵したときに宿主がいた九例では、カッコウの卵の六個（六七パーセント）が排斥されたが、他方、宿主がいなかった四例では排斥された卵はなかった。

したがって、自然状態での産卵の観察と、剥製のカッコウを見せる実験は両方とも、宿主の警戒を避けるため、カッコウは素早く産卵した方が分がよいことを示している。産卵時間そのもの、つまり卵を排出腔から押し出す筋肉の収縮である実際の産卵自体は、他の種より速いということはなさそうである。カッコウの特別な点は、産卵のタイミングをどの程度コントロールできるかである。エドガー・チャンスが発見したように、雌は産卵の前に一時間ほど枝に静かにとまり、宿主の巣を見張っている。おそらくこの間に卵は卵管を降り、産卵の準備ができるのだろう。ほとんどの鳥はこの静かな時間を巣に座って過ごす。しかし、もしカッコウがこんなに長い間宿主の巣に座れば、宿主を警戒させるはずだ。したがって、その秘訣は、近くの枝で産卵に備え、卵を放出するためにかかる決定的な数秒間の間だけ、宿主の巣を訪れることだ。

カッコウの雌が卵の放出のタイミングを調節する能力は、セシル・ドーネイ夫人が一九二二年に『カントリー・ライフ』誌に送った魅力的な投稿で明らかにされており、それを読むと、いまより優雅だった前世紀の日々に誘われる。

聖霊降臨祭の六月四日、家の前の芝生でテニスをしていたとき、乳母が子供部屋のバルコニーから声をかけ、カッコウが舞い込んできて子供部屋の床に座ったと言いました。姉妹がそこへ行き、カッコウをつかまえて外の芝生に出し、私たちはそこでカッコウの美しさを讃えました。そのとき、カッコウは、私の小さな娘の肩の上に優しく舞い降り、これ以上はないというほど優美な仕方で卵を産み、卵は割れずに地面に落ちました。このカッコウは、以前、子供部屋の窓の近くの木にいるのが見つかっており、ハクセキレイがその窓から数フィートの藤の中に巣を構えていることもわかっていましたので、カッコウはこの巣に卵の一つを産もうとしているのだろうと想像していました。

エドガー・チャンスはこの特別な出来事について、自著の『カッコウの真実』の中で以下のように書いている。

カッコウがセキレイの巣に托卵しようとしていたことは疑いないが、テニスのために托卵が遅れ、さらに阻まれてしまったので、産卵を延ばしながらもはや待てなくなったのだ。目当ての巣を狙い損ない、絶望的な状況に陥って捨て身になった雌は、子供部屋の窓から部屋に飛び込み、床に降りた。そのおとなしさや明らかな従順さは、産卵が可能な最後の瞬間まで卵を保持しておこうという決意のため、ある種の部分的まひ状態にあったからかもしれない。

そこには、卵が割れずに地面に落ちたのは殻が厚い証拠という事実も加えてよいかもしれない。数日後にセキレイの巣がもう一度調べられ、そのときには新たにカッコウの卵があった。したがって、この雌は特筆すべきねばり強さを持っていたようである!

エドガー・チャンス自身は、雌の産卵のコントロールに関する他の例を見ている。一九二四年、パウンド・グリーン入会地で、チャンスの愛する「カッコウA」が、彼によると「おろかで無能」で「行動は不器用、巣を発見するのも再発見するのも下手」な他の雌にとって代わられた。その雌は産卵前に決まって、自分の選んだマキバタヒバリの巣の近くで四、五時間とまって過ごし、その後、托卵に舞い降りるときは巣を見つけるのに失敗する。その雌は、巣を見つけて産卵するまで地面の上で一時間巣を探し、その間ずっとマキバタヒバリに攻撃され、その結果、多くの羽を失うのもチャンスは観察したことがあった。ある日の午後、その雌がマキバタヒバリの巣を探すのをチャンスは見ていたが、雌は巣を見つけ損ない、それからヨーロッパビンズイの巣を探し、それも見つけ損ない、結局、キタヤナギムシクイの巣に産卵した。別のときは、午後五時四〇分にマキバタヒバリの巣の場所を目指して舞い降りたが見つけ損ない、結局、八時二〇分にヨーロッパビンズイの巣に産卵した。これらの興味深い観察から、カッコウの雌は、もし必要なら産卵を二、三時間は遅らせることができるとわかった。また、素早い産卵に必ず必要な宿主の巣を見定める技は、経験とともに向上することも示唆される。

*

これまで実験で調べてきたカッコウの産卵戦略のさまざまな側面はすべて、宿主がカッコウの卵を受け入れる機会を増やすようにする適応で、それはすなわち、卵の似具合や大きさ、托卵のタイミングとスピードである。カッコウの雌が、自分の卵を産む前に宿主の卵をとり除く習性についてはどうだろう？　カッコウの雌は、宿主の卵を通常一個、ときに二個、ごく稀に三個とり除く。それは普通、産卵しに巣を訪れる中で産卵の直前に行なわれる。宿主の卵が一個だけ除かれるときは、雌は産卵中に卵を嘴で持ってそのまま巣から飛び立ち、巣を離れてから卵を飲み込む。とり除くのが二個かそれ以上なら、最初の卵は、巣の中で頭を後ろにひょいと上げて飲み込み、最後の一個は産卵中に嘴でつかんでいる。雌が産卵の一日か二日前に宿主の卵を一個か二個とり除き、巣に托卵しにきたときにもう一個とり除くこともときどきある。

明らかに宿主は自分たちの卵を数えていて、もし、余計な卵が突然巣に現われたらそのことにすぐ気づくだろうから、卵の除去は宿主をだますのに重要なはずだ。マイクと私はこう考えた。しかし驚いたことに、宿主の卵の除去は宿主をだますのに必要不可欠ではないことが実験でわかった。宿主の卵の数を同じままにするように最初に卵を除去せず、よく似たカッコウ擬卵を一腹卵の中に一つ加えただけでも、ヨーロッパヨシキリは擬卵を同じように受け入れるようだったのだ。同様に、あまり似ていない卵だと、宿主の卵をとり除いてもとり除かなくても卵は排斥される傾向があった。マキバタヒバリの実験でも、卵の除去はよそ者の卵の受け入れに何も影響を及ぼさないことがわかった。

それではなぜ、カッコウは卵をとり除くのだろう？　一つの可能性は、結局、雌は他のカッコウの卵を探してとり除くのではないかということだ。もしそうなら、すでに見てきたように雌の行動はあまり巧妙ではない。本物のカッコウの卵であれ、私たちの擬卵であれ、一腹卵の中にすでにあるカッコウの卵が選んでとり除かれる傾向は見られなかったからである。とはいえ、卵の除去がランダムでも、何も除去しないより良いのかもしれない。もう一つの可能性は、卵を除去すればカッコウの卵のための空間ができ、卵が多すぎなければ、宿主は間違いなく効率的に抱卵できるということだ。私たちの実験はこの考えを支持するが、それというのは、擬卵の場所を作るため、卵を一つとり除いたときより、卵を一つ追加したときの方が、ヨーロッパヨシキリの卵が孵化できなくなることが増えるからだ。このことは、宿主が抱卵できる卵の数には実際に限界があることを示唆している。

最後の可能性は、雌は、餌を一つタダで食べられるから卵を一つとり除いているだけかもしれないということだ。それならなぜ、雌は宿主の卵をすべてとり除き、代わりに自分の卵を一つだけ置かないのだろう？　私たちの実験では、これもまた宿主の反応が答えとなる。ヨーロッパヨシキリの一腹卵が最終的に三個になるよう減らしたとき、彼らは決して巣を見捨てなかった。しかし、卵を二個にすると巣はときに見捨てられ、一個にするとほとんど必ず見捨てられた。ウィッケン・フェンのヨーロッパヨシキリは、一腹卵が三個や五個のこともあるが、四個が普通だ。したがって、カッコウが巣から安全にとり除ける卵の数は、卵が三個のときは最大で一つで（自分の卵を代わりに一つ置くので、最終的な数は三個だ）、卵が四個のときは最大二つである（二つ除き、代わりに一つ置くので、最終的には三個）。この話は、カッコウは宿主の卵を普通は一つとり除き、ときに二個、それ以上は稀という行動の観察の結果をきわめてよく予測している。宿主の卵を一つ以上とり除くことのさらなる負担は、もちろん、それにより宿主の巣に長く留まることになり、宿主に警戒される機会が増すことである。

ヨーロッパヨシキリは、卵が一つのときはほぼ必ずそれを見捨てるが、雛はたった一羽でも決して見捨てない。この反応は経済的に理にかなっている。繁殖シーズンは短く、ほとんどのつがいは一度しか繁殖の時間がない。一腹卵が捕食されて一個になったときは、子育てのサイクルはまだ早い段階なので、代わりにもう一度一腹卵から始める時間が普通はある。一シーズンまるまるを一羽だけの雛を育てるのに費やすより、もう一度やり直し、一、二週間後に卵が四個という普通の繁殖をする方が、十分な可能性があり、はるかによい。しかし、いったん雛が孵ったときはさらに二週間が経過しており、すべてをもう一度やり直す時間は少なくなる。したがって、結局一羽も育てないよりは一羽だけの子育てにこだわる方がよいと思われる。

ヨーロッパヨシキリの繁殖に関するこれらの単純な経済学は、カッコウの戦略の進化にも意味の深い結論をもたらしている。宿主の卵の排除は、なぜもっと早く、カッコウの母親が托卵した際にするのではなく、雛が孵化してから重労働でしなければいけないのかを、このことはきわめて巧妙に説明している。卵の数が減ると宿主が巣を見捨てるため、托卵する雌がとり除ける卵の数には限界があり、一方、二週間後には、宿主は雛が減っても子育てを放棄しないため、カッコウの雛は巣の中身をすべて安全にとり除ける。

＊

私たちは擬卵を使った実験で、カッコウの産卵のトリックを各段階ごとに詳細に分析することができた。それぞれの点は、雌の卵が確実に育つため重要であることがわかった。カッコウの卵が宿主の卵と外見や大きさの点で似ていることは、宿主をだまし、自分の卵の一つとして受け入れさせるのに役立つ。カッコウの卵が確実に効果的に抱卵され、よいタイミングで孵化させるには、托卵と宿主の卵の除去の時期も大切だ。そして、宿主の警戒を避けようとするなら産卵の速さは必要不可欠である。

しかし、ここに説明しなければならない難問がある。もし、これらのさまざまなトリックがすべて、カッコウの成功に必要ならば、カッコウは最初はいったいどのようにして托卵するようになったのか？　おそらくその答えは、宿主の防御とカッコウのだましが、何世代にもわたり、ともに並行しながら徐々に進化してきたということだ。したがって、この軍拡競争の開始段階では、宿主はほとんど、あるいは何も防御しなかったので、カッコウは今日見るような込み入ったトリックは必要としなかったのだろう。この考えを検証するには、宿主になる可能性のある他の鳥で「カッコウのふりをする」ため、擬卵をウィッケン・フェン以外の場所に持っていく必要があった。

# 第6章

# 卵をめぐる「軍拡競争」

葦の中のヨーロッパヨシキリを見下ろすカッコウの雌（左）は、
隣に舞い降りてディスプレイをする雄を無視する。
——ウィッケン・フェン、2014年6月9日。

イースターの休暇中、ダービーシャー州の荒野でロープを引きずっていれば、間違いなく人々の注意を引く。マイクと私はマキバタヒバリの巣を一日中探していた。マイクがロープの片端を持ち、私がもう片方を持ち、巣に座っているマキバタヒバリが飛び立つことを期待しながらゆっくり歩いた。ロープは、柔らかいブラシのように地面から軽く浮いているので、植物や草むらの下の小さなくぼみに隠れているマキバタヒバリの巣を傷つけはしない。ロープに驚き鳥が飛び立った正確な場所がわかったと思っても、巣はとても見事に隠され、暗褐色の卵は影の中で上手にカムフラージュされているので、巣の位置を突きとめるのはしばしば難しい。今日は二三個の巣を見つけ、仕事は上々だ。一つひとつの巣にはカッコウの擬卵を入れたので、明日は、マキバタヒバリがそれを受け入れたかどうかを調べに戻る予定である。だが、私たちの巣探しは地元の警察に通報され、いましがた、青の制服に丈の高いヘルメットをかぶった警官が、私たちに向かって荒野を大股で歩いてきていた。

私たちは、卵を集めているのではなく、鳥の巣に卵を追加しているのだと説明した。当然のことだが、警官はこの話をとても信じられないと思った。カッコウのふりをすることが日常のことになっている私たちは、いまではそれを目的にかなう普通のことだと思っていたので、なぜこんな奇妙なことをしているか知らない人にとっては、これがいかに馬鹿げたことに見えるかを忘れていた。だが、実験のことを説明して擬卵や研究許可証を見せると、警官は納得した。この奇妙な遭遇を記録するために「カッコウ」のスペルを確認すると、警官は「幸運を祈る」と告げて村の巡回区域に戻っていった。

イギリスでは、マキバタヒバリは荒れ地でのカッコウのお気に入りの宿主である。イングランド西部と北部、ウェールズ、スコットランド全域の荒れ地での優占種であるカッコウのこの托卵系統は、タヒバリの暗褐色の卵に合わせた斑点模様の黒ずんだ色の卵を産む〔口絵15〕。湿原でのヨーロッパヨシキリとまったく同じように、卵の似具合はこれらの宿主をだますのに重要であることが私たちの実験で示された。たとえば、ハクセキレイに特化して托卵するカッコウの托卵系統に典型的な、地の色がもっと薄く灰色がかった白色の卵や、ジョウビタキに特化して托卵するカッコウに典型的な青一色の卵のように、擬卵が似ていないとタヒバリは卵を排斥する傾向が強くなった。排斥された卵は、巣のすぐ近くの草の中に転がっているのがよく見つかった。

カッコウの卵の擬卵は、イギリスでカッコウが好むもう一つの宿主であるハクセキレイの、土手や岩や壁の割れ目に作られる巣にも置いた。この托卵系統のカッコウが産む斑点模様のある灰色がかった白色の卵は、ハクセキレイの卵によく似ている。ハクセキレイは、自分たちの卵に似ていない擬卵を拒絶する傾向があったので、卵の似具合が大切であることがあらためてわかった。カッコウはその托卵系統ごとに特化した宿主に似た卵を産むが、それらの多くの宿主に対し実験を行なった結果、これらの宿主は卵の外見にこだわり、似ていない卵は排斥することが示された。したがって、宿主による排斥は、カッコウが宿主を特化するよう明らかに選択的に働く。その結果、ある特化した宿主の卵に似た傾向を持つ卵の型が、各カッコウの托卵系統ごとに進化することになる。

しかし、この規則を証明するには――「証明（prove）」は、この語の本来の意味である、いわばアイディアの探索と検証だが――明らかな例外がある。森林、草原、生け垣にいるカッコウのお気に入りの宿主は、ヨーロッパカヤクグリである。ヨーロッパカヤクグリは、通常、植物がよい目隠しになる藪、生け垣、低木に巣を作る。この鳥の巣の中のカッコウ卵は、灰色がかった白の地に赤みがかった茶色の斑点があり、これは、ヨーロッパカヤクグリのターコイズブルー一色の美しい卵とはまったく似ていない〔口絵16〕。ギルバート・ホワイトは、二〇〇年以上前に『セルボーンの博物誌』で以下のように述べた。

ヨーロッパカヤクグリは、カッコウによる偽の卵のひどく不釣り合いな大きさに憤慨もせず、なぜ卵に座るよう仕向けられるかと思うのは無理もないことだが、この理性のない動物は、大きさや色、数についてはほとんど何も考えないのだろう(1)。

カッコウのある個体が本当にヨーロッパカヤクグリに特化して托卵するかどうかを、追跡調査して検証した人はまだいないが、マキバタヒバリに特化したカッコウやヨーロッパヨシキリに特化したカッコウとは遺伝的に異なる托卵系統であることが、DNAの調査で示されているので、実際に別の托卵系統のようだ。イギリスの低地の農地や森林におけるカッコウに関する最も広範囲の調査は、エセックス州フェルステッド地区で一九一二年〜一九三三年にわたり、五〇九個という信じがたい数の托卵された巣を記録したジョン・オーウェンによるものだ。このうち、ヨーロッパカヤクグリが間違いなく最も頻繁に犠牲になっており、托卵された巣の数は三〇二個にもなるため、カッコウの多くがこの宿主に特化していると思われる。さらに、ヨーロッパカヤクグリの巣の中でカッコウの卵が明らかに似ていなくても(色や斑点が違うということだ)、その卵の色の濃さは、タヒバリに特化したカッコウの托卵系統の卵の色とハクセキレイに特化したカッコウの托卵系統の卵の色とでは、タイプがはっきり異なる。

ヨーロッパカヤクグリに托卵するカッコウの托卵系統は、卵が宿主のものに似ていないという点で、ヨーロッパのカッコウの托卵系統の中でなぜきわだっているのだろう? 答えは明快だ。ヨーロッパカヤクグリは、おもな宿主の中で卵を識別しない唯一の種だからである。擬卵はどのような色や模様でも受け入れることが、私たちの実験で示されたのだ。そこで、もしかするとヨーロッパカヤクグリは色の識別ができないだけなのか、あるいは、巣作りをする奥深い物陰の中では卵の色を見分けにくいのか、と考えた。おそらく、暗い巣の中では、自分自身の青い卵もさまざまな模型も、すべて似たような灰色の影に見えるのではないか？　それで、影がはっきり異なるよう白と黒の卵の擬卵で試したが、鳥たちはそれらも受け入れた。ヨーロッパカヤクグリは、一腹卵全部が自分の卵と似ていなくてもすべて受け入れたので、擬卵を一つ受け入れることは、単に、それを無害な樹脂の塊だと認識しているからではなかった。

ヨーロッパでカッコウが好む宿主ではきわだって奇妙なヨーロッパカヤクグリに関する私たちの結果は、解釈に光明を与えている。カッコウの托卵系統は、宿主が卵を選別するときだけ卵を似せるよう進化することを示しているからだ。もし、ヨーロッパカヤクグリが似ていない卵をいったん排斥しはじめたとしたら、カッコウもそれに応じて卵を似せるよう進化することは明らかだ。フィンランドには、宿主をジョウビタキに特化しているカッコウの托卵系統がいるが、その卵はヨーロッパカヤクグリの卵そっくりの青一色である。この托卵系統は青一色の卵を産み、似具合は完璧だ〔口絵16〕。

だが、ヨーロッパカヤクグリに托卵するカッコウは、なぜ、他とは異なる目立つ卵を産むのか、という問題は残されたままだった。森林や農地の多くの鳥たちは、色の薄いまだらの卵を産む。もし、ヨーロッパカヤクグリに特化したカッコウが、卵を識別する他の種に托卵することもあるなら、卵は、二番目の宿主に合わせて汎用化するように進化したかもしれない。

＊

　ここまでは、カッコウの卵と宿主の卵の似具合を人間の視覚により評価してきた。だが、鳥は私たちとは異なった視覚を持っている。人間は網膜に、光の波長の違いに合わせた錐体細胞を三つ持っていて、長い波長は赤く、中ぐらいの波長は緑、短い波長は青に見える。鳥は四つ目の錐体細胞を持っており、そのため、さらに波長の短い紫外線（ＵＶ）を知覚できる。したがって、アオガラの雄のとさかの青、あるいはオガワコマドリの雄の喉の青は、鳥にとっては私たち以上にはるかにめくるめく色に見えるのだ。この紫外線という要素は、つがいの選択の際に重要であることが実験で示されている。紫外線をカットするクリームをアオガラの雄のとさかやオガワコマドリの雄の喉に塗ると、対照実験として紫外線反射率には影響を与えないクリームを塗った雄たちと比較して、雌はその雄たちとつがいになるのをためらった。人間の目には、どちらのクリームを塗った雄もまったく同じに見える。しかし、鳥たちには違いがわかるのだ。

　ケンブリッジ大学の同僚キャシー・ストッダードとマーティン・スティーヴンスは、ヨーロッパのさまざまなカッコウの托卵系統について、カッコウの卵と宿主の卵の似具合を再評価した。まず、地の色と斑点の両方について、鳥の目で知覚できる波長域全体にわたり色の似具合が測られた。カッコウの卵は、人間の目で見える波長（青から赤まで）の範囲だけでなく、鳥だけに見える紫外線の範囲でも宿主の卵に似ていることがわかった。それから、カッコウの卵と宿主の卵とで斑点の大きさの似具合が測られた。これらの計測から、鳥の目を通して見たときのカッコウの卵と宿主の卵との似具合が定量的にわかった。

擬卵による私たちの実験で示された通り、カッコウのさまざまな托卵系統における卵の似具合の完璧さは、個々の宿主がそこにいかにこだわりを持っているかということと関連していた。最もよく一致したのは、オオヨシキリやアトリのように、卵の選別が一番厳密な宿主に托卵するカッコウの托卵系統だった。これらの托卵系統は、地の色も、斑点の色も大きさも、すべてが宿主の卵の完璧なコピーのように見事に似るよう進化してきた。似具合が中間なのは、ヨーロッパヨシキリやマキバタヒバリのように、宿主の識別が多少ゆるやかな種に対するときだった。そして、ヨーロッパカヤクグリのように宿主が奇妙な卵をまったく識別しないときは、卵はまったく似ていなかった。

ケンブリッジ大学のもう一人の同僚クレール・スポッティスウッドは、カッコウの卵は、宿主の排斥が強くなるとそれに応じて殻の厚みが増すよう進化するかを検証した。カッコウの卵は、殻の厚みが平均約〇・一ミリだが、〇・〇八ミリ以内の範囲で変化する。この値はわずかに思われるかもしれないが、殻を破るのに必要な強さに換算すると、差は二倍以上だ。殻の厚みの増加は、卵の識別のより厳しい宿主の穴あけに対抗するように進化したものなのか？　クレールは、博物館の収蔵物の卵を調べることによりイギリスのカッコウの托卵系統を比較した。すると、ヨーロッパヨシキリやマキバタヒバリ、ハクセキレイのように、識別が厳しい宿主の巣のカッコウの卵は、ヨーロッパカヤクグリのような卵を識別しない宿主の巣の卵より殻が厚いことがわかった。

したがって、宿主が卵をさらに排斥するようになると、それに応じてカッコウの托卵系統も卵を進化させ、偽物であることに気づくことも難しくなるし、排斥も困難になる。

＊

軍拡競争という比喩は、宿主が防御を少しずつ進歩させてきたのにつれ、カッコウも見事なトリックを何世代にもわたり少しずつ進化させてきたことを前提としている。この種の留まるところを知らない軍拡競争は、ルイス・キャロルの『鏡の国のアリス』の「赤の女王*」にちなみ、「赤の女王の進化」と名づけられた。話の中で赤の女王はアリスの手をつかまえ、スピードをどんどん上げながら一緒に走っていく。アリスが驚いたことに、二人は決して移動したように見えず、同じ場所に留まっている。「私たちの国では、もし、とても速く長い時間走れば、普通どこか違う場所に着くわ」とアリスは言う。すると女王は、「のろまな国だね！　ここでは、同じ場所にいたければできる限りずっと走ってなければならないのさ」と答える。

カッコウと宿主も、競争相手の進歩に遅れをとらないようにするため、お互いが対抗してトリックを進化させ、このような軍拡競争をしているのだろうか？

ここに、それが実行できたらよいと思う魅力的な「思考実験」がある。もし、擬卵を持って何世代もさかのぼり、ヨーロッパヨシキリがまだカッコウの托卵に遭わずにすんでいたころの昔の集団をテストできるとすれば、この軍拡競争理論によれば、その防御はいまより弱く、したがって、外見が自分たちの卵と異なる卵をいまほど排斥しなかったことが予想される。さらにもし、それぞれが「赤の女王の進化」のように相手の進歩に遅れないためだけに進化し続けてきたことが本当なら、現在のカッコウが現在の宿主にうまく対抗できるのと同様に、卵の似せ方の下手な昔のカッコウは、卵の識別の下手な昔の宿主と同じ程度に対抗できたかもしれないと想像できる。したがって、宿主が防衛を進歩させるのとともにカッコウもトリックを進歩させ、その結果、彼らの相対的な成功の度合は同じままになったのかもしれない。思考実験の締めくくりとして、昔の世代のカッコウは卵の似せ方がもっと下手だったので、現在の宿主が昔の世代のカッコウの卵を見たら、現在のカッコウの卵よりも偽物をもっと簡単に見破ることが予測できる。

素晴らしいことに、カッコウと宿主ではなく、パステウリア・ラモサ（*Pasteuria ramosa*）という寄生バクテリアとその宿主であるオオミジンコという他の組み合わせでまさにこの実験がすでに行なわれている。カッコウの研究からはほど遠いように見えるかもしれないが、この微生物どうしの戦いは同じような進化の軍拡競争へとみちびかれる。ミジンコは池にすむ体長わずか一、二ミリの小さな生物である。餌は口から水を通し、小さな食物のかけらを漉《こ》しとって得ている。ときに、パステウリアのような有害なバクテリアをとり込むと、このバクテリアはミジンコの胃壁にとりついて体腔に広がり、最後は生殖能力をなくさせる。したがって、これらのバクテリアに感染したミジンコは繁殖の成功が少なくなる。これは、カッコウの卵を受け入れた宿主は繁殖の成功が少なくなるのと同じである。

ミジンコの遺伝的系統の中には、バクテリアが胃壁にとりつくのを化学物質で防御し、バクテリアに対抗できるものがある（カッコウの卵を排斥する宿主に対する直接的比喩である）。これはその後、たとえば、バクテリアが食物片の化学物質に似るというふうなことで、ミジンコの防御を回避できるような進化が促進されるように働く（カッコウの卵が宿主の卵をまねて識別を逃れることに対する直接的比喩）。その後、この偽装を見破る新たな化学的防御物質を持つ別の遺伝的系統のミジンコが進化し（識別の進歩）、これがバクテリアの新たなトリック（卵擬態*の進歩）につながり、したがって、バクテリアのトリックとミジンコの防御がさらに進歩しながら軍拡競争が続く。

さて、このシステムにおいて「赤の女王の進化」を実に巧妙に検証できる研究について考えてみよう。オオミジンコの卵とパステウリアの胞子は、休眠状態できわめて長期間生き延びることができ、おそらくこれにより長い干ばつの間も生き延びてきたのだろう。両者は池の沈殿物の中に堆積し、過去の世代の「生きた化石の記録」となっている。ベルギーのルーヴェン・カトリック大学のエレン・デカーステッカーと同僚たちは、ある池から、何百世代ものミジンコとバクテリアの入った三九年間にわたる沈殿物のコア・サンプルを採集し、この中には休眠状態のものも含まれていた。それぞれの深さの沈殿物は、その時点でのミジンコとバクテリアの個体群の歴史的記録であり、軍拡競争の「スナップ写真」である。研究者たちは、世代の異なるミジンコの卵とバクテリアの胞子を、暖かい温度と夏の日ざしの中という状態に置き、両者を再度活性化させた。ミジンコはいまや、同じ沈殿層内の（同時代の）バクテリアとともに、もっと古い層からとられた（過去の個体群の）バクテリアにさらされる。したがって、宿主がカッコウの個体群にどのように対抗していくかについて現在と過去を比較するという、私たちの夢の実験とまさに同等の実験がここにある。

結果は、ミジンコは過去の世代のバクテリアには感染しにくいことを示していた。したがって、ミジンコは過去のバクテリアのトリックを破るよう進化し、今度は、現在のバクテリアも、宿主の防衛にもっと対抗するために新たなトリックを進化させた。しかし、バクテリアが同じ世代の同時代のミジンコの個体群と競争させられたときには、三九年間の時を隔てても感染率に変化はなかった。したがって、二者の相対的な成功の度合は時を越えても同じだった。ミジンコとバクテリアはまさに「同じ場所に留まるために走った」のだ。

マイクと私にとって、このような実験をカッコウと宿主でするのは夢にすぎなかった。しかし、過去にさかのぼって、昔の宿主個体群の識別がいまほど厳しくないか検証することはできなくても、同等の実験はできた。鳴鳥にはカッコウの宿主に適さないものがいる。このような鳥は二グループある。最初のグループは雛を種子で育てる種で、たとえば一部のフィンチがそうだ。カッコウの雛がうまく育つには無脊椎動物の食物が必要なので、これらの鳥は宿主として適さない。二番目のグループは、食物は適切だが巣穴が小さく、カッコウの雌が産卵に近づくことができない。このグループには、シジュウカラ類、マダラヒタキ、ハシグロヒタキ、ムクドリ、イエスズメ、ヨーロッパアマツバメが含まれる。もし、よそ者の卵の識別がカッコウの托卵に応じて特別に進化したなら、これらの不適切な宿主たちはカッコウと影響を与え合う歴史を持たないのだから、卵の排斥をしないことが予測できる。

そこで、マイクと私は、イギリスの田舎を夏の間二年間にわたり自転車で走り回って宿主として不適切な種の巣を探し、そこにその鳥たちの卵とは外見の異なる擬卵を入れていった。ノルウェーのトロンヘイム大学からきた同僚のアルネ・モクスネス、エイヴァン・ロスカフト、バード・ストッケも、ノルウェーでカッコウのふりをして、宿主として不適切な鳥たちに対し擬卵を試してみた。その結果、これらの宿主は、私たちが与えた擬卵のすべてではなかったもののほとんどを受け入れることが、どちらの実験からもわかった。

近縁種の間での反応の比較からとくに明らかになったことがあった。巣の口が開き、カッコウの雌が近づきやすいムナフヒタキは、自分の卵と似ていない卵に強い排斥を示したが、穴の中に巣を作るためカッコウは近寄れないマダラヒタキは排斥をまったく示さなかった。フィンチ科では、おもに無脊椎動物の餌を雛にやり、したがって宿主として適切な二種、すなわちアトリとズアオアトリが強い排斥を示し、一方、雛の餌がほとんど種子である四種（アオカワラヒワ、ムネアカヒワ、ベニヒワ、ウソ）はほとんど、あるいはまったく排斥を示さなかった。これらの比較により、卵の排斥は分類学的に単純には決定されないことが示唆される。むしろ、その種がカッコウに利用されるようになったときだけ進化が起こるのだ。

これらの結果は、ヨーロッパカヤクグリは、これまでカッコウと軍拡競争をまったくしてこなかった種とちょうど同じように振る舞うことを示している。ヨーロッパカヤクグリはカッコウの最近の犠牲者で、卵を識別するよう進化するには十分な時間がなかっただけなのか？　まず、昔の文献を参照すると、この見解への反証があるようだ。二〇〇年以上前、ギルバート・ホワイトが『セルボーンの博物誌』で宿主としてのヨーロッパカヤクグリについて述べたのはすでに見た。さらに、一六〇五年ごろに書かれたシェイクスピアの『リア王』にさかのぼると、道化師がリア王に、もし、彼がわがまな娘たちを溺愛し続けるなら、王は娘たちに滅されるだろう、と言っている。すなわち、

ヨーロッパカヤクグリがカッコウをあまりに長く養い続けたので、その雛鳥に頭を食いちぎられてしまったように。(2)

シェイクスピアはここで比喩的表現を意図しているが、これが実際にはどんなふうに起こるかに関しては興味深い記述がある。カッコウの雛は、普通、餌が完全に口に入り切ったときだけ食物を飲み

込むので、育ての親は雛の口深くまで頭を垂れたときに傷つけられることはない。この普段はスムーズな作業で例外が起きるのは、カッコウの雛が不運なヨーロッパカヤクグリの頭の上で早く口を閉じすぎ、致命傷を負わせる場合である。

さらにさかのぼると、一三八二年のチョーサーの詩『鳥たちの議会』にもヨーロッパカヤクグリとカッコウに関する言及があり、そこでは、コチョウゲンボウがカッコウを強く非難している。

汝を導いてきたヨーロッパカヤクグリ（heysugge）を、木の枝にて殺めるもの！

heysugge は、中世英語（一一〇〇年〜一五〇〇年ごろの英語）でヨーロッパカヤクグリを言い、おそらく、今日 dunnock（ヨーロッパカヤクグリ）と呼ばれる鳥を指すと思われる。

もし、ヨーロッパカヤクグリが少なくとも六〇〇年間、イギリスでカッコウに托卵されてきたなら、いまでは卵を排斥するよう進化していると期待してよいのではないか？　答えは、卵の排斥という選択が利益をもたらすかを決めるのは、カッコウの托卵の比率次第だということだ。過去七〇年間にわたり、何千というバードウォッチャーが、英国鳥類学協会（ＢＴＯ）の実施する計画のため、巣を記録するカードに記入してきた。私たちは、その努力に多大な恩恵を受けてカッコウの托卵の比率に関して全体像を得ることができた。カッコウの個体数が近年大激減する前の一九三九年〜一九八二年、イギリス全土でのおもな宿主三種への托卵率は以下の通りだった。

ヨーロッパヨシキリに対しては、（記録された六九二七個の巣のうち）五パーセント

マキバタヒバリに対しては、（五三三一個の巣のうち）三パーセント
ヨーロッパカヤクグリに対しては、（一万三三五二個の巣のうち）二パーセント

これらの数字から、ヨーロッパカヤクグリは、卵の排斥を進化させてきた二つの宿主であるヨーロッパヨシキリやマキバタヒバリと同じくらい、いまではカッコウから托卵のプレッシャーを受けていることが窺われる。それなら確かに、ヨーロッパカヤクグリもカッコウの卵を排斥しなければならないはずだ。

ヨーロッパカヤクグリの個体群が卵を排斥するよう進化するのに必要な時間は、カッコウによる托卵がわずか二パーセントという数字から計算できる。答えは、数千世代である。それほど長くかかる理由は、九八パーセントの巣は托卵されないので、大多数の場合、奇妙な卵を排斥する能力がなくても困ることはないからである。「排斥者」のヨーロッパカヤクグリが利益を得るのは、巣のわずか二パーセントだけだ。数千世代は、進化のタイムスケールの上では瞬き程度の時間でしかなく、私たちが見ている多くの特性の進化には少なくともこのくらいの時間がかかるだろう。とはいえ、過去数千年間に田舎では広範囲にわたる変化が生じた。イギリスは大部分が数千年前まで森林におおわれていたが、この生息域ではヨーロッパカヤクグリは一般的でない。おそらく、六五〇〇年前〜二五〇〇年前に森林が広範囲にわたり伐採され、ヨーロッパカヤクグリの個体群が最も密集する林縁や生け垣が作られるまでは、この鳥はカッコウの好む宿主ではなかった。したがって、ヨーロッパカヤクグリは実際には、カッコウに対する防衛を進化させるのに十分な時間がまだない比較的最近の宿主である可能性はある。

擬卵を使ってカッコウのふりをしてきたことにより、何がわかったのだろうか？ 私たちの結果から、カッコウと宿主間の卵の軍拡競争の段階に関し、起こりそうな状況をもう一度再現することができる。

*

(1) 軍拡競争の最初は、宿主は自分の卵に似ていない卵を受け入れる（カッコウから托卵される歴史を持たない種、宿主として適さない種は、卵の排斥を示さない）。すると、カッコウは卵を似せない（ヨーロッパカヤクグリに特化した托卵系統で示された通り、宿主の排斥がないと、カッコウは宿主の卵に似た卵を産まない）。

(2) カッコウがいったんある種の宿主に托卵しはじめると、カッコウの卵を排斥する宿主の方が、卵を受け入れて自分の雛の代わりにカッコウの雛にのさばられてしまう宿主より多くの子孫を育てることになる。もし、子孫が遺伝により親の行動を受け継げば、自然選択により排斥の習慣を持つ宿主の個体数が増加する。したがって、カッコウの托卵に反応して宿主は卵の排斥を進化させる（ほとんどのカッコウの宿主が、自分の卵と似ていない卵を排斥する）。

(3) 宿主が自分の卵と似ていない卵を排斥しはじめると、宿主の卵に偶然似たカッコウ卵の方が宿主の識別を免れ、雛の生まれる可能性が高まる方に近づく。もし、カッコウの娘が母親の卵のタイプを遺伝的に受け継ぐなら、カッコウの卵によく似た卵の方が個体群の中で自然選択により増加する。したがって、宿主が卵の排斥を進化させるにつれて、カッコウも卵の似具合を進化させる（カッコウの托卵系統は、宿主が似ていない卵を排斥するときに卵擬態を見せる）。

(4) 宿主が卵の識別を進化させると、その宿主に対するカッコウの托卵系統も卵の似具合を進化させる（宿主の識別がもっと厳しくなると、カッコウも卵の似せ方がうまくなる）。

したがって、両者はもう一方に反応して進化し、共進化*の一例となる。

だが、カッコウによる卵擬態と宿主による卵の排斥は、卵をめぐる軍拡競争の一部にすぎない。自然選択には、卵につけられた刻印――「署名*（サイン）」とその偽物――にまつわるもう一つのゲームがある。それに関する私たちの野外実験はいま始まったばかりだ。

# 第７章

# 署名と偽物

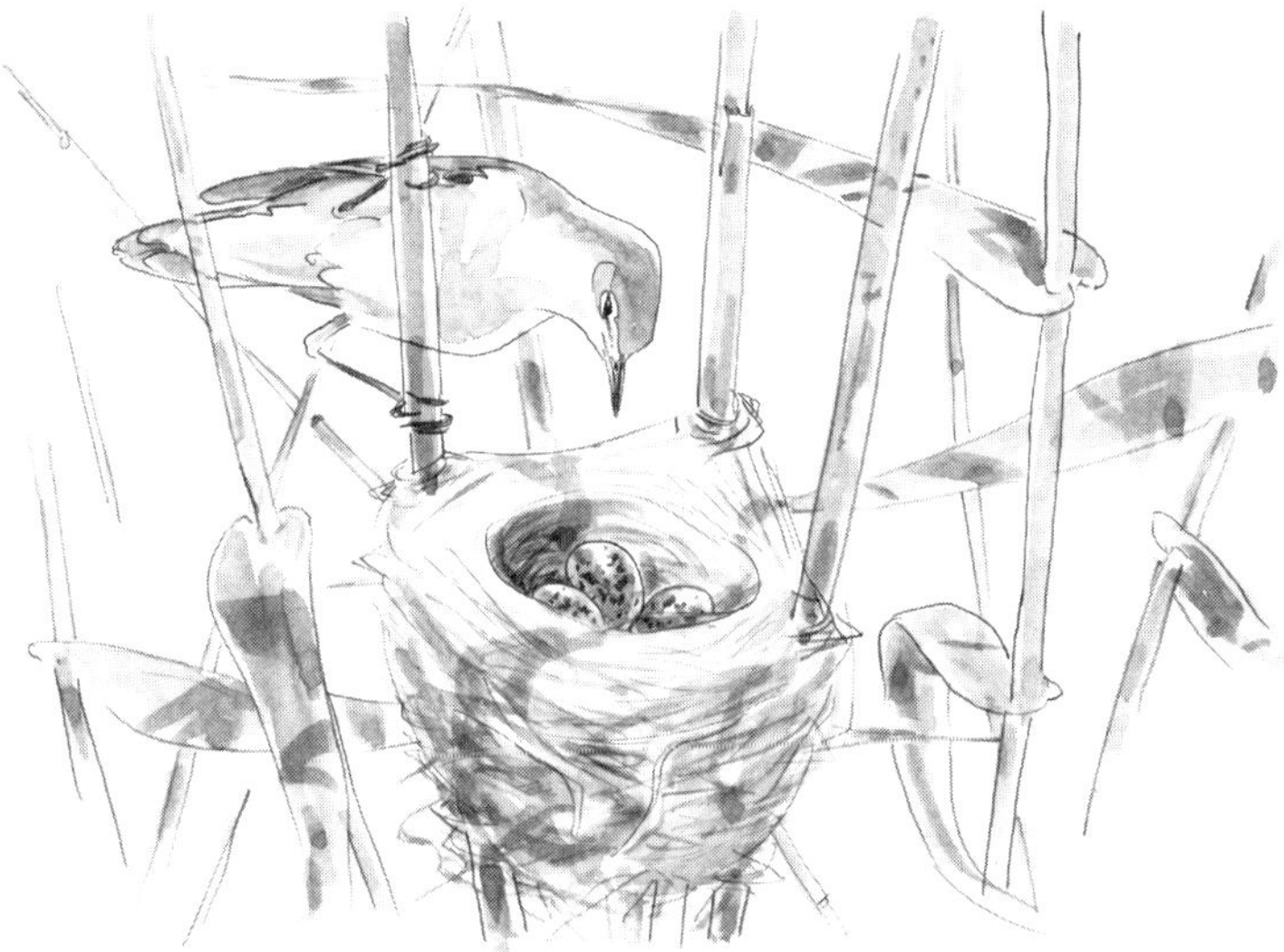

一腹卵を調べるヨーロッパヨシキリの雌。
――ウィッケン・フェン、2014年6月22日。

チャールズ・スウィナートンは、一九三八年六月八日、三人乗り飛行機がタンガニーカ保護領（今日のタンザニア）で墜落したとき、六〇歳で亡くなった。熱帯アフリカの広い地域で動物を刺すことでヒトの睡眠病と動物の疾病をうつす大きなハエ、ツェツェバエの抑制に関する先駆的業績で聖マイケル・聖ジョージ勲章を受賞するため、ダルエスサラームに向かう途中だった。

スウィナートンはサフォーク州ローズトフトで生まれた。二〇歳でアフリカに移住し、はじめは南ローデシア（現在のジンバブエ）で農場を経営したが、その後、タンガニーカで最初の猟区管理人になり、さらにそこでツェツェバエ研究の責任者に任命された。素晴らしい博物学者で、旅行中に大英博物館のために多くの種を収集したが、アフリカのカッコウに強い興味を持ち、宿主との相互作用は「自然選択を見る」好機であると書いた。

スウィナートンは、多くのアフリカの鳴鳥は他の種の卵を排斥することを実験で示し、スチュアート・ベーカーによる一九一三年の研究と同様に、「育ての親による選択により、カッコウの卵と宿主の卵の類似をもたらす」と結論し、一九一八年、この結果を報告する論文を鳥類学雑誌『アイビス』誌で発表した。そしてその後、独創性のある見事な提案をした。

> 最も犠牲になる種の側で卵識別力*が進歩するとともに……卵擬態が生じる。これによりいつも決着がつくかは疑わしい。それというのも、カッコウの卵が宿主に見分けがつかなくなっても、宿主の卵に変異があれば、カッコウの卵から自分の卵を見分ける手段は依然としていくぶんあり、宿主の卵とそれを追い越すカッコウ卵との間の競争が起こったことさえ想像しうるからだ。高い卵識別力は、その結果としてさらに高くなったのかもしれない。あるいは、完全な変異性がカッ

コウの失敗を大いに助長し……寄生的鳥類の影響は時の経過とともに、今日、スズメ目の鳥の卵をきわめて特徴づける質的多様性を生み出すのに、このように大きく寄与した。

スウィナートン以前は、鳥の卵の色と斑点は単にカムフラージュの手段と考えられていた。だが、色と模様（刻印）は、宿主がカッコウの托卵を防ぐための「署名（サイン）」として進化してきたというまったく新しい考えがこのとき現われた。斑点やくねくねした線は、宿主が卵へ「これは私の卵だ」と書く方法かもしれない。するとカッコウは、自分の卵に「これもそうだ」と書いて、宿主の署名を偽造しなければならない。その結果、宿主がカッコウから逃れるために新たな署名を進化させると、カッコウがそれを追って新たな偽の署名を進化させるという進化的軍拡競争が生じる。

これはまさに、人間の世界で紙幣やクレジットカードに複雑な印をつけることになる銀行と詐欺師との戦いのアナロジーである。偽造は貨幣そのものと同じくらい古く、約二五〇〇年前に最初の貨幣が西欧に導入されたころ、すでに偽の貨幣が出回っていた。そして、貨幣や紙幣のデザインに深い影響を与えてきた。例として、イングランド銀行の一〇ポンド紙幣（二〇一七年からは新しいデザインになる予定）を考えてみよう。この紙幣には、偽造を困難にする八つの特徴がある。エリザベス女王の肖像が表面に、チャールズ・ダーウィンの肖像が裏面にあるが、女王の王冠とダーウィンのふさふさとした顎ひげは細密だ。この紙幣は、他にもマイクロレタリングのような複雑な模様の細かい線がびっしり描かれている。紙は特殊で、触った感じが普通とは違う。印刷が浮かび上がっていることも、触ってわかるもう一つの特徴だ。紙幣には金属の糸が埋め込まれており、光にかざすと暗い線が連続して見える。女王の像には透かし模様も入っている。紫外線で調べると、赤と緑で〝10〟という数字が現われる。最後に、紙幣の表面は金属の薄片にホログラムが施され、斜めにかざすとブリタニア〔女神〕の像と〝10〟という数字が交互に現われる。

このように複雑な署名にもかかわらず、偽札はときに急増するので、紙幣は数年ごとに変えなければならない。作曲家のエドワード・エルガーの肖像が描かれた二〇ポンド紙幣は一九九九年に導入されたが、偽札があまりに出回ったため、二〇一〇年には引き上げなければならなくなり、代わりに、経済学者アダム・スミスの肖像が描かれた新たな紙幣になった。銀行は以下のようなセキュリティの忠告をしている。チェックには時間をかけ、紙幣は、見て、触って、一つの特徴のみに頼らず、疑わしければ本物とわかっている紙幣と比べる。

＊

宿主とカッコウの卵も、過去の署名と偽造にまつわる進化の痕跡を持っているのだろうか？　まず、鳥たちの卵がどのように着色されるか考えてみよう。これには、雌の生殖器官の中で起こる、典型的な鳥で二四時間ほどかかる排卵から産卵までの過程を追う必要がある。単細胞である卵子は卵巣から排出され、その後間もなく卵管の最上部で受精する。そして、卵管を降りるにつれ、料理では「白身」としておなじみの卵白と保護膜におおわれる。排卵の四時間後、卵子は卵管の底に着き、そこには卵殻腺部という小袋がある。卵子はその後二〇時間、ここに留まる。卵殻腺部は最初に、カルシウムに富む固い外殻を分泌する。その後、卵の地の色と模様を決める色素が、産卵までの最後の四時間中に卵外側の表面に沈着する。

おもな二種類の色素は、殻に茶色がかった色合いを与えるプロトポルフィリン〔$C_{34}H_{34}N_4C_4$〕と、青色と緑色を生成するビリベルジン〔$C_{33}H_{34}N_4C_6$〕である。ニューヨーク市立大学のマーク・ハウバーと同僚たちによるカッコウとその宿主たちの卵の化学的分析は、さまざまな托卵系統のカッコウ卵とそれに対する宿主卵の色の似具合は、これら二種類の主要な色素の卵の殻への集まり具合の類似性が絡んでいることを示した。たとえば、オオヨシキリに特化したカッコウの卵がその茶色と緑の卵に似ていることは、プロトポルフィリンの集まり具合が似ていることと関係している。そして、ジョウビタキに特化したカッコウの卵がその青一色の卵と完璧に似ていることは、ビリベルジンの高密度な集中が合致しているから起こることである。

殻の上にさまざまな模様がどのように作られるかは正確にはわかっていない。それは、卵が卵殻腺部を通過するときの速度と回転によるようである。たとえば、通過がゆっくりだと色素がつく時間が長くなり、その結果、斑点ができるかもしれないし、一方、通過が速いと縞模様ができ、回転すると殴り書きのような模様ができる。その後、卵は卵管の下端を通り、丸い方が最初に出てくる。卵の色や模様の遺伝的相違は、さまざまな色素の生産への遺伝子の影響の仕方と、卵が卵殻腺部をどのように通過するかにより生じるのだろう。

もし、宿主卵の模様がカッコウの卵をより上手に識別するための署名なら、宿主卵はどのように進化すると予想されるだろう？　一番はっきり予想できるのは、カッコウの宿主である種は、宿主にされたことのない種と比較して卵の刻印にもっと多くのバリエーションがあるはずだということだ。もし、一羽一羽の雌がその雌特有の署名を持っていれば、私たち人間が一人一人を同定したり、所有物を印すのに、その人固有の署名を使うのとまったく同じように、雌がよその卵を識別するのはもっと簡単になるだろう。宿主個体群中の異なる雌の間で刻印がさらに多様化すれば、すべての宿主をだませるであろう汎用的な刻印が最早なくなるため、カッコウは生きていくのがもっと困難になるだろう。

ノルウェーのトロンヘイム大学のバード・ストッケと同僚たちは、博物館の収蔵品にある多くの種の卵について模様の変異性を計測した。すると予想通り、ヨーロッパでよく見られるカッコウの宿主とされる種は、卵の変異性がとくに高いことがわかった。さらに、卵の変異性が高い宿主の種の方がよそ者の卵の排斥が上手だった。このことから、卵のさまざまな模様は、宿主がカッコウを負かすための署名として進化させてきたことをそれとなく示している。

＊

ヨーロッパヨシキリとマキバタヒバリは両方とも、一つひとつの卵の刻印にバリエーションがあり、自分の卵の識別に役立っているはずだが、その署名は、軍拡競争がそれよりはるかに昔からあったと思われるアフリカで、カッコウから宿主にされてきたいくつかの種と比較すると控えめである。スウィナートンの洞察が、アフリカの鳥たちの卵から得られたのは驚くべきことではないだろう。これらの中で最も見事な署名を持つ鳥に賞を与えるとしたら、それは間違いなくアフリカのムシクイ類であるマミハウチワドリに行くはずだ。この小さな茶色の鳥は、他の鳥の巣に卵を産むというカッコウの習性に似たフィンチであるカッコウハタオリに好まれる宿主の一つである。このカッコウハタオリも、カッコウとまったく同じように、宿主をある一つの種に特化した別々の托卵系統に進化してきた。カッコウハタオリの雛は宿主の卵を排斥しないが、宿主の雛よりも大きく、食物をめぐる競争でじきに相手を負かすので、宿主の雛は一、二日以内に死ぬ。したがって、カッコウの宿主の場合と同じ結果になり、もし、マミハウチワドリがよそ者の卵に気づかなければすべてを失い、寄生した大きな雛だけを育てて終わることになる。

エドガー・チャンスの研究が、カッコウとその宿主について現代の研究の基礎を敷いたのとまったく同様に、マミハウチワドリの卵の署名に関する目ざましい話も収蔵品の卵から始まった。ジョン・コールブルック‐ロブジェント少佐は一九三五年にイングランドで生まれ、学校時代から卵の収集に熱中していた。イディ・アミン〔ウガンダの独裁者〕が連隊付上級曹長だったときに軍隊に在籍していた少佐は、王立アフリカ小銃隊とともにウガンダで軍務につき、その後一九六六年にザンビア軍に配置が換わった。そして、二年後に除隊してザンビア南部のチョマでたばこ農場を始め、二〇〇八年に亡くなるまでそこにいた。少佐はここで、巣を見つけたり卵を集めたりした農場労働者に賃金を上増しし、約一万四〇〇〇個という膨大な巣を私的収蔵物とした。コレクションはすべてラベルと報告が注意深く貼付され、今日では大英博物館に遺贈されている。

二〇〇四年五月、当時ケンブリッジ大学動物学部の若い研究学生だったクレール・スポッティスウッドは、ケープタウンの自宅からチョマまで二七〇〇キロのほこりだらけの道のりを、古い無蓋小型トラックで三日間走ってきた。彼女はこの少佐の見事な卵のコレクションの噂を聞き、巣や雛鳥に寄生するアフリカの鳥、とくに、あらゆる種の中でも最も情報の少ないカッコウハタオリについて野外調査を立ち上げられないかを議論するため訪問したいという手紙を書いた。クレールが違法な卵の収集を訴追しようとする調査官でないと確信した少佐は、歓迎の意を表した。実際には、少佐は少なくともいくつかの巣については許可を得ているし、イングランドの卵の収集家とのやり取りがザンビアでの訴追につながった数年前には、チョマの「署名と偽物」一一三判事法廷は、少佐は単に潔白というだけでなく、その業績がザンビアに多大な恩恵をもたらした鳥類学教授でもあり、すべての嫌疑に対し無罪であると厳かに宣言した。

こうして、コレクションの美しさに心を奪われた過去の時代の習性を持つ高齢の少佐と、このような美がどのように進化しえたかの発見を望む若い生物学者との目ざましい共同研究が始まった。コレクションの中にはマミハウチワドリの巣が一五八個あり、すべて少佐の農場や隣接した野原から採集されていた。巣のうちの三〇個はカッコウハタオリに托卵され、これらの卵は宿主の卵よりやや大きく丸いため、少佐は托卵された卵と同定した。カッコウハタオリは成鳥がめったに見られないが、個体数は豊富で、カッコウがきわめて人目につかないのとちょうど同じであることがコレクションから明らかになった。

少佐の整然とした手書きの日記は、細々《こまごま》とした記録と卵の色の多様性に魅了されたことを明らかに示している。一九八八年の記録からの抜き書きはすべてマミハウチワドリの巣に関するもので、個々の巣の一腹卵数（c）にふれていた。彼は、カッコウハタオリを現代のように cuckoo finch ではなく cuckoo weaver と記している。

一月三日。少年フレッド・アイが一腹卵数四（c4）の巣（地が青色の卵）を収集。
一月六日。少年モーゼスが c3 の巣（地が白色の卵）を、レヴィが c3 の巣（地が茶色がかったオリーブ色の卵）を収集。
一月七日。若い労働者の一人ダンが、c3の巣（薄いサーモン色の卵）をもう一つ収集。

一月一七日。ついに辛抱強さが報われた。フレッド・アイが卵の二つ入った巣を持ってくる。一つはカッコウハタオリの卵（赤みを帯びた色）で、もう一つは宿主の卵（一部淡黄褐色のオリーブ色）。

二月七日。ラザロが、カッコウハタオリのものと正しく識別した卵（クリーム色、斑点あり、煉瓦色）が一つ入った巣を見つける。

一二月一四日。チョマの裁判で新たに代理人になる弁護士を雇うため、リヴィングストンへ旅行。

一二月二二日。法廷には多数の出席者がいる……カリーマ氏は、私の仕事が鳥類学に大きな恩恵をもたらしていると考えた……私は完全に免責され……すべての卵が返却され……三ヵ月半の悪夢ののちの最も満足のいく結果だった……そして、その間の鳥類学的に貴重な機会がむだにされた。

一二月二五日。クリスマスを家で過ごし、午後四時、昼食に八・五キロの七面鳥を食べる。

一二月三〇日。レヴィが一腹卵数二（c2）の巣（地が白色）を見つける。少年（フレッド・アイ）がc3の巣（地の色が薄い青）を見つける。


巣を収集したのち、同じ縄張りの中に代わりの巣が現われたときは、卵の色も模様もいつも同じだったので、マミハウチワドリの雌はそれぞれがいつも同じ型の卵を産むことを少佐は知っていた。しかし、雌が違うとバリエーションは驚くほど異なった。地の色は、白から赤、オリーブ色、青へ連続的に変わっていた。刻印も、細かい斑点から大きな染み、くねくねと複雑にうねる線までさまざまだった。おもな刻印の型が一種類の雌もいたが、刻印がさまざまな雌もいた。結局、刻印のばらつき具合は多様で、刻印が殻の表面に均一に散っている卵もあれば、おもに丸い方の端に集中している卵もあった〔口絵17〕。

クレールはケンブリッジの同僚で鳥の色覚の専門家であるマーティン・スティーヴンスを招き、色と模様のバリエーションの定量的計測に参加してもらった。はじめに分光光度計を用い、鳥の目で識別できるすべての波長域の光の色を計測した。その後、刻印の大きさとそれがどのように殻の表面に分散しているかを計測した。そして、署名の四つの特徴――地の色、刻印の型、刻印のバリエーション、刻印の分散――を調べると、四つの特徴はそれぞれ独立に変化を示すことがわかった。これはまさに、もし進化により署名の多様性が最大限進んだらどうなるか、私たちが予想していたことだった。

マミハウチワドリは、よそ者の卵を識別する助けとしてそれぞれの署名の特徴を使うのか？　少佐によって始められた伝統に従ったクレールは、巣を探してくれた地元農家の労働者たちにお金を支払ったが、今度は卵は集めず、そのまま手を触れずにおくという厳格な教育を施した。マミハウチワドリは丈の低い植生の葉の間に巣を作る。その巣はヨーロッパヨシキリの巣のように芸術品だ。マミハウチワドリは、隣り合う二枚の葉の縁に沿ってひと続きの穴を開け、それから、嘴《くちばし》を針のように使って草の細い筋で葉の縁を縫い合わせ、ゆりかごを作る。その後、巣はつり下げられて中を縫われ、横に入り口がある卵形に草でゆるく編まれる。マミハウチワドリの縄張りを見つける秘訣は、彼らの警戒の鳴き声を聞きとり、鳥が巣に戻るところを見ていることだ。探索者の年齢は一〇歳から八〇歳にわたり、一番多く見つけたチャンピオンは、学校から七キロの道のりを歩いて帰る途中、毎日巣を調べた五人の男の子たちの一団だった。

マミハウチワドリがよそ者の卵を排斥するかどうかテストするため、クレールは巣の中の卵の一つを他の雌の卵と置き換えてみた。卵の多くはすぐに排斥され、巣の主はこの卵に穴をあけて外に運び出した。よそ者の卵のうち排斥されたものと受け入れられたものの特徴を比較すると、クレールとマーティンの計測は、宿主は署名の四つの手がかりのすべてに注意を払っていることがわかった。手がかりのうち一つでも自分の卵と明らかな相違があれば、排斥を招くに十分だったが、マミハウチワドリは四つの手がかりすべての情報を統合したので、いくつかの手がかりの小さな相違でも拒絶につながった。

カッコウハタオリがこのような識別の細かい宿主を欺くには、卵の似せ具合がずば抜けていることが必要なことは明らかだ。したがって、マミハウチワドリに特化したカッコウハタオリの系統の卵には、宿主卵の署名と変異の範囲がほとんど完全に一致する卵が一そろいあることを少佐の卵のコレクションから発見できたのは、わくわくすることだった。これらの托卵された偽物は、鳥の目で知覚できる波長の光のスペクトル全域にわたり宿主卵の署名と一致した。明らかに、カッコウハタオリの理想的な雌は、自分の偽物が完全に一致するマミハウチワドリに狙いを絞るべきだった。だが、カッコウハタオリは宿主の卵の型に関しては行き当たりばったりで托卵し、その結果、多くの卵が排斥されていたことをクレールとマーティンは発見した。カッコウハタオリはたまたま偶然一致したときだけ、宿主をだますことに成功したのである。したがって、マミハウチワドリの署名の変異性は托卵に対し見事に効果的な防衛となった〔口絵17〕。

署名と偽物による軍拡競争は今日も続いているのだろうか？　少佐が過去四〇年にわたって集めた卵の比較から、色と模様の両方が短期間のうちに変化してきたことが明らかになった。いくつかの計測において、とくに色に関しては、カッコウハタオリの卵と宿主の卵は互いに呼応するように変化し、したがって、カッコウハタオリの卵は同じ時期の宿主卵により似ていた。このことから、新たな偽物は時とともに宿主の新たな署名を追ってきたことが示唆される。しかし、この追跡は完璧ではない。たとえば、宿主の卵にはオリーブがかった緑色の地という稀な型があるが、カッコウハタオリはこれに対する偽物をまだ作れていない。この署名を持つ雌は過去四〇年間でより一般的になり、これはおそらく、彼らの方が托卵された卵をうまく識別でき、したがって、同じように効果的な署名を遺伝的に受け継ぐ子孫をより多く残せるからだと思われる。この型の卵は新たな偽物の出現まで急増し続けるはずだ。托卵する偽物は、決して終わることのない進化の追いかけっこの中で宿主の署名を追うので、このような変化を将来にわたって追跡するのはわくわくすることだろう。今日ではデジタル写真があるので、卵は集めずにすみ、より好都合である。

＊

もし、宿主が托卵から解放されたら、卵の署名に何が起こるだろう？　理想のテストは、カッコウの宿主の種から何羽かの個体を捕獲し、カッコウのいない島に放すことだ。それには、時を経ても子孫を追跡調査できるように、鳥たちが分散しなかったことが確実な島が必要だ。予想は、もし托卵がなければ、特徴的な署名はもはや要らなくなるので徐々に減るだろうというものだ。

驚いたことに、恥ずべき状況で起こったことなのではあるが、この実験はすでに行なわれている。アフリカではズグロウロコハタオリが、大きさがホシムクドリぐらいのブロンズミドリカッコウの好む宿主だった。このカッコウの雄は、背は美しいメタルグリーン、腹部は白、目は赤く魅力的で、

「ディーディー、ディーデリィーク」と鳴き続ける。一八世紀に大西洋の奴隷貿易が頂点に達し、それとともに、西インド諸島の砂糖プランテーションで働くための奴隷が西アフリカから船で運ばれた。奴隷船は捕獲された鳥も定期的に持ち込んだ。ヒスパニオラ島では、フランスの婦人たちは帽子に鳥の羽を好んでつけ、手提げかごに小鳥たちを入れて町を散歩することも流行だった。一七九七年、メデリック・ルイス・エリー・モレ・ド・セントメリーは以下のように報告している。

私は、さまざまな種にわたる二〇〇羽以上の鳥を鑑賞する機会が何度かあり、鳥たちはすべてセネガルからきていた。鳥たちは小さく、とてもきれいな服をまとい、繊細で鮮やかな色をしていた。

ズグロウロコハタオリは大洋を渡った際にとくによく生き延びた。おそらくアフリカで、人の居住する近くで食物のくずを食べ慣れていたため、飼育されてもおとなしくしていたに違いない。ある記事によると、サガ夫人というポルトープランスの女性は、たくさんのズグロウロコハタオリを飼育していることで有名だった。彼女の遺産は、マダム・サガ（スペイン語）あるいはマダム・サラ（フランス語）として残り、これはヒスパニオラ島では今日もズグロウロコハタオリの一般名である。ズグロウロコハタオリの中には、必然的に逃げ出すものが出た。その鳥たちは新たな故郷で元気に暮らし、急速に広がり、そして、アフリカでしていたのと同じように、一本の木に一五〇個もの巣のある大きなコロニーで繁殖した。しかし、この島では生活に重要な変化があった。西インド諸島にはカッコウがいなかったのだ。大西洋の横断が鳥たちには自由をもたらしたのに、彼らとともにいた人間は奴隷になったというのは、残酷な皮肉である。

アフリカでは、ブロンズミドリカッコウはズグロウロコハタオリになかなか上手に托卵できなかった。というのも、この宿主は自分の卵に完璧に似ていない卵を排斥するのがとてもうまかったからだ。マミハウチワドリとちょうど同じように、よそ者の卵を見分ける彼らの能力は、卵の署名が見事に多様化することにより向上した。ズグロウロコハタオリの雌は、生涯にわたり同じ型の卵をいつも産むが、その模様は、地の色が白からターコイズブルーやエメラルドグリーンになったり、無地になったり斑点ができたりと、雌ごとに異なる。宿主の卵を一つとり除き、代わりに他の雌の卵を置く実験では、雌は、地の色と斑点のどちらかが自分のと違えば、その卵はすぐに排斥することがわかった。排斥された卵はたいてい、托卵の実験から一日、ときに数分以内につついて穴をあけて運び出された。

ヒスパニオラ島では、持ち込まれたズグロウロコハタオリはカッコウの托卵を約二〇〇年間受けずにすんだが、これは約一〇〇世代に相当する。鳥たちの卵の署名は、カッコウの脅威に直面しなくなってから見分けがつきにくくなったのだろうか？　ニューヨーク市立大学のデイヴィッド・ラーティは、二〇〇一年にヒスパニオラ島を訪問した。ラーティは、鳥の目で見える全波長域にわたる光の反射率を計る分光光度計を使い、ズグロウロコハタオリの一五〇個以上の巣で卵の色を測定した。また、斑点模様も、斑点の大きさや卵全体にわたる密度や散らばり具合を含めて注意深く測定した。それからこの測定を、西アフリカで先祖となるズグロウロコハタオリの個体群について、二年前に一〇〇個以上の巣で測定したものと比較した。

これらの情報のすべてを大西洋の両側の二つの個体群から収集することは、英雄的な仕事だった。その理由は、ズグロウロコハタオリがしばしば一〇メートルを超す高木の細い枝に巣をつるすということだけではなかった。ヒスパニオラ島ではデイヴィッドは高いはしごを使えたが、西アフリカのガンビアの辺境では道具がなかったり、ロープでしばしば木に登らなければならなかった。このときは決まって、地元の村の好奇心に満ちた見物人の人だかりができたが、デイヴィッドが鳥に興味を持つことを聞きつけると、助けてやろうという気持ちになりすぎた人々もいた。あるときは木登りの最中に、ライフルを持って下に立っていた村人が、木から出てきたズグロウロコハタオリを何羽か撃った。一方、もう一人は大きなコロニーを見つけ、同じように善意からのこととはいえ木を切り倒した。巣にたどり着いても、災難はさらにあった。デイヴィッドが卵を探して巣の中に触れると、そこは蛇のお気に入りの休息場であることがすぐわかった。ほとんどは卵を食べる無害な蛇だが、あるとき、巣の中に手を入れるとうろこにさわり、素早く手を引っ込めた。その直後、アフリカで最も命取りになる蛇の一種、ブームスランが飛び出してきた。

デイヴィッドは生き延び、調査結果は魅惑的だった。カッコウの托卵を免れたヒスパニオラ島のズグロウロコハタオリは、卵の署名が前ほど区別がつかなくなったのだ。アフリカで托卵を受けるズグロウロコハタオリと比較して、彼らの卵は地の色も斑点も変異がはるかに少なくなった。さらに、個々の鳥は、いまや自分の巣にもっとさまざまな卵を産むようになった。したがって、署名が個体ごとに独特でなくなっただけでなく、自分たちの卵の型を忠実に繰り返し再現することも少なくなった。この最後の発見はとくに興味深い。というのも、持ち込まれた個体群はたまたま、元の個体群のすべての変異性を有していない少数の個体数の集団から作られたものだから、その個体群の卵には変異性が少ない（これは「創始者効果*」として知られる）という議論も可能だからである。しかしこの説明だと、署名の一貫性の進化的喪失を明らかに映し出している一腹卵の中で、なぜ、変異性が増加したのか説明がつかない。

デイヴィッド・ラーティは次に、ズグロウロコハタオリがヒスパニオラ島で署名が下手になると、よそ者の卵を排斥する能力が危うくなるかを検証した。西アフリカのズグロウロコハタオリに以前行なった実験と同じように、ズグロウロコハタオリにほかのズグロウロコハタオリの卵を見せてみたのだ。すると、ヒスパニオラ島のズグロウロコハタオリは、色や斑点が自分のものと異なる卵は、その違いがある決まった量ならばまったく同じように排斥するようであることがわかった。しかし、自分の卵はもはや他の雌の卵とはっきり違うわけではないので、よそ者の卵の全体の排斥頻度はアフリカの個体群に比較してはるかに低い。したがって、卵の排斥の減少は総じて卵の署名が下手になったことの結果で、そのことがよそ者の卵の認識を難しくしている。

同じ結果は、アフリカ南部でブロンズミドリカッコウに托卵されていた元の個体群から、インド洋でカッコウのいないモーリシャス島へ一八八六年に持ち込まれたもう一つのズグロウロコハタオリ個体群でも見られた。この二番目の島の個体群は、二〇〇〇年～二〇〇一年にラーティが計測した時点で、カッコウの托卵から逃れていた期間は短く、わずか一一五年間、あるいは約六〇世代であった。再びわかったのは、卵の署名は元の個体群と比較して区別がつきにくくなっており、その結果、島のズグロウロコハタオリはよそ者の卵に気づく能力が落ちていることだった。この変化はヒスパニオラ島ほど目立たず、移入がもっと最近で、進化的変化のための時間がもっと短かったことからまさに予測される通りだった。

なぜ、ズグロウロコハタオリは卵の署名をこんなに早く失ったのか？　おそらく、カッコウから托卵される恐れがなくなったら最後、署名は単にメリットにならないだけでなく、確実にマイナスになるからだろう。鳥は、卵の署名により二つの負担を招く可能性がある。まず単純に署名を作る負担で、これは、銀行が紙幣に複雑な模様を作るのに費用がかかるのと同じことだ。第二に、色や模様がきわだった新たな刻印を卵につければ、結果的に、カッコウの卵との違いは増すがカムフラージュがしにくくなったり、他の災いへの対応が前ほどできなくなる卵を作ることになるかもしれない。

デイヴィッド・ラーティによる計測は、ズグロウロコハタオリの卵は、カッコウ以外に太陽放射の脅威にもさらされていることを示唆している。アフリカで日ざしがもっと強い場所では卵の青緑色が濃くなり（ビリベルジンの染料が多くなるため）、これは、紫外線によるダメージや温度の上昇のしすぎから卵を守るのに役立っている。したがって、署名の区別がつきやすいように進化して地の色や斑点が薄くなれば、太陽光から上手に身を守れなくなるかもしれない。この考えを支持する事実として、島のズグロウロコハタオリの個体群の卵は、いったん、カッコウの脅威が去るともっと濃い青緑色一色に進化したということがある。このように、卵は署名により他の脅威からの防衛が弱くなるため、宿主は、カッコウからの防衛のために署名を進化させるときは必ず、その代償を支払っているようである。

＊

署名に関する自分の仮説が勝利し、その鍵となる証拠はアフリカの鳥たちから与えられたとわかったとき、チャールズ・スウィナートンは間違いなく興奮したはずだ。しかし、説明しなければならない謎はまだある。ズグロウロコハタオリやマミハウチワドリは、自分の卵と違う卵の排斥の達人だが、では、自分の卵がどう見えるかはどうやって知るのだろう？

宿主が使える一つのルールは、不一致のルール、名づけて「奇妙な卵が一つあればそれは排斥」である。しかし、ズグロウロコハタオリは、巣の中の卵が二つのときもよそ者の卵を排斥する傾向があった。さらに、よそ者の卵が二つで、そこに自分の卵が一つ加わった状態のときも、その場合は自分自身の卵の方が排斥されるべき奇妙な卵になるのに、よそ者の卵二つを排斥した。注目すべきことに、巣が丸ごとよそ者の卵で、比較の対象となる自分の卵が一つもなくても、よそ者の卵は全部排斥される。これらの実験も、他の宿主の種で行なわれた類似の実験も、宿主は自分の卵の外見がわかっていることが示唆される。

宿主が自分の卵を知る最も可能性の高そうな方法は、とくに複雑な署名が必要不可欠なときにはそれを学習することである。テルアビブ大学のアーノン・ロテムは、宿主となるある種の個体は、一腹卵の最初の卵を産むときに自分の卵の型を覚えることを発見した。模様はそのとき記憶し、よそ者の卵の選別の際の基準として利用する。ロテムのエレガントな野外実験は、ヨーロッパ大陸からアジアを通る日本までの広い地域にわたりカッコウが好む宿主、オオヨシキリに関するものだ。オオヨシキリは雌だけが抱卵し、したがって雌だけが卵の排斥の決定に関わるため、分析は簡単になる。

この実験では、薄緑の地に斑点のつくオオヨシキリの卵とはまったく違う、茶色一色で着色された卵を雌に示すことが必要不可欠だった。以前に繁殖をしたことがある高齢の雌たちは、茶色の卵が一腹卵の産卵のどの段階で加えられても――卵を一つだけ産んだところでも、その後四個か五個の一腹卵の卵をすべて産み終わったところでも――茶色の卵を排斥した。対照的に、繁殖がはじめての若い雌たちは、茶色の卵が産卵の初期に加えられたときはそれを受け入れるが、一腹卵の卵がすべて産まれたあとは排斥する傾向があった。このことから、一腹卵の卵をはじめて産むときに学習が起きるので、若い雌は実験にだまされ、はじめに入れられた茶色の卵を自分の型の一つに含めてしまうと示唆される。

この重要な実験では、朝とても早く起きて、若い雌の卵を産卵直後に一つひとつ、茶色の卵と置き換えるのがミソだ。すると、若い雌たちは、普通なら自分の卵を見ることができるのにそうはさせてもらえず、代わりに茶色の卵が一腹卵分巣にあるのを見ることになる。このような若い雌は、茶色の卵を自分の卵とはっきり学習してこれらを受け入れる。しかし、最も高齢の雌たちはこの処理にだまされずに茶色の卵の巣を排斥した。このことは、雌たちが過去に繁殖しようとした際に自分の卵を記憶したことを暗に示している。興味深いのは、何羽かの高齢の雌たちは茶色の卵からなる一腹卵の巣を受け入れたが、記憶を呼び起こすと思われる自分の卵を一つ与えられると、すぐに茶色の卵をすべて排斥したことだった。

若いオオヨシキリたちは、明らかに最初の一腹卵の卵の「刷り込み*」を行なっている。しかし、彼らは茶色の卵の巣を刷り込まれたあと、自分の卵が一つでも排斥しなかった。一つの可能性は、実験で自分の卵を茶色の卵に換えられる前に、多少短時間ながらも自分の卵を見る機会が十分あるということだ。あるいは、自分の卵に似た型の卵を覚えるという生来の好みがあるため、あとになっても自分の卵を好んで受け入れるということかもしれない。自分の種の型を覚える性質は他の状況でも顕著に見られ、名づけて「歌の学習」という。鳥小屋で実験をすると、若鳥はときに自分とは異なる種の歌を覚えることがあるが、自分の種の歌とどちらかを選ぶか機会が与えられれば、自分の方を好む。

おそらく視覚的にも、鳥たちはある決まったパターンを覚える性質があるのだろう。

　鳥たちが自分の卵の外見をどうやって覚えるかに関するこれらの発見は、カッコウと宿主間の軍拡競争に興味深い暗示を与えてくれる。自分の卵を覚えなければならないことから生じる問題は、明らかに卵の型の刷り込みを間違えることだ。これは実験の中のことだったが、自然界でも、はじめての繁殖の際に一腹卵の産卵の初期段階でカッコウが托卵すれば常に起こるだろう。というのも、宿主がだまされやすければ、カッコウの卵の型を自分の型として覚えてしまうからだ。すると宿主は、生涯ずっとよそ者の型の卵を受け入れるよう運命づけられる。

　この間違いを避ける明らかな方法は、最初に産んだ卵だけを刷り込むことだろう。こうすれば宿主は、カッコウに托卵のチャンスが訪れる前に自分の卵の外見を覚えることができる。宿主の卵に多様性がなければ、最初の卵を見れば他の卵の外見もすべて完璧にわかるから、これは見事に機能するだろう。だが、もし卵に変異性があれば、雌は、自分の卵のさまざまな色合いや斑点模様がすべて確実にわかるようになるよう学習期間を引き延ばさなければならない。アーノン・ロテムは、オオヨシキリが最初の卵だけでなく一腹卵の卵全部を刷り込むのはこのためではないかと示唆している。最良の譲歩は、もし、宿主が不運でこの期間に托卵されれば、カッコウの卵を間違って刷り込むという負荷がときたま発生するものの、自分の卵がある程度目に触れるまで学習期間を引き延ばすことだ。一般に、宿主の卵の変異が増し、托卵の機会が減少すればするほど、学習は引き延ばされるはずだが、この考えを検証するには実験が必要だ。

＊

カッコウの卵の識別には二段階ある。ここまでは最初の段階、いわば、宿主はどのようにしてよそ者の卵に気づくかを調べてきた。答えは、模様の違うよそ者の卵に気づけるよう、自分の卵の複雑な署名を覚えるということだ。実際これは、銀行が安全に関し顧客に行なうアドバイスに従うものだ。すなわち、一つだけの特徴に頼らず、もし怪しければ、偽物かどうか疑わしい署名を本物であることがわかっている署名と比較する。

二番目の段階は、受け入れか排斥かの決定である。宿主が、記憶にある卵と少しだけ違う卵に気づいたと想像してみよう。この卵は排斥されるべきか？　それはカッコウの卵かもしれないが、前に見たことのない稀な型か、あるいはおそらく、巣の内側で汚れがついた自分の卵だろう。賢い宿主は、疑惑の卵の外見だけでなく、托卵の可能性についても考慮するはずだ。私たちが、逃亡中の泥棒がいるときはふだん以上に施錠したり持ち物を守るのとちょうど同じように、宿主も、托卵のリスクをどう評価するかで排斥の閾値を変えるに違いない。

宿主が卵の排斥の際慎重になる証拠は、すでに目にしてきた。ヨーロッパヨシキリなどの何種かの宿主は、本物であれ実験の剥製であれカッコウが巣にいるのを見れば、卵を排斥する傾向が強くなる。なぜ、宿主はこのような方法で警戒する必要があるのだろう？　なぜ、排斥はいつもではないのか？

宿主の慎重さは、もし、ときに誤って自分の卵の一つを排斥してしまうことがあるなら筋が通る。間違いを犯すリスクに価値があるのは、おそらく、カッコウが自分の巣に卵を産んだと宿主が信じるに足る理由があるときのみだろう。

ウィッケン・フェンでの観察は、ヨーロッパヨシキリは卵を排斥する際、間違いを犯すリスクを実際にとることを示している。まず、識別でミスが起きる。本物のカッコウ卵であれ、似せた擬卵の一つであれ、カッコウの卵によく似た卵が巣にあれば、ヨーロッパヨシキリはそれに決着をつけるべく、よそ者の卵を七〇パーセントの確率でとり除くが、残りの三〇パーセントではミスをし、カッコウの卵ではなく自分の卵の一つを放り出してしまう。これらが識別のミスである強力な証拠は、巣の中の擬卵が明らかに自分のものと違うときは、ヨーロッパヨシキリはこの間違いをしなかったという事実である。カッコウの卵がとてもよく似ているときに宿主の識別にミスが増える傾向があることは、他の調査でも示されている。

第二に、宿主はときとして、托卵されていなくても自分の卵の一つをとり除くことがある。この誤った警戒も、宿主の認識の体系が完璧でないならば避けがたい。したがって、宿主は難しい状況を抱えている。疑わしい卵を放り出してカッコウの卵を排除する機会を増やせば、誤った警戒によるマイナスが必然的に増えるからだ。

宿主はどうするべきだろうか？　明らかな答えは、托卵のリスクに応じて卵の排斥の仕方を変えなければならないということだ。もし、周囲にカッコウがたくさんいて托卵のリスクが高ければ、宿主は識別を入念にし、ほんのわずかでも疑わしい卵は排斥しなければならない。その結果、警戒による間違いは増えるだろうが、托卵された巣がカッコウの雛に丸ごとやられないようにするための代償として価値がある。他方、もし近くにカッコウがほとんどいなければ、宿主はもっと安心していた方がよい。こういうときは、見慣れない卵も自分の卵の一つである可能性が高いのだ。したがって、宿主はカッコウが巣にいるのを見たとき、卵を排斥する傾向が強くなるという発見は、きわめて理にかなっている。托卵のリスクが高ければ、宿主は疑わしい卵を、自分の卵の一つではなくカッコウの卵として扱うようにしなければならない。

宿主の生活は楽ではない！　防衛を改善するそのたびごとに、カッコウのもっと巧みなだましに遭うからだ。カッコウの托卵に応じて宿主の卵の排斥は進化するが、カッコウは卵擬態の進化でそれに応じる。すると、宿主はもっと複雑な署名を進化させるが、カッコウは、今度は偽物を上手に作るという形で進化する。結論は、カッコウの卵の識別という問題に直面した宿主は、托卵のリスクに応じて卵の排斥の仕方を変えられるよう、カッコウの成鳥を警戒しなければならないということだ。カッコウの成鳥がこの段階でも宿主を脅かそうとすることは、驚くことではないだろう。彼らは、それをある種密やかに行なうのだ。だが、カッコウには、いわばさまざまな変装で宿主を訪れ、宿主に認識されることを避けるという、もう一つ別のだましのテクニックもある。

# 第8章

# さまざまな装いでのだまし

トネリコの木に身を潜めてヨーロッパヨシキリのつがいを見張るカッコウの雌。
5日後、雌はその巣に托卵した。
——ウィッケン・フェン、2014年6月9日。

この章の英雄たちは、あらゆる時代を通じて最も偉大な二人の探検家である。一八四八年四月二〇日、ヘンリー・ウォルター・ベイツとアルフレッド・ラッセル・ウォレスはリヴァプールからミスチーフ号で航海に出た。五週間後に二人はアマゾン河口に入り、ベイツが航海日誌に書いたように「熱帯の国の美しさをはじめて」見た。二人はチャールズ・ダーウィンとは違い、裕福な家の出ではなかったので、探検資金の多くは、発見した種を大英博物館や収集専門家へ売却してまかなっていた。ベイツとウォレスは最初の年の多くを森林でともに過ごした。その毎日は、明け方に起床して鳥や哺乳類を研究し、朝食後は、日ざしの熱を避けるための日よけを探しながら、午後の早い時間まで昆虫に集中するというものだった。夜には日誌をつけ、集めた種を保存した。

四年後、ウォレスはイングランドへの帰還の際に災難に遭った。あと三週間で国に帰れるというとき、船が火事になったのだ。ウォレスは他の乗組員とともに大急ぎで救命ボートに乗り込み助かったが、そのとき船を振り返ると、恐ろしいことに貴重な種や航海日誌が皆炎に包まれていた。一〇日後に通りかかった船に助けられたウォレスは、失われた標本にかけていた保険金を請求し、さらに一八ヵ月後、我が身を嘆き悲しむなどということとは無縁の彼は、もう一度収集の旅に出ようとマレー諸島へ向かった。一方、ベイツは一八五九年までアマゾンに滞在して一一年間もの長い間森林で過ごし、一万四七〇〇種以上の標本（おもに昆虫）を集め、うち八〇〇〇種以上は科学的には新種だった。それらは、友人が経験した災難に備えて三隻の船で別々に故国へ送られた。

ベイツは熱帯の昆虫の多様性や、その多くがいかに動きのない物にそっくりの姿をしているかに驚いた。枝みたいな芋虫、樹皮や枯れ葉みたいな蛾、光に照らされると雨露に見える翅鞘のある甲虫がいたのだ。このように見事な偽装をしていれば、視力のよい捕食者からも身を守れるに違いないとべイツは考えた。だが、獲物のすべてが捕食を逃れる際に身を隠すわけではない。スズメガの芋虫のように、妨害を受けたときに体の後ろを持ち上げて体を広げ、まるで毒蛇のような二つの大きな目を見せて敵を脅すものさえいる。ベイツがこれを原住民の村人たちに見せると、彼らは皆怖がった。食べるとおいしい何種かの蝶は、食べるとまずい蝶の鮮やかな色とのろのろした飛び方に似ていることもわかり、それにも興味をそそられた。擬態はとても巧みだったので、専門家の目で見ても、それらが擬態する生物の「モデル」(おいしくない種)なのか、擬態者(おいしい種)なのかは、網でとらえて近くで調べなければならなかった。これは、捕食者の鳥たちをだます防御としての擬態の一形態ではないかとベイツは示唆した。

イングランドへ戻ってから三年後の一八六二年、ベイツはこの発見を、『ロンドン・リンネ協会紀要』に発表したが、その論文のタイトルは「アマゾン流域の昆虫相への寄与」という控えめなものだった。ダーウィンの『種の起源』がちょうど出版されたばかりで、ベイツは、食べるとおいしくない種への擬態に関する自分の発見は「自然選択説の最も見事な証拠である」と提唱した。

ダーウィンは興奮し、ベイツのこの論文を「これまでの生涯で読んだ中で、最も注目すべき、そして賞賛に値する論文の一つ」と讃える手紙を書いたが、「しかし……」と言って以下のように続けた。

重要な批判が一つあります……、それは論文のタイトルなのです……論文の中で明らかに注目した点に関しては、「擬態による類似」と呼ぶべきでした。あなたの論文はあまりに素晴らしすぎるので、無気力な自然誌研究家の集団から大いに賞賛されることはないでしょうが、その価値はきっと永続します。あなたの最初の偉大な研究に心からお祝いを申し上げます。

ダーウィンは正しかった。防衛力を持たない種（擬態者）が防衛力を持つ種（モデル）に似た姿をとるこの型の擬態は、自然界に広く見られる。それは、ベイツの見事な発見に敬意を表してベイツ型擬態と言われている。

一八五八年二月、ベイツがアマゾンでまだ働き続けていたころ、ウォレスはマレー諸島テルナテ島のハンモックで発熱の発作に苦しんでいた。自然選択という考えが突然ひらめいたのは、この発作のさなかだった。ウォレスはその理論を論文にして、助言を求めるためダーウィンに送った。これが、一八五八年六月一八日にダーウィンのポストに届いた有名な「爆弾論文」で、ウォレスは、ダーウィン自身が二〇年近く行なってきた研究とまったく同じ理論を提出していた。彼らの共著論文がちょうど二週間後の一八五八年七月一日にリンネ協会に提出され、翌年ダーウィンは大急ぎで自らの偉大な著作を出版した。その功績がほとんどダーウィンのものとなったことにウォレスは決して不満を言わず、ベイツに「私は彼の著作のような完璧さに決してたどり着けなかった」と手紙を書いた。そして一八六九年、「その天賦の才と仕事に対し深い賞賛を表して」と書いて自著『マレー諸島』をダーウィンに捧げ、二〇年後の自然選択に関する自著に鷹揚にも『ダーウィニズム』というタイトルをつけた。

＊

ウォレスが友人のベイツによるこの洞察をカッコウの現象に応用したのは、『ダーウィニズム』の中だった。托卵する多くのカッコウは、捕食者である猛禽類、とくにハイタカ（属）のようなタカと外見が似ていることを指摘したのである。カッコウとタカは、体が細長く、翼が長く尾も長く、大きさと形がきわめてよく似ている。羽の模様も、背は茶色か灰色、腹部はそれより色が薄く縞模様入りというふうに似ている〔口絵02〕。そして、両者とも素早くまっすぐに飛ぶ。形、羽、飛び方が似ていることは、冬の間ヨーロッパからカッコウが消えるのは、彼らがタカに変わるからだという昔の考えを生じさせた。アリストテレスは、カッコウにはかぎ爪も鈎型の嘴《くちばし》もないことを指摘し、この可能性を退けた。それにもかかわらず、その似方は人間の混乱をしばしば招くのに十分なほどだった。エドガー・チャンスがパウンド・グリーン入会地でカッコウに関する先駆的研究をしていた間、五シーズン詳しく追跡調査していた雌（カッコウA）は、地元の村人にハイタカと間違えられて撃たれそうになり、ちょうどそのときチャンスがそこに割って入った。

タカとカッコウは近縁種ではないが、それならなぜ、外見がこんなに似ているのだろう？　ウォレスは、カッコウが「鳥類の中できわめて弱く、防衛力がない」ことを指摘し、この類似は、カッコウがタカからの攻撃を減らすためタカに似るよう進化した、防衛的な擬態の一例ではないかと示唆した。実際、カッコウは、獲物となりそうな他種と比較して数が豊富であることから予想されるわりに、タカに捕食されることは稀なので、ウォレスは正しいかもしれない。にもかかわらず、タカのように腹部に縞のある羽は、托卵しないカッコウより托卵するカッコウの方によく見られ、このことは、宿主の防衛をかわす戦いの中でなにがしかの助けにもなったかもしれないことを示唆している。

ウィッケン・フェンでは、ヨーロッパヨシキリはカッコウにもハイタカにも毎日出会う。ヨシキリたちは、彼らが似ていることでだまされるのか？　この検証のため、ジャスティン・ウェルバーゲンと私は、カッコウの托卵を受けやすい産卵期間中のヨーロッパヨシキリの巣の隣にハイタカの剥製を置いた。すると、ヨシキリは剥製に近づくのをためらうことがわかった。ヨシキリたちはたいてい素早く周りを見るとすぐ立ち去って数メートル離れた葦の中に隠れ、すっかり静かになった。ハイタカは小鳥にとっては危険な捕食者なため、その極度の警戒は理にかなっている。ハイタカは普通、小鳥たちがとまっているところであれ飛翔中であれ、植生の端か水路沿いで無警戒な彼らを狙って急襲し、長い脚を伸ばし、強力なかぎ爪でとらえる。植生が密でも、彼らはその恐るべき器用さで体をひねったり向きを変えたりでき、葉や枝を突き破ってとどめを刺す。ハイタカの狩りの力強さは、ケネス・リッチモンドがその殺害の場に居合わせた際、「無慈悲で狂気に満ちたひとにらみ」という見事な描写でとらえている。テッド・ヒューズの詩の中のハイタカは、「わが作法は頭を引きちぎること」と高らかに告げている。

カッコウは鳴禽類の小鳥の成鳥を傷つけることはできない。にもかかわらず、いくつかの巣では、ヨーロッパヨシキリはカッコウの剥製をまるでハイタカのように扱った。剥製に近寄ろうとせず、葦の中に隠れたのだ。だが、他の巣ではヨシキリはすぐにカッコウを攻撃しはじめ、嘴や脚で剥製を叩き、「スクルル、スクルル……」という大きな耳ざわりな声を出し、威嚇しようとして近寄り、周囲を飛びながら嘴をパチパチ言わせた。したがって、何組かのつがいには明らかに違いがわかっていた。だが、他のつがいはなぜこれほどまでに警戒心が強かったのか?

何羽かのヨシキリの警戒の理由が、カッコウとハイタカが似ているためかを検証すべく、カッコウの剥製の外見に手を加え、ハイタカとの似方を変化させてみた。これを行なうにあたり、絹の布片を腹部にとめて本来の縞模様が見えないようにした。絹は、純白か（カッコウからハイタカのような縞模様はなくなっている）、あるいは、布にフェルトペンで本来の幅で縞模様が書かれているか（ハイタカのような外見が残っている）のどちらかだった。すると、ヨーロッパヨシキリは、腹部に縞模様のない剥製よりもある剥製に対し、近寄って攻撃するのをはるかにためらうことがわかった。したがって、タカのような縞模様は実際に宿主をためらわせ、そのためカッコウは宿主の巣に簡単に近づけるようになる。これがないと、カッコウの成鳥は宿主の攻撃から身を守れなくなるため、この防御の擬態は「ベイツ型擬態」である。しかし、食べるとおいしい蝶がそれを捕食する鳥に対し無害というのとは違い、カッコウの擬態は、宿主の巣への托卵を助長するので、敵対者に対し無害ではない。おそらく、カッコウは「オオカミの皮を被った寄生者」と言う方が当を得ているだろう。

カッコウがハイタカのふりをするのに縞模様が重要なことが実験から明らかになったが、これが唯一の鍵ではなさそうである。剥製の絹の布で腹部を修正してさらに実験すると、ヨーロッパヨシキリは、縞模様のあるハトより縞模様のあるカッコウの方を怖がることがわかった。したがって、宿主をためらわせるには、カッコウの中のタカに似た他の特徴が縞模様と関連しているはずだ。そしてヨーロッパヨシキリは、ハイタカの剥製には腹部に縞模様がなくてもおびえ続けていた。したがって、鳥たちもちょうど私たちと同じように特徴を組み合わせて、敵と味方を見分けている。

＊

したがって、カッコウは宿主の防衛をすり抜けようとする際、擬態に二つの形態をとり入れている。第一に、カッコウの成鳥は宿主の接近を遅らせるためにタカの姿をまねる。これは自分は危険な存在だとアピールするケースで、さもなければカッコウの成鳥は実際に間違いなく攻撃されるだろう。第二に、カッコウの卵は、宿主からの排斥を防ぐために擬態する。これは、カッコウの卵は宿主の繁殖に事実危険なのだが、無害と見せる擬態のケースである。宿主がカッコウの卵の擬態を見抜けば、カッコウの卵を排斥して自分の一腹卵を救えることは、すでに見てきた。もし、宿主がカッコウの成鳥の擬態を見破り攻撃を開始すれば、カッコウの托卵は阻めるのだろうか？

エドガー・チャンスの昔の映像でも示されたように、カッコウの雌は確かにとてもしつこく、宿主に攻撃されてもその巣に托卵することが時にある。それにもかかわらず、ジャスティンと私がヨーロッパヨシキリの約二〇〇組のつがいに対しカッコウの剥製を巣に置いてみると、剥製を攻撃したヨシキリは、カッコウをハイタカと見なして不安になり、剥製に近づこうとしなかったヨシキリと比較し、托卵される確率が四分の一であることがわかった。

カッコウはなぜ、攻撃的な方の宿主に対しては巣への托卵を避けるのか？　カッコウは宿主の攻撃でダメージを受けることがある。あるオオヨシキリがカッコウの雌をあまりにひどく攻撃したので、雌が巣の下の水に落ちておぼれたという報告がある。ヨーロッパヨシキリの体の大きさはオオヨシキリの三分の一しかないが、それでもカッコウの羽を引き抜くことはできる。しかし、身体に損傷を被るリスクはためらいのおもな原因ではないかもしれない。ヨーロッパヨシキリがカッコウを攻撃するときには、その耳ざわりな大声と嘴のカチカチいう音が捕食者を引きつけ、カッコウの卵が食べられる機会が増えるかもしれない。さらに、騒ぎは周囲全体の警戒を呼び起こすと思われ、ヨーロッパヨシキリが耳ざわりな声を立てはじめると、他のヨシキリたちも、何が起こっているかを見るためにすぐに近くの縄張りから近づいてくる。もし、周りの鳥たちが警戒すれば、おそらくもっとよくカッコウを見張るようになるはずだ。そして、前の実験でも示されたように、ヨシキリたちは巣にカッコウがいるのを見ると、カッコウの卵を排斥する傾向が強くなる。

これらの考えは、ウィッケン・フェンでもう一つ一連の実験を行なう動機になった。まず、近くの鳥の注意を喚起したものは、たとえば葦の動きや敵そのものを見たというような他のきっかけではなく、本当にヨーロッパヨシキリの大声の警戒音なのかをジャスティンと私は検証した。そこで、テストの結果がヨーロッパヨシキリ自身の声によって混乱することのないよう、どの巣からも離れた葦の中に大音量の小型スピーカーを置いた。そして、「スクルル、スクルル……」という警戒音を流すと、ヨシキリたちはすぐに四〇メートル近くまで寄ってきた。ヨーロッパヨシキリが葦のてっぺんから外を覗こうとして茎を上ると、葦がピクピク動くのが見え、その後鳥たちはスピーカーに向かってほんの少し飛んだ。ときには、何が起きたか調べようと近くから六羽もくることがあった。対照実験として、ズアオアトリの雄の縄張り宣言の「フリート、フリート……」という声を流したときには、ヨーロッパヨシキリはほとんど関心を示さなかったので、近くの鳥たちは同じ種の鳥の警戒音に限って注意を向けていた。

次に、ジャスティンと私は、ヨーロッパヨシキリが近くの縄張りの警戒音の原因を調べて何を学ぶかテストした。この実験では、カッコウの剥製をヨーロッパヨシキリの巣の隣に置き、そのそばにヨシキリの警戒音を流す大音量のスピーカーを設置し、何が起きているかを近くの鳥たちが必ず見にくるようにした。そして、ある特定の剥製や警戒音という普段と違う特徴のせいでその反応が起きたのではないことを確実にするため、いくつかのカッコウの剥製と何種類かの異なる音を使った。再び近くの鳥たちが近づき、今度はカッコウの剥製を見た。ヨーロッパヨシキリたちが、近くの鳥の縄張りの真ん中にまともに侵入するという普段ならしないことをあえてしたのは、注目すべきことだった。

縄張りの所有者は侵入者を追い出すことがあるからだ。

その後私たちは、ヨーロッパヨシキリのこの「盗み聞き」の経験が、カッコウの剥製が自分の巣にいるときの反応の仕方にどのように影響するかを考えた。その影響は明らかだった！　近くの鳥たちがカッコウを襲うのを見ていたヨシキリたちは、自分の縄張りにカッコウがいるときもはるかに強く反応するようになり、自分たちの巣のカッコウの剥製にはもっと素早く近づき、警戒音は増え、剥製に対しより攻撃的に振る舞った。さらに、攻撃の増加はカッコウに対してだけで、ヨーロッパヨシキリたちは他の種の剥製に対しては反応を変えなかった。実際、ある特定の脅威が最大限になり合図が大きくなると、宿主たちは近くの鳥たちを見るため、皆が警戒態勢になり、その敵に的を絞った守りが増大する。

さて、これらの実験により解明されてきた宿主のさまざまな防衛とカッコウのだましについてまとめてみよう。

(1) 宿主は、自分の卵と色や模様が異なる卵を排斥する。それに対し、カッコウはきわめて上手な偽物を作るよう進化するので、宿主は、一腹卵をただ調べただけでは托卵されたかどうか確信できなくなる。
(2) したがって宿主は、托卵のリスクがあるかどうかを判断するためカッコウを見張るようになる。もし、カッコウが巣にいるのを見たら、卵を排斥する傾向が強くなる。それに対しカッコウは、宿主の警戒を避けるためにたいへん密かに素早く産卵するようになる。
(3) 宿主はカッコウに産卵させないよう、雌のカッコウも攻撃する。それに対しカッコウは、宿主が自分たちに近づくのをためらうよう、姿をタカに似せるようになる。
(4) 宿主は今度は、近くのカッコウの活動に関する情報をもっと広い範囲から得て、自分の縄張りのカッコウを見張るだけでなく、近くの鳥たちが警戒音を上げたときはいつでもそれを聞きとるようになる。もし、近くの縄張りでカッコウが襲われているのを見たら、自分たちの巣でもカッコウに近づき、攻撃するリスクをもっと多くとるようになる。これから見ていくように、カッコウは宿主によるこの最後の防衛とも戦う。それは、装いを変えてやってくるというものだ。

＊

カッコウの雄の成鳥はすべて、背が灰色一色だ。だが、雌の羽には二つの型、あるいは変異があり、背が雄のように灰色のものと、明るい赤褐色のものがある〔多型、口絵04〕。私は、はじめて赤褐色の雌が通り過ぎるのを見たときは、カッコウは灰色だと思い込んでいたので、一瞬それを見つけ損なった。装いが異なれば、宿主も当惑させることができるだろうか？

このことをローズ・ソログッドと私は、ヨーロッパヨシキリに灰色のカッコウと赤褐色のカッコウのどちらかを見せることで検証した。今度は、色がなければカッコウと識別できないことを確実にするため、木製の模型を使った。美術の得意な妻のジャンが模型を作り、この実験ではアートと科学が合体した。私たちはヨーロッパヨシキリの巣でカッコウを見せ、それとともに近くの鳥たちを引きつけるようにヨシキリの警戒音を流すという「ご近所の監視」テストを繰り返した。だが、今度はときにより灰色のカッコウを見せたり、赤褐色のカッコウを見せたりした。

前と同じように、ヨーロッパヨシキリは、近くの鳥がカッコウを襲うのを聞くと、自分たちの巣に戻っての防衛が増えることがわかった。だが、姿を変えたカッコウに対する反応が増えたのは、近くの鳥たちがそれを襲っているのを見たときだけだった。ヨシキリたちは、近くの鳥たちが灰色のカッコウを襲うのを見ると、自分たちの巣にいるのが灰色のカッコウのときだけ警戒を示し、一方、近くの鳥たちが赤褐色のカッコウを襲うのを見ると、自分たちの巣にいるのが赤褐色のカッコウのときだけ警戒を示した。したがって、宿主がカッコウの一つの型だけに警戒を示すようになったときは決まって、もう一つの型のカッコウは気づかれない傾向が高くなった。

湿原では、カッコウの雌は灰色の方が赤茶色より多い。おそらく、赤褐色の雌は珍しいというメリットしかないのに比較し、灰色だとハイタカに見えるというさらなるメリットがあるので、宿主が灰色のカッコウを見張っても、敵と認識されることが少なくなるのではないか？　しかし、ヨーロッパの他の場所では赤褐色のカッコウの方が一般的だ。地理的な差の理由はまだわかっていない。

羽の変異性は托卵する他の種のカッコウでも特徴的で、これは、宿主による敵の認識が混乱するように進化してきたためと思われる。泥棒が皆、漫画に出てくるように覆面をして「略奪品」と書いた袋を持っていたら、見分けるのがどんなに簡単か、ちょっと想像してみよう。だが、泥棒はさまざまな姿でやってきて、身なりのちゃんとしたのもいるし、敵というよりは味方に見えるのもいる。それで、多くの人は忙しい生活の中で時としてだまされるのだ。

そこで、イギリスの短い夏の間に一腹雛を大急ぎで育てるヨーロッパヨシキリのことを考えてみよう。ずる賢い敵はタカのような姿でやってくることもあるが、まったく違う姿でくることもある。縄張りへの侵入は密かで、信じがたいほど素早いし、巣の中の卵の数も、卵の見た目も変わらず、去るときは何も痕跡を残さないかのようだ。一腹卵を抱卵し、その後、何か異常なことが起こる。雛の一羽が他の卵を全部巣から放り出し、親の体重の八倍にも育つのだ。そしてついに、親鳥はだまされたとはっきりわかるだろう……。

# 第9章

# 奇妙で忌まわしい本能

ヨーロッパヨシキリの雌（左）が、巣から除かれる自分の卵を見ている一方、
雄はカッコウの雛にやるハエをくわえて待っている。
——2014年6月2日、バーウェル・ロード。

アリストテレスは、カッコウの雛は「それまで生をともにしてきたものを巣から放り出す」と述べたが、この短い文章はその後二〇〇〇年間、無視されてきたか忘れられてきたようで、この異常行動の発見は今日では、ワクチン接種の先駆者として名高いエドワード・ジェンナーの功績とされている。

一七八八年、天然痘に関する有名な研究の前に、ジェンナーはカッコウに関する論文を『フィロソフィカル・トランザクションズ』誌に発表し、これにより翌年ジェンナーは王立協会会員に選出された。この雑誌は世界で最も古く、また最も長く続いている科学誌である。事実を確立する唯一の方法は、注意深い観察と実験であるという見解を支持し「誰の言葉も鵜呑みにするな」というモットーのもとに王立協会が創設され、そのわずか五年後の一六五五年にこの雑誌は創刊された。

この雑誌の当初のフルタイトルは、『フィロソフィカル・トランザクションズ——世界の多くの重要な領域における今日の独創的計画、研究、仕事に関するいくばくかの解説』だった。一七八八年の巻からは当時の科学的探求の範囲がうかがわれる。そこには、エラスムス・ダーウィン(チャールズ・ダーウィンの祖父)による「高山の頂上が著しく寒い原因を説明する空気の物理的膨張による冷却実験」という表題の論文や、ウィリアム・ハーシェルが新たに発見した「ジョージの惑星(天王星)」に関する論文、水の化学組成に関するジョゼフ・プリーストリーの論文、その他、数学や「野菜の易刺激性」に関する論文がある。これらの論文とともに掲載されたのが、「カッコウの博物誌に関する観察」という控えめなタイトルのジェンナーの論文だった。これは、自然界の不思議を讃えるただそのためだけに詳細な観察と実験を記した最高傑作だった。この論文は、エドガー・チャンスがのちに称した「疑念の嵐」を引き起こすことになる。以下は、ジェンナーが一七八七年六月にヨーロッパカヤクグリの巣で見たことの記録である。

……驚いたことに、［私は］カッコウの雛鳥が、孵《かえ》ったばかりであるにもかかわらず、ヨーロッパカヤクグリの雛を追い出す行動をとるのを見た。この行ないの遂行の仕方はきわめて興味深かった。この小さな動物は、その尻と翼の助けを借りて雛を背に乗せようと企て、肘を持ち上げて荷物（雛）の支えにし、それを持って巣の壁の一番上に着くまで後ろ向きでよじ登り、そこで少しの間休むと、雛をぐいっと持ち上げて放り出し、まさに巣から退去させるのだ。この状態が短時間続き、まるで雛は、この仕事が適切に行なわれたかどうか確かめるように翼を手足のようにして探り、それから再び巣に降りていく。雛は、作業開始前にこれら（翼という手足）を使い、卵と雛を「調べる」のをしばしば見た。そして、これらの翼に備わっているかのようである素晴らしい知覚能力は、いまだ視覚のまったくない状態でその欠如を十分に補っているようだった。

私がその後、卵を一つ置くと、これも同じような経過をたどって巣の縁へ運ばれ、放り出された。これらの実験は、以来違う巣で何度か繰り返し、カッコウの雛鳥は同じやり方でいつも行動することがわかった。巣をよじ登るときに荷物を落とし、努力が失敗することもときにあったが、小休止のあと仕事は再開され、目的を果たすまでほとんど休みなく続けられた。

雛の姿の特異性はこれらの目的によくかなっている。それというのも、孵ったばかりの雛は、他の鳥たちとは異なり、肩胛骨から背にかけての幅がとても広く、真ん中がかなりくぼんでいる。このくぼみは、ヨーロッパカヤクグリの卵か雛のどちらかをカッコウの雛が巣からとり除く作業をするとき、それらをより確実に背負えるよう意図して自然が形作ったかのようだ。

これらの観察は広範囲にわたる不信の念をもって迎えられた。おそらく、王立協会会長のジョゼフ・バンクス卿も疑いを抱いていたのだろう。それというのも、ジェンナーの論文は、「この論文は全面的に修正するのが最良と協会は考える」というコメントとともに最初は受理されなかったからだ。しかし、ジェンナーは自説を曲げず、最終的にはジョン・ブラックウォール（一八二四年）やジョージ・モンタギュー（一八三一年）等の当時の著名な鳥類学者によって支持された。

とはいえ、一〇〇年後になってもジェンナーの説は「馬鹿げている」と多くの人々は考えていた。ある人々は、宿主の卵や雛の追い出しは受動的な行動のはずで、それらはカッコウの雛が大きくなるにつれて巣から押し出されるだけだと信じていた。他の人は、追い出し行為は、カッコウの雌が宿主の巣に戻ってきて行なうという信念に固執していた。たとえば、アウグスト・バルダムスは、カッコウに関する他の説明は賞賛に値する文章の中で、「育ての親の卵は、托卵した卵が孵ったあとで、カッコウの雌がとり除いて隠す」と書いた（一八九二年）。

しかし、カッコウの成鳥が雛を助けるという証拠はなく、ジェンナーは論文の中でこの可能性をきわめて注意深く退けた。まず、宿主の卵と雛の排除は、カッコウの成鳥がすでに皆去り、雛の孵った夏の終わりの巣の中でも同様に起こることに注目した。第二に、カッコウの成鳥がまだ自由に飛び回っている時期に、ジェンナーはヨーロッパカヤクグリの巣で二つの実験を行なった。

一つ目の実験では、孵ったばかりのカッコウの雛がヨーロッパカヤクグリの巣に一羽だけでいて、とり除かれて間もないヨーロッパカヤクグリの卵が巣の縁で巣材に絡まっているのが見つかった。殻は割れていたが、ヨーロッパカヤクグリの雛は卵の中でまだ生きていて、ちょうど孵るところだった。彼がその卵を巣に戻し、数分後に戻ってくると、再び卵が巣の縁に引っかかっているのが見つかった。

そこで卵をもう一度救い、巣の中に戻したが、今度はカッコウの雛をとり除いた。ヨーロッパカヤクグリの雛は一五分後に孵り、三時間後には両親にまだ世話をされていた。ジェンナーはそれからカッコウの雛を巣の中に置いた。数分後に再び巣を点検すると、ヨーロッパカヤクグリの雛は三たび巣から「転げ落とされて」いた。

二つ目の実験でジェンナーは、カッコウのもう一羽の雛が「ヨーロッパカヤクグリによって四時間かけて孵された」のを見つけた。彼はそれから、「同時に孵ったヨーロッパカヤクグリの雛を放り出せなくするように、カッコウの雛を巣の中に縛りつけたが、それでもカッコウは、ほとんどひっきりなしに雛を放り出そうとしていた」。ジェンナーがどのようにカッコウの雛を縛りつけたかは明らかではないが、おそらく、脚を巣の底に結びつけたのだろう。しかしその結果、ヨーロッパカヤクグリの雛はカッコウの横で巣にい続け、その後四日間、「親鳥たちはすべての雛に同じように餌をやり、すべてにおいて、自分の雛にもカッコウの雛にも同じように注意を払っているように見えた」。

ジェンナーの注意深い実験と見事な記録には、疑いの残る余地はなかったに違いない。信じがたいと思われるかもしれないが、孵ったばかりのカッコウの雛は、羽も生えていず目も見えないのに、宿主の卵と雛を追い出す際にこれらの仕事をすべて行ない、こうして巣をたった一羽で支配する。カッコウの雛の行動は今日では何度も映像に撮られているが、それがスクリーン上であれ自然界であれ、私は見るたびにいまなお驚きを感じる。このことをなおいっそう尋常ならざるものとしているのは、追い出しは宿主の両親が巣に座っているときにしばしば起きるので、カッコウは雛を背にかついで巣の縁に上っていくときに宿主を脇に押しやらなければならないことだ。宿主は、自分の卵や雛が脇に投げ出され、その夏の繁殖のチャンスを台無しにされるのを目の当たりにしながら、そこに何も介入しないのだ。

宿主の卵や雛の除去は、カッコウの雛が孵ってからたった八〜一〇時間しかたたないうちに始まることがある。ウィッケン・フェンでは、カッコウの雛は孵化から二四時間以内にヨーロッパヨシキリの巣を空にすることもしばしばだ。しかし、チェコ共和国のある調査では、カッコウの雛が孵化してから平均四〇時間たつまでヨーロッパヨシキリの巣からの除去は始まらなかったので、体力の足しになる食事を最初にとる必要がある場合もあるかもしれない。ヨシキリやタヒバリのような体の小さい宿主の巣では、カッコウの雛が卵をいったん背に乗せて放り出すまで二〇秒しかかからないこともあるが、平均では三、四分かかる。カッコウは雛を一羽背負うごとに休憩するので、一腹卵をすべて追い出すには三、四時間かかるし、宿主の雛が大きければとり除くのに一〜二日かかることもある。ヨーロッパカヤクグリの巣でカッコウの雛がいつになく遅く孵ったという報告があり、そこでは、二日齢のカッコウの雛が七日齢の宿主の雛を追い出していた。カッコウの行動は、自らにも災いがないわけではない。雛は往々にして巣の縁に危なっかしく乗り、翼の基部の感覚で背負っている荷物がなくなったことを確かめるが、湿原でイアン・ワイリーが観察したヨーロッパヨシキリの巣では、一一四回の除去のうち、二回はカッコウの雛自身が巣から落ちていた。

カッコウの雛が宿主の卵や雛を放り出す本能はきわめて強力で、巣の中のものは何であれ我慢がならない。もし、雛のそばに小石や土塊を置けば、雛はすぐさまそれを背中にバランスよく乗せ、巣の外に放り出すだろう。一度、私はカッコウの雛が餌をねだる鳴き声を研究室で録音するため、雛を人工の巣にほんのちょっと入れておいたことがある。巣の保温を十分にするため温度のチェックができるよう、カッコウの横にはサーミスタ・プローブが置かれた。カッコウはすぐにこの過保護に異を唱え、サーミスタ・プローブが巣から持ち上げられ、下の床に落とされたので、記録は突然、大きなガチャンという音で中断された。

排除の本能は四日齢になると消える。このときには、カッコウはたいてい巣を自分のものにしており、残っている雛があっても、あっという間に成長していくカッコウの下になって親たちに気づかれず、つぶされるかただ飢えるだけになるようだ。しかし、ある注目すべき事例では、四羽のコマドリの一腹雛の一日後にカッコウの雛が孵り、丸一日、彼らをどかそうとして諦めた。そのカッコウは、巣立ちまで通常の期間である二〇日間がたってから巣を離れたが、一方、驚いたことに、カッコウの下でなかなか成長しなかったコマドリたちも生き延び、通常より一〇日間遅い二三日齢で巣立ちした。

＊

カッコウの卵は、普通はないような短期間の抱卵で孵化する。平均では、ヨーロッパヨシキリの卵が一二日間、ヨーロッパカヤクグリの卵が一二〜一三日間、マキバタヒバリの卵が一三日間で孵るのに対し、カッコウの場合、宿主の抱卵が必要なのはわずか一一日間だ。したがって、カッコウの雌がタイミングを正しく計り、宿主の抱卵が始まる前の産卵期間に托卵すれば、その卵は宿主の卵の約一日前に孵る。これにより、カッコウの雛には宿主の卵を孵化する前に放り出す時間が十分でき、暴れている宿主の雛を放り出すより仕事が簡単になると思われる。

カッコウの卵はどのようにこれほど早く孵るのだろうか？　カッコウの卵は異様に小さいので、抱卵時間は明らかに短縮するが、それにもかかわらず、宿主の卵より少し大きいことが多いため、その質量から予想されるより一日早く孵化する。それではどうしたら、カッコウの卵の方が最初に孵るのか？　答えは、カッコウの卵は雌の卵管の中で体内抱卵されるため、産卵されたときにはすでに一日早く発生が始まっているということだ。このことは、ジョージ・モンタギューが『鳥類学事典』（一八〇二年）の中で最初に提唱したが、二〇一一年にティム・バークヘッドと同僚が、産卵直後のカッコウの卵の胚を顕微鏡で調べるまで確かなことは明らかにされなかった。カッコウの雌は一日おきに産卵し、排卵は産卵の四八時間前に起きる。卵が完全に形作られるまで、つまり、排卵と受精が起きて卵が殻におおわれ産み落とされるまで、わずか二四時間しかかからない。したがって、カッコウの雌は、産卵までの残り二四時間の間、卵管の中に固い卵を保持している。体内抱卵で生じたこの余分な一日のおかげで、カッコウの雛は最初にスタートを切り、宿主の卵より先に孵ることができるのだ。実際には、抱卵したときの温度は摂氏三六～三七度なのに対し、雌の体内の温度は摂氏四〇度なので、雌の体内に二四時間余分にあることは、孵化までの有利な時間は三〇時間ということになる。

まず、このことはカッコウのもう一つの驚くべきトリックに見える。しかし、托卵しない多くのカッコウも産卵は一日おきなので、これが托卵のためのトリックとして特別に進化したことではなく、托卵するカッコウの祖先からこうだったかもしれない。一日おきの産卵は、たとえば、卵がエネルギーを蓄えるための時間がより多くなるというふうな、他の利点があるかもしれない。托卵するカッコウにとっては、適切な宿主の巣を見つけるための時間も多くなる。鳥が二日間隔で産卵し、もし、卵が完全に形成されてからあと一日、雌の温かい体内にあるとすると、結果的に体内抱卵は必然的に起きる。たとえば、カワラバトは二日間隔で産卵し、その卵にはカッコウの卵と似たような発生が進んだ胚がある。一日おきの産卵も体内抱卵も托卵に特化した進化的適応ではないにもかかわらず、発生においてカッコウのスタートが早いことは、卵が最初に孵り宿主の卵を放り出せるのに役立つ。

*

ダーウィンは『種の起源』の中で、自分の提唱した自然選択による進化論がどのように反論されうるかを示した。

ごくわずかの変化が数多く連続的に累積することでは形成されないほど複雑な器官が一つでも存在するとしたら、私の学説は完全に崩壊する。

（渡辺政隆訳『種の起源（上）』《光文社古典新訳文庫》二〇〇九年）

この基準は、カッコウの托卵の習性のような複雑な行動パターンにも同じように当てはまる。カッコウの雛による注目すべき追い出しは、本当に一段階ずつ、徐々に進化してきたのか？

卵にまつわる軍拡競争については、すでに漸進的進化の証拠を見てきた。宿主は托卵されるまでは防衛力を持たなかったが、その後、宿主の卵の防衛力とカッコウの卵の似具合はともに少しずつ進化してきた。ダーウィン自身が「奇妙で忌まわしい本能」と呼んだ、いわば、カッコウによる巣の同居者の追い出しは、最初の時点ではどんなだったのだろう？　もし、托卵が親の代の祖先から進化したなら、カッコウの雛には殺意の兆候があり、それは普通の家族の生活の中にすでに存在していたはずだ。

衝撃的に見えるかもしれないが、これは実際に存在する。動物の家族は親密だという古い見解は、最近の観察により砕け散った。ほとんどの種の鳥の巣でおなじみなのは、親たちが餌を持ってくると他の兄弟より首を長く伸ばそうとして雛が押し合う光景だ。もし食物が不十分ならば、若い雛は自分より大きな兄弟と競争できずに飢え死ぬ。しかし、年上の雛はときに年下の兄弟をつついたり巣の外に押し出したりしてその死を早めることがあるのが、いまではわかっている。たとえば、ミツユビカモメのコロニーでは、若い雛が巣から半分以上押し出されて下の岩に衝突するのは珍しいことではない。年下のシラサギやカツオドリも、年上の兄弟からいつもつつかれ、巣から追い出されている。いったん巣から出た雛は両親から無視され、寒さや飢えで死ぬ。

両親が自分の雛を育てる種では、強い雛は普通、食物が十分行き渡るだけあれば攻撃性や利己主義を抑える。同じ巣の中の年下の雛は、同じ遺伝子のコピーを分け合う兄弟なので、これは理によくかなっている。これとは対照的に、カッコウの雛は、巣の中の他の雛と遺伝的な利害関係がないので、利己主義が抑制されなくても不利益を被らない。自然選択は簡単な仕事だった。カッコウの利己主義のもとは、家族の普通の生活の一部としてそこにすでに存在したのだ。要するに、食物の得やすさによりときたま起こった巣内の気まぐれな殺害が、いつも決まって起こる殺害へと進化してきたということだ。

＊

カッコウによる宿主の卵や雛の捨て方は、残酷に見えるかもしれない。しかし、寒さや水没による宿主のこの死は、アフリカでの別の一腹雛への寄生と比べれば痛みが少ない。ミツオシエ科に属する一七種から成っている。彼らは小さく、森林や疎林の中の目立たない鳥だが、その中のノドグロミツオシエという種は人間を蜂の巣へ案内することで有名で、これが科名の源である。しかし、この見かけは性質の愛らしいこの鳥にはもっと暗い一面がある。それは、これまで研究されてきたミツオシエは全種がカッコウのような習性を持っているということだ。中でもノドグロミツオシエが最もよく知られている。この鳥は、ヤツガシラやハチクイのような穴に巣を作る種に托卵する。ノドグロミツオシエの雌は、カッコウとまったく同じように宿主の巣に卵を一つ産む。ミツオシエの雛は、孵ったときにすでに上下両方の嘴《くちばし》の先端にもう鋭い鈎《かぎ》がついており、すぐさま使える武器を持っている。この雛はいつも一羽だけで育てられ、その脇には刺し傷のついた宿主の雛たちが巣の中で見つかっていたので、この鈎は宿主の雛を殺すのに使うに違いないと以前から考えられていた。だが、殺害は暗い巣穴の中で起きるので、最近までそれを見た人はまったくなかった。

二〇一二年、クレール・スポッティスウッドとジェローン・クーリヴァーは、ザンビア南部においてノドグロミツオシエのおもな宿主であるヒメハチクイの巣の中に赤外線カメラを置き、この殺害をはじめて画像に収め、そこから得られた観察の結果を発表した。ヒメハチクイはしばしば、ツチブタが地下深くに掘った穴の中に巣を作る。巣部屋は長さ約〇・五メートルの狭いトンネルの行き止まりにあり、それは、ハチクイが地面から三〇～五〇センチぐらいの場所に、自分たちで分枝として掘ったものだ。画像撮影に必要不可欠であった野外ならではの技術は、クレールの野外生物学者としての聡明さに、地元の農夫の穴掘りの技《わざ》が結合したものだ。農夫は、主食のトウモロコシによく合い「肉の風味」を持つネズミの巣を探すときに固い地面を掘ることに慣れていた。長い草の茎がハチクイのトンネルに差し込まれて行き止まりの巣部屋に達し、それ以上入らなくなったところで長さが計られる。それから、草をトンネルの上の地面に置いて正確な距離を印し、マトック(つるはしに似たくわ)を使って縦穴を巣まで注意深く掘り下ろす。

ミツオシエに托卵されていたのは巣のうちのわずか三〇パーセントなので、穴掘りチームはしばしば失望した。掘るのが遅すぎて、すでにハチクイの雛の死骸に囲まれているミツオシエの雛が見つかることもあった。一度、ブラックマンバという人が噛まれると致命的なヘビに出会ったこともあった。しかし、タイミングがよかった五つの巣では、孵ったばかりのミツオシエの雛が、いまちょうど孵ろうとしている宿主の雛と一緒にいるのが見つかった。クレールたちは、地表のデジタルレコーダーにつながれた赤外線カメラを巣部屋の一番奥に置き、近くのシロアリの塚から切りとってきた厚い塊を縦穴の屋根にして、ゾウのふんでそれを隠し、それから地元の子供たちにお金を払い、設備が盗まれないように守り続けてもらった。

この映像について説明し「暗闇での一刺し」と題された論文は、どんなホラー物語にも等しいくらい背筋が凍る。ミツオシエの雛は普通、宿主の雛の数日前に孵るが、目はまだあかず、巣穴は完全な暗闇の中なので、攻撃がまったく触感だけで行なわれる、目が見えない状態での殺害だ。実際、雛は人の手も攻撃し、顎が非常に強いので、嘴の先端でつかまって指からぶら下がることができる。宿主の雛は孵化の直後から攻撃される。ミツオシエは、嘴の先端を使って宿主の雛をとらえ、その後、獲物を一度につき四分間にもわたり繰り返し噛んでは振り回す。噛みつくことで傷口が開くことはほとんどないが、皮膚の下は大出血し、ひどいあざになる。宿主の雛たちは攻撃をまったく避けようとせず、まもなく餌を求めなくなる。最初の攻撃から死ぬまでの間は、九分から一七時間以上にわたる。

ハチクイの両親は、暗闇の中のこの恐るべき出来事を見ることはできず、何も介入しない。画像には、ミツオシエの雛が自分たちの雛をつかまえて振り回し、死なせている間も、その雛に餌をやっているのが映っている。

おそらく、ミツオシエの雛は、穴の奥深くにある巣から宿主の雛を放り出すのが難しいので、放り出さずに刺してとり除くのだろう。しかし、嘴の鈎は、それ以前の前駆体は何だったのか？　驚くことに、これらの武器は育ての親の種でもハチクイとカワセミの二種に見つかっており、雛たちは食物が不足しているときは兄弟を攻撃して殺す。嘴の鈎はミツオシエの雛のものよりは短く、下嘴の上部にしかない。ここでもまた、托卵鳥の特別な適応では、普通の家族の生活の中での前駆体が自然選択により単純に強調されて進化したものである。

＊

さて、ウィッケン・フェンと、ヨーロッパヨシキリの巣で孵ったばかりのカッコウの雛に話を戻そう。その皮膚は明るいピンク色で、喉はオレンジ色、舌に斑点はない。ヨーロッパヨシキリ自身の雛はそれより小さく、皮膚は黒色、喉は黄色、舌には黒く目立つ斑点が二つある。大きさ、色、斑点の相違は、ヨーロッパヨシキリが自分のとは似ていない雛を排斥する手がかりである。確かに、彼らはカッコウの雛の排斥にいまこそ同じ手がかりを使うべきだ。だが、それはしない。なぜだろう？

一つの可能性は、カッコウは宿主の卵が孵る前にそれをとり除くので、宿主はカッコウの雛と自分の雛を比較する機会がめったにないということだ。しかし、カッコウの方が孵るのが遅く、比較の対

孵ったばかりのノドグロミツオシエの雛は、嘴の先端に鋭い鈎がある。Photograph taken by Claire Spottiswoode, in Zambia.

ノドグロミツオシエの雛が鋭い鈎を使い、宿主のハチクイの小さな雛を刺し殺している。Photograph taken by Claire Spottiswoode, in Zambia.

象となる宿主の雛がいる場合でも、宿主はカッコウを排斥せず、カッコウが自分の雛を排除してもそこに決して介入しない。

マイク・ブルックと私は、ヨーロッパヨシキリにもう一度自分の雛とカッコウの雛を比較するチャンスを実験で与えた。彼らの巣の隣に、竹の杖で支えた二つ目の巣を縛りつけたのだ。自分の一腹雛に餌をやっているつがいには、隣の巣にいたカッコウの雛が与えられ、一方、カッコウに餌をやっているつがいには、隣の巣にいたヨーロッパヨシキリの一腹雛が与えられた。そして一時間観察し、それから二つの巣の中身を入れ替えてさらに一時間観察し、彼らの好みは特定の巣に対して示されるのか、あるいは、特定の中身に対してなのかを調べた。ヨーロッパヨシキリは、おそらく、葦が伸びたり風に飛ばされたりして巣の周辺が変化することに慣れているのだろう。自分たちの巣が実験的に操作されることに見事な寛容さを示した。そのため、両親は素早く戻り、再び雛に餌をやりはじめた。親たちは二つの巣の上にとまって二組の雛を見下ろし、それからどちらの雛であれ、一番餌をねだったものに餌をやった。巣に対しても、中身に対しても、全体として好みの差はなかった。そばに、比較対照となる自分たちの雛がいるときですら、親たちはカッコウに餌をやることをこれらの実験は示している。

カッコウは、自分の卵が受け入れられるようだましの術を頼みにする一方、雛の段階での別のだまし、すなわち「操作」をも頼みにしているのではないかと、リチャード・ドーキンスとジョン・クレブスは示唆している。宿主がカッコウの雛にあらがうことができないのは「薬物中毒者が薬物にあらがうことができない」のと同じかもしれないと提唱したのだ。この考え自体は面白く、ほとんど信じそうになるほど魅力的だ。だが、ヨーロッパヨシキリは、他の種の雛も、その外見が奇妙でもすぐに受け入れ、自分たちの雛の隣で育てることがわかった。たとえば、ヨーロッパカヤクグリの雛を一羽入れても自分たちの一腹雛の中に受け入れた。ヨーロッパカヤクグリの雛は、カッコウの雛と同じようにピンク色の肌とオレンジ色の喉で、黒色の肌と黄色の喉のヨーロッパヨシキリの雛とはまったく似ていない。奇妙な卵を排斥するカッコウの他の宿主たちも、奇妙な雛を受け入れる。

これらの実験は、薬物の比喩が正しくないことを示唆している。カッコウの雛は受け入れを誘発する特別な刺激を何も必要としない。カッコウの宿主は自分の雛と似ていない雛を単に排斥できないだけで、巣の中で餌をねだる口にはすべて餌をやっている。このことは、なぜ、カッコウの雛が宿主の雛と外見が似ていなくてよいかの説明になる。だが、謎はまだ残っている。カッコウの宿主は奇妙な卵は排斥するのに、なぜ、奇妙な雛は排斥しないのか?

一つの可能性は、宿主にとっては、卵というもっと早い段階で排斥する方がずっとよいということだ。もし、カッコウの卵を排斥すれば、残りの一腹卵が救われ、とり戻せないのはカッコウの雌が托卵の際にとり除いた卵だけだ。シーズンに間に合うなら、たとえ托卵された一腹卵を放棄しても、宿主にはまだ代わりの一腹卵を育てるチャンスがあり、運がよければカッコウから逃れられるかもしれない。のちに雛の段階になってからの排斥では、どちらの点でも利点が少なく、カッコウの雛はすでに一腹雛を滅ぼしていそうだし、シーズン中に代わりの一腹雛を育てる時間は少なくなる。

それにもかかわらず、ウィッケン・フェンのヨーロッパヨシキリはカッコウの卵の八〇パーセントにだまされている。明らかに、雛の段階での二番目の防衛は、それにより、巣立ち前のカッコウの雛に三週間餌をやり、さらに二週間、巣立ち後の雛に餌をやるという重労働をしなくてすむことだけでも利益がある。

二つ目の理由は、よそ者の雛に気づくのは、よそ者の卵に気づくより難しいかもしれないということだ。卵の外見は抱卵中ずっと完全に同じだが、雛の外見は成長とともに劇的に変わる。ヨーロッパヨシキリの雛は孵ったときは皮膚がむき出しで黒いが、数日後に羽が生えはじめると茶色になる。さらに、宿主の雛たちは一日か二日かけて孵ることも多いので、自分の一腹雛でも巣の中に年齢の異なる雛がいて、そうすれば大きさも外見もかなりまちまちだろう。さまざまな姿の中からよそ者を見つけ出すのは簡単ではないかもしれない。

しかし、この主張もあまり説得力がない。宿主が使える単純なルールはまだいくつかある。たとえば、舌に斑点のある雛だけに餌をやるヨーロッパヨシキリがいたとしたら、カッコウの雛にだまされて餌をやることは決してないだろう。

一九九三年、アーノン・ロテムは、なぜ、カッコウの宿主はいつもよそ者の雛を受け入れる運命にあるのかに対し、巧妙な答えを提唱した。宿主はどうやって自分の雛を認識できるようになるのか？

答えは、卵の認識と同様、学習が絡んでいるようだ。学習は卵の段階ではうまく機能することは、すでに見てきた。宿主は不運にも、一腹卵の最初の産卵のときに托卵されることが時たまあり、この場合は、自分の卵もよそ者の卵も両方とも、自分の一腹卵に属すると学習する。だが、将来、これらの個体がだまされてよそ者の卵の型を受け入れるようになったとしても、多くの場合、托卵されることはなく、したがって、めでたく自分の雛を育てることができるので、この誤った刷り込みの代償もそれほどひどいものではない。

しかし、ここで、もしカッコウの宿主が同じ学習過程を雛にとり入れたら何が起こるか想像してみよう。もし、不運にも最初の一腹雛で托卵されていたら、宿主はカッコウの雛だけを見ることになる。いまや、刷り込みの誤りの代償ははるかに大きい。宿主がカッコウの雛を刷り込んだら、彼らは将来のいかなるときも托卵されていない巣の自分の雛を排斥してしまうのだ。そこで、雛は一切刷り込まず、巣の中の雛は何であれただ受け入れる方がよいことがわかる。そして、これがまさにカッコウの宿主たちが行なっていることのようだ。したがって、宿主は結局、自分の雛に全然似ていないカッコウの雛を受け入れる。

よい考えは妙なときに訪れることがある。アーノンは、ある夜映画館で列に並んで待っていたとき、突然この説明を思いついたと私に話した。それで私は、カッコウの雛はなぜ宿主の雛に似なくてよいかの理由はこれに違いないと一〇年間思っていた。だが、美しい理論は新たな観察の反証に遭うことがある。二〇〇三年以来、カッコウの宿主は誤った刷り込みという潜在的な罠を逃れられることを、オーストラリアでの調査が示してきた。宿主は自分に似ていない雛を排斥し、カッコウはそれに応じ、雛を似せるよう進化したが、これはいわば、宿主自身の雛に外見も声も完全にそっくりな雛である。

＊

ユーラシア大陸のカッコウが春を告げる者であるのと同じように、オーストラリアでも、春を告げるカッコウの絶え間ない鳴き声はおなじみのもので、アボリジニの人々にとっては、卵をとる「ヌガウ」の季節（九月から一〇月）の印である。オーストラリアのアボリジニのある伝説は、創造者のビヤミーが「夢の時」にすべての鳥を作り、その後、巣の作り方、卵を産む時期、雛の面倒の見方を鳥たちに教えたことを伝えている。すべての鳥たちはビヤミーに従ったが、カッコウだけは別で、ただ歌を歌いたがった。この伝説によると、他の鳥たちはカッコウの怠惰な振る舞いに文句を言い、彼らを遠い北へ追いやった。そのときからカッコウはいつも北に住んでいたが、春のたびに南に戻ってきて、他の鳥の巣に卵を産んだ。それで、カッコウは歌を歌いながら過ごし続け、毎年、若鳥たちも「夢の時」の記憶に導かれて北へ飛んだ。この伝説はカッコウの托卵の習性と季節的な渡りの両方を説明している。

オーストラリアには托卵するカッコウは一〇種いる。その中に、テリカッコウという、スズメの大きさで緑か青銅色の玉虫色の羽を持ち、腹部に縞のある小型のカッコウが三種いる。テリカッコウの雛はカッコウとまったく同じように振る舞い、先に孵って宿主の卵をとり除く。しかし、カッコウの雛とは見事に対照的に、孵化直後のテリカッコウの雛は宿主の雛にそっくりだ。

テリカッコウの小さな雛は、宿主のセンニョムシクイ（オーストラリアのヨシキリ）の雛のように皮膚が黒い。

ヨコジマテリカッコウは、宿主のトゲハシムシクイの雛のように皮膚が黄色い。

マミジロテリカッコウは、宿主のルリオーストラリアムシクイの雛のように皮膚がピンク色である。

これらのカッコウの雛たちは、口の色も、綿毛のような羽毛も、それぞれの宿主の雛に似ている。餌をねだる鳴き声も宿主の雛の声のようだ。雛の段階での宿主の防衛から軍拡競争がエスカレートし、カッコウは雛も似せることになったのか?

キャンベラのオーストラリア国立大学のナオミ・ラングモアとケンブリッジ大学のベッキー・キルナーは、テリカッコウの宿主が自分の雛とは異なる雛を実際に排斥することを最初に示した。キャンベラ周辺の樹林草原でマミジロテリカッコウのおもな宿主であるルリオーストラリアムシクイを調査したのである(ルリオーストラリアムシクイの英語名 superb fairy-wren の superb は素晴らしいという意味だが、実際それは素晴らしく、雄の青い玉虫色の羽はめくるめく美しさだ)。これらのカッコウの雛は、餌をねだる鳴き声がルリオーストラリアムシクイの雛とまさに同じで、皮膚も尻も——尻はルリオーストラリアムシクイの雛より灰色がかっているが——同じようにピンク色だ。それなのに、ルリオーストラリアムシクイは、四〇パーセントのカッコウの雛を孵化してから数日間以内に放棄した。ルリオーストラリアムシクイは、雛の皮膚が黄色で餌をねだる声も異なるヨコジマテリカッコウに托卵されることも時にあるが、この雛たちはいつも捨てられる。このことは、宿主は、自分のとは似ていない雛を排斥する際、見た目や鳴き方を手がかりとすることを示唆している。

ナオミとベッキーは、ルリオーストラリアムシクイは雌がいつも最初にカッコウの雛を捨てることを発見した。雌は一度そう決めると、新たな巣を近くに作りはじめる。しかし、ときにこの決断は困難なようで、雌は巣に向かって飛んできてその前に座り、数分間カッコウを見つめ、その後餌を食べにいくため飛び去ったが、すぐに戻ってきてもう一度カッコウを見つめた。ある雌はこれをしばらくやってから飛び去り、新しい巣を作るためのクモの巣を集めはじめたが、その後戻ってきて結局カッコウの世話をもう一度始め、雛が独り立ちするまで育て続けた。ルリオーストラリアムシクイの雄は、いま起きていることを理解するのがときにやや遅く、雌が雛を見捨てたあとにもさらに数時間、あるいは、一日二日間、カッコウに餌をやり続ける。しかし、いったん雌が新たな一腹卵のために交尾を求めだすと、雄もすぐ雌に注意を向けてカッコウを見捨てる。

このような放置を発見するには注意深い観察が必要である。というのも、カッコウの雛がいったん見捨てられると、巣にはあっという間に肉食性のアリたちが侵入し、まだ生きているうちから雛を食べはじめるからだ。数時間後、宴のあとには何も残らない。したがって、巣が翌日まで確認されなければ、観察者の見るものはヘビに捕食されたときに典型的な空っぽのきれいな巣だけである。

一回の繁殖の試みの中でマミジロテリカッコウの巣立ち前の雛を受け入れたルリオーストラリアムシクイは、結局、後日、巣の中の自分の雛を見捨てることはなく、したがって、誤った刷り込みの問題を回避したことは明らかだった。さらに、ルリオーストラリアムシクイは自分たちの雛で経験を積むと、カッコウを排斥することが多くなるようだった。このことから、学習は雛の認識と関係があるが、宿主は、自分の雛を確実に学習できる手がかりに的を絞る性質が何かあるはずだということが示唆される。だが、その手がかりが何かはまだわかっていない。

アカメテリカッコウの宿主のセンニョムシクイも、カッコウの雛が自分の雛と外見がよく似ていても排斥することがある。排斥の仕方は劇的だ。雛を嘴でつまみ上げ、まだ暴れているうちに巣から放り出すのだ。

*

もし、オーストラリアのこれらの宿主がカッコウの雛を排斥できるなら、なぜ、カッコウの宿主はそうしないのか？　一つの可能性は、オーストラリアの方がカッコウと宿主の軍拡競争が昔からあるため、進化の時間がもっと長かったということだ。ＤＮＡの類似性から、イギリスの三つの托卵系統のカッコウの共通の祖先（三つは、マキバタヒバリ、ヨーロッパヨシキリ、ヨーロッパカヤクグリに特化している）は、約八万年前にさかのぼると概算されている。それとは対照的に、オーストラリアのテリカッコウははるかに古い種で、数百万年間、宿主との相互関係を経験してきたと思われる。これにより、進化は卵をめぐる軍拡競争を越して、雛の段階での防衛とだましに進む時間ができたのかもしれない。

　オーストラリアの宿主では、軍拡競争がなぜ雛の段階にまでエスカレートしたかには、もう一つ適切な理由がある。それは、テリカッコウが卵の段階でこれらの宿主を負かしてきたと思われるということだ。ルリオーストラリアムシクイは草を大ざっぱにドーム型に編んだ巣を作り、巣は丈の低い植生の中にうまく隠れている。卵はピンクがかった白色で、赤褐色の細かい斑点がついている。巣の横には大きな穴の入り口があり、中の卵が見えることもあるが、卵の刻印は、口の開いた椀型の巣のようにははっきりと見えない。マミジロテリカッコウの卵は、色も大きさもルリオーストラリアムシクイの卵に見事にそっくりだ。ルリオーストラリアムシクイは、カッコウが巣にいるのを見て一腹卵を丸ごと放棄したとしても、カッコウの卵は決して排斥しないことを、ナオミ・ラングモアとベッキー・キルナーは発見した。ドーム型の巣の中は暗いので、きわめてよく似たカッコウの卵を認識する能力は危うくなるようだった。もし、托卵されたことを宿主が知っていたとしても、どの卵がカッコウの卵かは確信が持てない。最もよい策は巣を放棄して新たな巣から始めることだった。

　ルリオーストラリアムシクイ（テル・テル）はマミジロテリカッコウ（ウール）の卵を排斥しない

ことを、アボリジニの人々はこのような科学的調査のはるか前から明らかに知っており、これは、自然界に対し深い知識を彼らが持つことの素晴らしい証拠だった。その伝説によると、卵の排斥は鳥のルールに反するという。科学は、この鳥のルールがなぜ進化したかをいまでは説明できるようになった。

トゲハシムシクイとセンニョムシクイの巣ははるかに暗いドーム型で、それぞれに托卵するテリカッコウ（ヨコジマテリカッコウとアカメテリカッコウ）は、これらの宿主を卵の段階で排斥するのに役立つ目覚ましいトリックをもう一つ持っている。宿主は、巣が暗い種に典型的な、白色で斑点のある卵を持つ。白色の卵の方が見えやすいはずで、このことは、宿主が抱卵期間中、孵化の兆候をチェックするため卵をひっくり返したり、空っぽの殻を巣からとり除くのに役立つ。これとはまったく対照的に、ヨコジマテリカッコウとアカメテリカッコウはオリーヴがかった焦げ茶色の無地の卵を産み、暗い巣の中ではとても見えにくい。明かりの助けを借りてカッコウの卵を注意深く探す研究者たちでさえ、しばしば卵を見落とし、指先に余分な卵が触れてはじめて巣の托卵に気づく。カッコウの卵は普通とは違い、茶色の色素は殻の内側の基質よりも外側に厚くつき、湿った布でこすり落とせる。トゲハシムシクイもセンニョムシクイもカッコウの卵を排斥しないので、これらの色の濃い卵は宿主を負かしてきたようだ。ドーム型の暗い巣の中で、自分の卵に似ていたり目立たなかったりするカッコウの卵を見つけだせず、いったん卵の段階で敗れたオーストラリアの宿主たちは、代わりに雛の段階で防衛するように進化したのかもしれない。

なぜ、ユーラシア大陸の温帯では宿主がカッコウの雛を排斥しないかについては、説明に役立ちそうな要因がもう一つある。つまり、彼らは繁殖をもっと急いで行なうので、オーストラリアの宿主のように雛の段階で厳密に識別する余裕はない。ヨーロッパヨシキリの成鳥で、次の繁殖期まで生存するものは五〇パーセントしかなく、したがって、その半数は短いひと夏しか雛を育てることがない。これまで見てきたように、カッコウの雌から巣を守り、奇妙な卵が巣の中にないか注意深く探せば、それは、自分の卵が滅ぼされないよう守ることになるので割に合う。だが、雛が孵るころにはシーズンは後期にさしかかり、もう一度繁殖を試みる機会は少なくなっている。したがって、遅い時期には、巣の中で餌をねだるものは何であれひたすら懸命に世話をするのが最良なのかもしれない。オーストラリアでは、ルリオーストラリアムシクイもトゲハシムシクイもはるかに長生きで、次の繁殖期までに七〇～八〇パーセントの成鳥が生き延びる。両者にとっては、雛が孵り、繁殖サイクルの後期になっても注意深いのは割に合うかもしれず、それというのも、彼らは生き延びて翌年もう一度繁殖するチャンスがかなりあり、そのときには、巣の中にカッコウの雛がいない確率がもっと高くなるかもしれないからである。

# 第10章

# 餌ねだりのトリック

7日齢の5羽の一腹雛に餌をやるヨーロッパヨシキリ。
——ウィッケン・フェン、2014年6月22日。

ウィッケン・フェンの葦の中に静かに座り、巣立ち前の雛たちに餌をやるヨーロッパヨシキリのつがいを見ると、もう一つの世界が経験できる。

そのための最もよい方法は、何本かの葦を縛って〔見通しのきく〕狭い道筋を作ることであり、こうすれば土手から巣が観察できる。いったん深く腰を下ろせば、ヨーロッパヨシキリの親の目や耳に映る視界と音が感じられるのだ。すなわち、垂直に立つ葦の茎と長い槍のような葉からなる深緑の森林、ときたま明るく輝く黄色いハナアブ、メタリックな赤色の甲虫や群青色《ぐんじょういろ》のイトトンボ、下の水面に浮かぶスイレンの白や黄色の柔らかな輝き、無風の中で昆虫がウーンとかブーンと立てる穏やかな音、カワカマスから突然立つ水しぶき、近くを泳ぐバンのコッコッという声、クイナのキーッという声、あるいは、頭上を横切るヨーロッパチュウヒの影だ。すると、ヨーロッパヨシキリが空腹の雛たちに獲物を集め、それからときおり雛を保温しようとして急いでいるのがわかるが、その間ずっと、葦のヒューッという音や古い葦の茎が日ざしの中で乾燥して大きな音を立てて折れる背景音に危険の徴候が混じっていないか注意し続けている。この深遠でひそやかな世界に数時間ひたると、立ち上がって、人間の視野から見た湿地――広々とした空や遠い地平線――にもう一度触れるのは衝撃である。

ウィッケン・フェンで、ヨーロッパヨシキリは、巣の中にカッコウの雛がいても何も不適切なことはないかのように振る舞い、まるで、自分の一腹雛の世話をしているみたいにカッコウに餌をやり、カッコウを保護する。運ぶ餌は同じで、おもなものは、小さいハエなら嘴《くちばし》いっぱい、イモムシ、蛾、蝶、カワトンボ、ハナアブ、フンバエのような大きい餌なら一匹だ。カッコウの雛一羽に持ってくる餌の量も、同じ歳のヨーロッパヨシキリの平均的な一腹、つまり四羽分とほぼ同じである。唯一の違いは親に依存する期間が長いことで、宿主の一腹雛は、巣立ちまではわずか一一日間、巣立ち後は一二日間なのに対し、カッコウは、巣立ちまでは一七〜二〇日間、巣立ち後はさらに一六日間ある。

パラッキー大学のトマス・グリムはチェコ共和国での研究で、ヨーロッパヨシキリが約一五日齢の巣立ち前のカッコウの雛のうち一六パーセントを放棄することに気づいたが、これは、自分の雛の場合に普通予想される期間を明らかに超過している。しかし、一腹雛を別の巣の年下の雛からなる一腹雛に置き換える実験により、巣立ちまでの期間を通常より延長させたときも、ヨーロッパヨシキリの一腹雛は似たような割合で放棄されることがわかったので、この反応はカッコウに対する防衛として進化したものではないようだ。したがって、カッコウの雛がときたま見捨てられるのは、おそらく、自分たちの雛の中でなかなか育たず、生き延びられないと思われるものを養い続ける犠牲を払わないようヨーロッパヨシキリがとる行為の副産物と思われる。

これとは対照的に、私たちのウィッケン・フェンの記録では、ヨーロッパヨシキリがカッコウの雛を見捨てたことは、巣立ち前の期間が延びたときでもまったくなかった。それでは、カッコウの雛は、どのようにしてヨーロッパヨシキリの育ての親たちが自分たちの一腹雛のときと同じように懸命に働くよう一羽で仕向けるのだろう？　レベッカ〔ベッキー〕・キルナー、デイヴィッド・ノーブルと私はふた夏を費やしてさまざまな実験をして、この疑問を解こうとした。

まず、カッコウの明るいオレンジ色の喉が宿主の注意を引く鍵ではないかと考えた。これは、スペイン南部でカッコウが好む宿主のオタテヤブコマドリの場合は間違いなく当てはまる。コト・ドナナ保護区生物学研究所のフェルナンド・アルバレスは、無害の食品用着色料を使い、普通なら黄色いオタテヤブコマドリの巣立ち前の雛の喉を明るいオレンジ色にした。すると親鳥たちはたちどころに、もっと多くの餌を持ってきた！　したがって、これらの宿主にとり、巣立ち前のカッコウの雛のオレンジ色の喉は、親鳥たちが普通予想する色の喉よりも反応を強める「超刺激」として働く。ヨーロッパヨシキリも、巣立ち前の雛の喉は黄色い。だが、食品用着色料を使って喉をオレンジ色にしても、ヨーロッパヨシキリの親たちはもっと多くの餌を持ってこなかったし、喉の黄色い一腹雛にオレンジの雛が混じっていてもその雛を好むことはなかった。したがって、ヨーロッパヨシキリに対しては、オレンジ色の喉は超刺激にならない。

次に、宿主はカッコウの雛の大きいことで刺激を受けるだけかもしれないと考えた。もしそうなら、他の種でも雛が大きいと、カッコウとまったく同じように餌が与えられるはずだ。私たちは許可を得て実験を行ない、このことを検証した。すなわち、ヨーロッパヨシキリの一腹雛をクロウタドリの雛一羽に、一時的に数時間だけ入れ換えた（その間、ヨーロッパヨシキリの一腹雛は人工的な巣に入れて保温し、餌を十分与えた）。もし、ヨーロッパヨシキリの親の餌やりが巣の中の雛の大きさで決まるなら、親たちはクロウタドリ一羽に対しても、同じ重さのカッコウ一羽と同じだけの餌を持ってくるはずだと予想した。

ヨーロッパヨシキリが雛を持つのはむしろ遅く、六月から七月ごろであるが、そのころにはクロウタドリの繁殖はほとんど終わっている。そのため、実験に使う雛をそこから一羽拝借したいと思う一腹雛を見つけるのは困難な仕事だった。さらに現実的な問題は、クロウタドリの雛はヨーロッパヨシキリの巣の中でうずくまり餌をねだろうとしなかったため、実験が最初はうまくいかなかったことである。その後理由がわかった。クロウタドリは、風の中で揺れる巣ではなく、藪の中の安定した巣に慣れていたのだ。それで私たちは、巣を支えている葦を泥の中に立てた竹竿に縛り、巣を固定した。一度巣が安定するとクロウタドリの雛は申し分なく餌をねだりはじめ、ヨーロッパヨシキリはすぐにそれに応じて餌をやった。だが、いくつかの巣でこの実験をした結果、クロウタドリは同じ重さのカッコウの雛と比べて餌をもらう量がはるかに少ないことがわかった。(実験が終わると、もちろんクロウタドリの雛は正しい巣に戻され、ヨーロッパヨシキリには自分たちの一腹雛が戻された。両親は、子供たちが科学に与えた貢献には気づかず、異常なことは何も起こらなかったかのように雛たちの面倒を見続けた)。

明らかに、カッコウの体が大きいだけでは、ヨーロッパヨシキリが十分な餌を持ってこさせるようにさせる十分な刺激にはならない。そのとき私たちは、親たちは雛たちをただ見ているだけではなく、声も聞いていることに気づいた。ヨーロッパヨシキリの雛は餌をねだるとき、高い声で「ツィ……………ツィ」と鳴く。カッコウは、餌をねだるときの鳴き方がはるかにせわしなく、「ツィ、ツィ、ツィ、ツィ」だ。事実、カッコウの鳴き声は私たちの耳には一羽の雛の声というより、空腹の一腹雛全員のように聞こえた。この声によるだましが、カッコウを自分の一腹雛のように扱うよう宿主を駆り立てているのか?

このことは、ヨーロッパヨシキリの巣にクロウタドリの雛を一羽入れる実験をもう一度行なって検証したが、今度はクロウタドリに助けの手がさしのべられた。巣の隣に小さなラウドスピーカーを置き、クロウタドリが餌をねだったときは必ず、カッコウの餌ねだり声*をスピーカーから流したのだ。餌をねだる叫び声が加わると、ヨーロッパヨシキリたちは素早くその声のところに行き、餌集めをはるかに活発に行なうようになった。この実験はいくつかの巣で行なわれ、結果は明らかだった。カッコウの餌をねだる声の刺激が加わると、宿主はクロウタドリに、同じ重さのカッコウのときと同じくらい餌をたくさん持ってきたのである。さらに実験を行なうと、ヨーロッパヨシキリの一腹雛の声を流しても刺激の効果は同じであることがわかった。したがって、カッコウの熱狂的な鳴き声が宿主の空腹な一腹雛の声のように聞こえることが、まさに鍵だったのだ。クロウタドリの雛自身は、私たちの放送に反応してもっと多くの餌をねだることはなく、したがって、ヨーロッパヨシキリをもっと懸命に働くよう駆り立てたのは間違いなくカッコウの声であるというのは、重要な発見だった。

のちに私たちは、この検証を行なったのは自分たちが最初だが、アイディアを思いついたのは最初ではないことを知った。一七四三年、原著はドイツ語で、翻訳版のタイトルが『有翼の神学――鳥類をより身近に考察することにより、人類の創造主への賞賛、愛、崇拝の念を喚起する試み』という本が出版されていた。著者のJ・H・ツォーンは明らかにカッコウをよく考察していた。ツォーンは以下のように書いた。

カッコウの雛は、宿主の巣立ち前の一腹雛と同じくらい大きな声で叫ぶ。その理由は、育ての親による給餌を増やすためだ。

ツォーンは私たちに二五〇年以上も前に勝っていたのだ！

＊

数学者でもあり哲学者でもあったアルフレッド・ノース・ホワイトヘッドは、一九二六年に書かれた小論文の中で、すべての自然哲学者を導くモットーは「簡潔を求めながらもそれを信用するな」であるべきだと提唱した。カッコウが、卵は見た目を似せ、雛は声をまねて宿主をだますという考えは、なんと素晴らしいものだったか！　だが、この説明は簡潔すぎる。事実、一週齢のカッコウの雛が餌をねだるときの鳴き声の回数は、一週齢のヨーロッパヨシキリの一腹雛四羽の鳴き声と同じくらいである。だが、カッコウがさらに成長すると鳴き声の回数はさらに増え、二週間たつころにはヨーロッパヨシキリの二腹雛分に等しくなる。それでも、与えられる餌はずっと四羽の一腹雛分ぐらいだ。

カッコウは成長するにつれ、なぜ、ますますせわしなく鳴かなければならなくなるのだろう？　雛の鳴き方は、単に声が宿主の一腹雛に似ているというだけでなく、もっと微妙でかつ興味深いものがあると発見したのは、ベッキー（レベッカ）・キルナーだった。ヨーロッパヨシキリは自分の一腹雛に餌をやるとき、餌をねだる口の広さの総計という視覚的手がかりと、一腹雛が餌をねだる鳴き声の回数という声の手がかりの両方に反応する。視覚的手がかりは、どのくらいの餌を持ってくるかの大まかな指標を両親に与えるが、それは、雛の数（雛が多ければ口も多い）と、雛の日齢（年上ならば口が大きい）に関連しているからだ。そして両親は、声の手がかりにより、雛の空腹度に応じて（空腹の雛の方がせわしなく鳴く）給餌を微調整することができる。したがって、もし、雛の数が多いか日齢が上ならば、ヨーロッパヨシキリはもっと一生懸命働き、雛の鳴き方がせわしなくなれば懸命の度合は増す。

カッコウの雛はどのようにこのシステムを編み出したのか？　カッコウの雛は、ヨーロッパヨシキリの雛四羽分の餌を必要とする。問題は、餌をねだる口を一つしか見せられないことだ。もちろん、カッコウの雛の口は、ヨーロッパヨシキリの雛の口よりずっと大きい。だがこれは、宿主が雛の必要とする量を測定するのに用いる視覚的刺激である、ヨーロッパヨシキリの雛四羽分の口を足した大きさよりは小さい。雛たちが歳をとり、体が大きくなるにつれて、カッコウの雛の持つ視覚的刺激である一つの口は、同じ歳の宿主の一腹雛四羽分の口と比較するとずっと小さくなっていく。カッコウのトリックは、この視覚的刺激がどんどん不足していくことを、声の信号を強化して埋め合わせることである。一週齢のときは、ヨーロッパヨシキリの一腹雛四羽と同じ回数だけ鳴けば十分だが、二週齢になると、宿主に十分な餌を持ってこさせるには空腹の雛が八羽いるように鳴く必要がある。

したがって、カッコウの雛の餌ねだりのテクニックは巧妙で、宿主が自分の一腹雛を育てる際の視覚的な手がかりと声の手がかりの統合のさせ方に照準を「ぴたりと」合わせている。巣立ち前のミツオシエは嘴の鈎を使って宿主の雛を殺すが、数羽分の雛のような声も出すので、餌をねだるせわしない鳴き方は、托卵により一羽で育てられる鳥たちにはだましの常套手段かもしれない。

自然の創造の豊かさには、本当に驚嘆させられることがある。日本では、ジュウイチもこれと同等のトリックを持つが、餌をねだるときのディスプレイで視覚的要素を誇張することを立教大学の田中啓太と上田恵介が発見した。このカッコウの雛には両方の翼の下側の皮膚に、喉と同じ色の黄色い斑紋がある。宿主（オオルリ）が餌を持ってくると、このカッコウはたいてい口の横で片方の翼の斑紋を見せ、そうすると、巣には空腹な口が一つではなく二つあるように見える〔口絵12〕。もし、雛がとても空腹なら両方の翼の斑紋を見せ、すると今度は、空腹な口が三つあるように見えるのだ！　宿主は翼の斑紋に向かって餌をやることもある。田中と上田が翼のシミを黒くしたところ、宿主の持ってくる餌は少なくなることがわかった。おそらくこのカッコウは、雛が何羽かいるように鳴き声を立てる声のトリックよりも、雛が何羽かいるように見せる視覚的トリックを使うが、その理由は、宿主の巣が、音から位置を突きとめる捕食者にとくに弱いからだ。

近寄って見れば、それが自分の一腹雛ではなく、一羽のカッコウであることが明らかにわかるはずなのに、親鳥たちがかくも単純な声と視覚の信号にだまされるのは、驚くべきことに思えるかもしれない。私たちは、よもやそう簡単にはだまされないという自尊心があるかもしれない。だが、私たちだって、毎日広告により同じように操作されている。私のお気に入りの例は、メリッサ・ベイトソンと同僚たちによるニューカッスル大学のコーヒー・ルームでの実験に由来するもので、この部屋には飲み物の代金を自己申告によって入れる箱があった。箱の上には、「皆料金を払うように」という注意書きがあった。この注意書きの上に、花の画像と両目の画像が一週間ずつ交互に貼られた。すると、眼の画像が貼られていたときには、飲み物代の支払いが平均で三倍だった。実験終了時の聞きとり調査では、ほとんどの人は画像にまったく気づかなかったと言ったので、明らかにこの反応は無意識の中のものだった。注意書きの上の眼の画像は、ゴミのぽい捨てや自転車泥棒の減少にも効果を発揮する可能性がある。

私はときどき、湿地のヨーロッパヨシキリたちと会話をすることを想像する。「なぜ、カッコウの雛が巣の中にいることに気づかないの?」と私は尋ねる。「そういうふうには世界を見ないんだ」とヨシキリは答える。「餌をねだる口と声だけに反応するのさ」。それからヨーロッパヨシキリたちは私に尋ねる。「なぜ君は、誰も本当は君を見ていないことに気づかないの? それは、ただの眼の絵なのに」。私たちもヨーロッパヨシキリとまったく同じように、何かを決定するのに無意識の素早い反応にしばしば頼るので、単純な手がかりからの操作を受けやすい。

＊

食物をたっぷり運んでくるよう宿主を説得することは、カッコウの抱える問題の一つにすぎない。カッコウは、カケスやカササギ、ときにはイタチのような哺乳類の捕食者とも戦わなければならない。捕食者が近づくと、ほとんどの巣立ち前の雛は気づかれないことを願いながら身をかがめる。これとは対照的に、巣立ち前のカッコウの雛は、約一週齢以降になると明らかに多少の防衛力を持つようになる。雛に向かって手を伸ばすと、頭の羽を立て、オレンジ色の口をあける。それから突然頭を持ち上げ、口を再びパチンと閉じる。この行動は、これを知っている人にもショックなので、捕食者には間違いなく効果的な抑止力になるはずだ。

エドワード・ジェンナーは、カッコウに関する一七八八年の論文で見事な説明を行なった。

巣を離れるずっと前から、雛は苛立つと往々にして猛禽類の振る舞いをまねてどう猛に見せかけ、身体をのけぞらせ、何を提示されても猛烈につつき、同時にしばしばタカの雛のようなコッコッというやかましい声を立てる。それよりは些細な邪魔をされたときは、体全体を膨らませながらシュッシュッとうるさい音を立てることもある。

おそらく、カッコウのオレンジ色の喉はこのディスプレーをいっそう効果的にしているのだろう。加えてカッコウに触れると、悪臭のする茶色い液体のふんを排泄する。カッコウの普通のふんは白色で、宿主が簡単に外に運び出せるようゼラチン質の嚢に入っているが、茶色のふんは普通のふんとはまったく異なる。

なぜカッコウの雛は、これらの驚くべき防衛を進化させたのか？　一つの理由は、明らかに、カッコウは巣立ちまでの期間が異常に長く、捕食者に見つけられる機会が増えるということだ。ヨーロッパヨシキリの雛は、飛べるようになるずっと前に巣立ちし、強力な脚で葦にしがみつく。これは、ヨーロッパヨシキリの巣が脆弱な居場所で、そこからはできるだけ早く出なければならないことを示唆している。だが、カッコウは、体が大きく育つ分時間も余計にかかるので、巣にはもっと長くいなければならない。二つ目の理由は、カッコウが餌をねだる大きくせわしない声により、捕食者が巣に引きつけられやすくなるということがある。確かに鳴き声は、私たちにとっても、卵の段階では見落としていた托卵された巣の発見にしばしばつながった。さて、カッコウの雛が、餌をねだる激しい鳴き声の代償を軽減するもう一つの見事な適応に出会った。

捕食者が巣に近づくと、親鳥たちは雛に危険を警告する声を発する。この声は種によって異なる傾向があり、たとえば、ヨーロッパヨシキリは低い声で「チュルル」と鳴くが、ヨーロッパカヤクグリは高い声で「ツィープ」と鳴く。私たちの実験では、巣立ち前の雛たちは自分の種の警戒の声にしか反応しないことを明らかにした。したがって、ヨーロッパヨシキリの雛は、「チュルル」という警戒音を流されると、餌をねだって鳴くのをやめて巣の中に伏せるが、ヨーロッパカヤクグリの「ツィープ」音が流されても餌をねだり続ける。ヨーロッパカヤクグリの雛は逆で、「ツィープ」には反応するが「チュルル」には反応しない。

巣立ち前の雛が他の種に育てられるように親をとり替えても、育ての親の種の警戒音にはなじまず、依然として、自分の種の警戒音に限って反応するので、この反応の特化は経験からくるものでは全然ない。このことは、孵《かえ》ったばかりの雛はすでに、自分の種の信号に合わせて反応するように脳ができていることを示唆している。これにより雛たちは、（たとえば、他の種の鳴き声や植生から聞こえる雑音のような）関係のない背景音の中から親たちの警戒音を拾い出すことができる。これはまた、雛がはじめて危険にさらされたときも適切に反応できることを意味している。最初に正しく反応すれば、命拾いできるかもしれないのだ。

ウィッケン・フェンでは、ヨーロッパヨシキリは、巣にカッコウがいるときも、自分たちの一腹雛を守るときとまったく同じように「チュルル」という警戒音を発し、これは、ヨシキリが偽物を認識していないさらなる証拠である。私は、同僚のジョン・マッデンやスチュアート・バッチャートとともに、カッコウの雛がこれらの警戒音にどう反応するかを録音を流してテストした。ヨーロッパヨシキリの巣で育てられたカッコウも、ヨシキリの雛と同じように「チュルル」という警戒音だけに反応し、他の種の警戒音は無視することがわかった。「チュルル」の警戒音に応じた彼らは、餌をねだって鳴くのをやめるだけでなく、身を守ろうとしてオレンジ色の喉を大きく開いた。

カッコウの雛はどうやって反応をこのように特化させたのか？　私たちは学習が関係するかどうかを検証するため、ヨーロッパヨシキリの巣で孵ったばかりのカッコウの雛を何羽かヨーロッパカヤクグリあるいはコマドリの巣に移して育ての親を替え、六日齢になったときに警戒音の反応をテストした。驚いたことに、カッコウは新たな育ての親たちの出す別の警戒音には注意を向けず、ヨーロッパヨシキリの「チュルル」だけに限定して反応し続けた。このことから、ヨーロッパヨシキリに托卵を特化したカッコウの托卵系統は、ヨーロッパヨシキリの雛とまったく同じように、その警戒音に合わせて反応するよう元々できていることを示唆している。警戒音がはじめて聞こえてきたときにカッコウの雛が正しく応えるには、反応が最初から適合していることが必要不可欠だ。捕食者が近くにいるときに餌をねだり続けたら致命的なことになりかねず、カッコウのこの失敗は最初で最後になるかもしれない。したがって、カッコウのこの托卵系統は、卵の段階でも雛の段階でも宿主によくマッチしている。カッコウの他の托卵系統におけるさらなる調査が必要だ。

＊

カッコウが餌ねだりのための特別なトリックで必要とするものは、自分が生じさせた問題の帰結である。宿主の卵や雛を巣からすべてとり除けば、巣にくる餌はすべて間違いなくカッコウの雛のものになる。だが、この利益には代償がつき、カッコウはもはや、育ての親たちに食べ物をねだる努力もすべてしなければならない。他の種のカッコウの中には、逆の問題を抱えるものもある。宿主の雛と我慢して同じ巣にいるカッコウの雛は、親たちに刺激を与えて巣に餌を運んでこさせる際に宿主の雛に助けてもらうが、今度は餌が到着したとき、そのカッコウの雛は宿主の雛と競争しなければならない。

カッコウが宿主の雛たちとどのように競争するかという問題は、スペイン南部でおもにカササギを宿主とするマダラカンムリカッコウでとくによく研究されてきた。この種のカッコウは宿主の卵や雛をとり除かず、カササギの一腹雛の中で育つ。巣の中で何羽かの雛が餌をねだる叫び声は、カササギの親たちに、カッコウ一羽のときよりも多くの餌を持ってくるように刺激する。その上でカッコウは、宿主のカササギの餌の分け方が不平等になるように仕向けるだましの技を二つ利用し、余分に餌をもらう。

グラナダ大学のマニュエル・ソラーと同僚たちが発見した一つ目のトリックは、カッコウの雛には、宿主の目をとくに引きつける白い乳頭が口蓋にあることである。コト・ドナナ保護区生物学研究所のトマス・レドンドと同僚たちが発見した二つ目のトリックは、カッコウの雛は、餌をねだる鳴き声を、とりわけ空腹な雛のように大げさに立てることだ。カササギの雛は、空腹の度合が強まるにつれて餌のねだり方が徐々に強まっていき、喉をあけるときに興奮し、鳴き方がせわしなくなる。これとは対照的に、カッコウは腹いっぱいのときにも精いっぱいの声を張り上げる。その結果、カッコウは巣の中で一番多くの餌を獲得して一番大きな雛になるが、それでも空腹だとしつこく叫び続けるのだ。この餌ねだりの振る舞いは、レドンドの研究室への来訪者にとってあまりに煩わしく、来訪者はレドンドに「空腹であわれな」カッコウに餌をやるよう強く言いたてたが、数分ごとに餌やりをするのを見てついに、自分はだまされているとわかった。

なぜ、カササギの親たちは、大きいのにまだ空腹そうな雛にとくに目をかけなければならないのか？　本当のところ、このことは、巣が托卵されていない通常の状態ではきわめて理にかなっている。カササギは、得られる食物の量に応じ、餌が少ないときには一番小さい雛は死なせても仕方ないとすることで一腹雛の数を調整する。餌は最も大きな雛に最初にやり、その雛がもう要らないと言ったら次に大きい雛が餌をもらう。もし、食料の供給が不足したら、一番小さな雛たちはすぐに死に、カササギは数羽の健康な雛を育てる。これは、乏しい食料を均等に分けて、数は多いがひ弱な一腹雛を作って一羽も生き残れなくするよりずっとよい。

マダラカンムリカッコウの雛の熱狂的な餌ねだりは、托卵されていない巣のカササギたちに対しきわめてうまく機能するこの仕組みをうまく利用している。宿主のカササギは、決して満足しそうにない大きなカッコウ雛からの刺激に直面し、そばで自分の雛が死んでいくときにすら、なかなか得られない餌のほとんどをカッコウに回すようだまされるのだ。

# 第11章

# 宿主の選択

マキバタヒバリのつがいに襲われているカッコウの雄。
——ノースノーフォーク、ホルム、2014年5月。

ギルバート・ホワイトはハンプシャー州のセルボーン村で生まれ、教区司祭として仕え、亡くなった。彼の『セルボーンの博物誌』は、一七八九年の初版発行以来版を重ねて出版されている。二〇〇種類以上の新版や翻訳があり、英語で書かれた書籍の中で、発行部数が、聖書、シェークスピアの著作、ジョン・バニヤンの『天路歴程』に次ぎ四番目と考えられている。

この本は、当時の優れた動物学者だった友人のトマス・ペナントと、法廷弁護士、探検家、博物学者の友人のデインズ・バリントンへの書簡を編集したものである。これらの書簡の中でホワイトは、毎日観察していた教区の天候や動植物相に関し、詳細でしばしば愛情にあふれた説明を行なった。他の自然誌家たちが外国に出て、射撃により種を収集することが多かった一方で、ホワイトはダービシャーから遠く脚を伸ばすことは決してなかったので、伝記作家のリチャード・メイビーは、「ホワイトは、サセックス州ダウンズの広さに圧倒されるあまり、それを広大な山脈と称した」と述べている。

ギルバート・ホワイトは、死んだ標本の収集や記述をするより、戸外にノートを持参して生きている動植物を野外で観察した。そうすることで、彼はイギリスで最初の生態学者になった。ホワイトは以下のように書いた。

動物相の研究者たちは、ほんのわずかな説明や同じ概念の繰り返しに黙従しすぎる傾向がある。理由は簡単だ。すべてのことは、自宅の研究室でできるかもしれないが、生態の調査や動物との対話はそうではなく、はるかに厄介で困難な事柄が関わるので、活動的で探求的な、田舎に多く在住する人々がいなければ成しとげることはできない。

この著作の前書きでは、「この地の在住者は、日常のこととしてあまりに多く見過ごされる天地創造の驚異に、もっと常日ごろから注意を向ける」よう推奨され、「身体と精神を常に使ってなされてきたこれらの探求は、神の導きのもとに、高齢になっても精神の健康と快活に多くの寄与をしてきた」と結論されている。ギルバート・ホワイトは生涯のうち約六〇年間をセルボーン村で過ごした。一七二〇年七月一八日に牧師館で生まれ、一七九三年六月二六日にそこから一〇〇メートル先の「ウェイクス荘」で亡くなった。ホワイトは、変化しつつある自然界の素晴らしい観察法は、まさに一つところに留まることだと手紙で表明している。

『セルボーンの博物誌』ではカッコウのことが頻繁に書かれている。一七七〇年二月一九日付のデインズ・バリントン宛の書簡（第四信）の中で、ギルバート・ホワイトはカッコウがどのように宿主を選ぶのかに思いをめぐらしている。

「カッコウは、最初に出会った鳥の巣に見境なく卵を託すのではなく、おそらく、雛の保育者には自分とある程度同類の鳥を探しだす」というあなたの観察は初耳で、強い衝撃を受けざるをえませんでした。そのため私は、これは事実その通りなのか、それにはどのような理由があるのかという一連のことを夢中で考えるようになりました。そして、記憶を呼び起こして調べてみたところ、セキレイ、ヨーロッパカヤクグリ、マキバタヒバリとヨーロッパビンズイ［ホワイトはこれらを区別しなかった］、ノドジロムシクイ、コマドリ以外の鳥の巣でカッコウが見つかったことはなく、これらはすべて柔らかい嘴《くちばし》を持った昆虫食の鳥たちでした。カッコウのこの行為は……自然が最初に命じることの一つである母性的愛情に対する恐るべき辱めで、本能へのかくもひどい暴力は、たとえこれがブラジルかペルーの鳥だけのことであっても、私たちの信仰のためには決してならないでしょう。しかし、それでも、この単純な鳥が自然の母性本能という信念を捨てても……見捨てられた卵と雛たちにとり、どの種が自分と同種で育ての親として適していて、完全にその保護のもとに託してよいかどうかがわかるもっと大きな洞察力に富んだ能力が授けられている可能性のあることがさらに明らかになったとしたら、驚異の上にさらに驚異が加わるはずです(1)。

わずか数年後、エドワード・ジェンナーは、カッコウに関する有名な論文(一七八八年)の中でも、三種の主要な宿主としてヨーロッパカヤクグリ、ハクセキレイ、マキバタヒバリ(ヨーロッパビンズイ)に触れ、カッコウの選択について言及している。ジェンナーは、カッコウの雛に巣の中で餌をやるマキバタヒバリのつがいを観察し、「この鳥は、多くの鳥と比較してあまりなじみがなかったので……それが本当にマキバタヒバリかヨーロッパビンズイであるか確かめたくて、二羽とも撃ち、事実そうであることがわかった」と書いた。そして、カッコウが宿主に小鳥たちを選ぶのは、一つには、小鳥の方が数が多く、托卵できる巣がたくさんあるからだが、それとともに、体のもっと大きい宿主の巣になると「宿主の雛たちを外へ出す仕事が同じではなく、巣を独占する困難さは越えがたいものだとカッコウの雛はわかる」からであると提唱した。

＊

最近の研究では、カッコウは数の豊富な種を宿主に選ぶというジェンナーの提唱が確かめられた。イギリスでは、現在、最も一般的な種の中にカッコウが好む宿主が生息地ごとに三種いて、それぞれのカッコウは托卵系統ごとに、沼地ではヨーロッパヨシキリ、荒れ地ではマキバタヒバリ、農地や低木地ではヨーロッパカヤクグリに特化している。イギリスで他に宿主として決まっているのはコマドリとハクセキレイで、やはり比較的個体数の多い種である。だが、どこにでもいて、巣に近づくことができ、雛を育てる食物が適切で潜在的な宿主となりえる種でも、カッコウは他の種は避ける。なぜこういった鳥たちも使うことはないのか？

たとえば、農地や低木地では、クロウタドリは普通、ヨーロッパカヤクグリやコマドリよりたくさんいる。なぜ、クロウタドリに特化したカッコウの托卵系統はないのだろう？　トマス・グリムと同僚たちはチェコ共和国とハンガリーで野外実験を行ない、この疑問にとり組んだ。ヨーロッパヨシキリやオオヨシキリの巣で孵《かえ》ったばかりのカッコウの雛をとり出し、クロウタドリの巣の中に卵と一緒に一羽だけ置いたのだ。カッコウの雛はすぐにクロウタドリの卵をとり除いたので、いつもより大きな巣から大きな卵をとり除くことに問題はなかった。だが、クロウタドリの親たちはカッコウを育てたがらず、数日間以上生き残った雛はいなかった。クロウタドリは、自分の雛は一羽だけでもうまく育てるので、雛が一羽だけだからという問題ではなかった。

それから研究者たちは、カッコウが利用しない別の潜在的宿主であるウタツグミの巣にカッコウの雛を入れ、育ての親をとり替えるテストをしてみた。驚いたことに、ここではカッコウは別の問題を抱えた。ウタツグミの巣はクロウタドリの巣よりも深くて壁の傾斜が急なことが、カッコウの雛がウタツグミの卵を除去できないおもな理由だったのだ。その上に、ウタツグミの巣はクロウタドリの巣と違い、内側に泥が塗られているため、固くつるつるした表面でカッコウの脚が滑ることもあった。カッコウは、ウタツグミの巣からはヨーロッパヨシキリの卵も排除できなかったので、問題は、巣の壁が急勾配でよく滑ることで、卵が大きいからではないことが実験で示された。だが、調査者たちがウタツグミの卵を除去してカッコウに救いの手をさしのべると、ウタツグミから十分餌を与えられ、ヨーロッパヨシキリの巣にいるときよりはるかによく成長することがわかった。したがって、虫をメインとしてカタツムリがいくらか混じる餌は、カッコウの雛によい。最後に、カッコウの雛はウタツグミの一腹雛と一緒に入れられたが、今度は宿主の雛たちとうまく競争できず、巣立ちまで生き残れたものはいなかった。

これらの実験は、カッコウがクロウタドリを避けるのは、単にクロウタドリがカッコウを養おうとしないからであることを示唆している。それがなぜかはまだわかっていない。クロウタドリは自分の雛をおもに虫で育て、この食物は、ウタツグミの巣で育てられたカッコウにも適していた。したがって、問題は食物に関することではない。もしかすると、カッコウの餌をねだる信号がクロウタドリの育ての親たちに合っていないのだろうか？　カッコウがウタツグミを避けるのは別の理由だ。カッコウの雛は、巣の雛が一羽だけのときにはうまく育つが、傾斜がとてもきつくよく滑る壁の巣からは宿主の卵を排除できず、宿主の雛たちとの競争で生き残ることができない。

カッコウが普通避ける他の潜在的宿主たちについてはどうだろうか？　このような鳥の巣にカッコウの擬卵を入れる「托卵」実験から、何種かは自分の卵に似ていない卵を非常に強く排斥することがわかった。たとえば、オオジュリン、ズグロムシクイ、ヨーロッパビンズイ、ズアオアトリ、ムナフヒタキ、キタヤナギムシクイがこれに当てはまる。これらの種の多くは、カッコウが好む宿主たちよりはるかに強く卵を排斥する。このような強い排斥を彼らはどのように進化させてきたのだろう？　餌が合わなかったり巣に近寄れなかったりという理由でカッコウとの軍拡競争にまったく関わりを持たなかった種は、自分の卵に似ていない卵も受け入れることは、すでに見てきた。卵の強い排斥がカッコウの過去の托卵に応じて進化してきたことは、ここから示唆される。したがって、彼らは過去に宿主だった可能性が高く、ちょうど私たちに親知らずや盲腸が祖先の痕跡として残っているように、はるか昔に祖先が戦った軍拡競争の傷跡がいまだにある。

もしこの解釈が正しければ、以下の疑問が残される。なぜ、これらの種に特化したカッコウの托卵系統は絶滅したのか？　一つの可能性は、軍拡競争に勝った宿主が、卵の署名や卵の排斥を非常にうまく進化させたので、カッコウの偽物作りが追いつかなくなったということだ。もう一つの可能性は、カッコウの托卵系統が生態的な理由で絶滅したということだ。おそらく、これらの宿主は過去にはもっとたくさんいたが、宿主密度の減少が、もはやカッコウにとり宿主としてうまみがなくなったことを意味している。この場合、カッコウの托卵系統は宿主にどれだけうまく適応しても、ニッチが消えれば絶滅の運命に置かれるだろう。いまや、これらの宿主への托卵はなくなったので、卵の署名も消え、卵を除去する行動も失われたこともありうる。もしそうなら、彼らは再びカッコウにちょうどよいいけにえになり、軍拡競争がもう一度最初から繰り返されるかもしれない。

＊

このことは、私たちにまだ解明していない問題をもたらす。宿主に特化した卵を持つカッコウのさまざまな托卵系統は、それぞれどのようにしてその特徴を維持しているのか？　一番ありそうな説明は、エドガー・チャンスの時代から議論されてきているものである。すなわち、カッコウの雌は卵の型を遺伝的に受け継ぎ、巣立ち前と巣立ち後の間に自分を育てた宿主の種の特徴を学ぶことにより、托卵の際に同じ宿主を選択するようになるというものだ。たとえば、ヨーロッパヨシキリに育てられたカッコウの雌の雛は、育ての親の特徴を刷り込み、その後、成鳥になったときにヨーロッパヨシキリを托卵の相手に選ぶことになる。この雌が産んだ緑色の卵は、明らかにヨーロッパヨシキリの育ての親をだましており、雌自身がそのことの生き証人である。したがって、もし、この雌がこの同じ緑色の卵の型を遺伝的に受け継ぎ、今度またヨーロッパヨシキリを選べば、カッコウの卵と宿主の卵との似具合は世代を超えて保たれるだろう。

卵の色と模様がカッコウの中で受け継がれるかどうかはまだわからないが、他種の鳥ではそうなので、このことは正しそうだ。カッコウが宿主を刷り込むかどうかもわかっていない。エドガー・チャンス自身は、カッコウの雌が育ての親と同じ宿主の種を犠牲にするかどうかを見極めようとした。一九二三年、チャンスは、パウンド・グリーン入会地付近からカッコウの卵と孵ったばかりの雛を合わせて一七個集め、それらをマキバタヒバリ、ノビタキ、ヒバリのどれかの巣に入れた。そして、巣立ちまで生き延びた九羽に足環をつけ、入会地に何羽か戻り繁殖するように願ったが、再び姿を見せたのは一羽もいなかった。一九七〇年代にはイアン・ワイリーが、湿地のヨーロッパヨシキリの巣で育てられた多数のカッコウの雛に足環をつけたが、このときも調査地に戻って繁殖したものはなかった。一九八七年と一九八八年、マイク・ブルックと私は、カッコウを飼育して宿主のコマドリまたはヨーロッパヨシキリとともに育てるという別の手法を試した。だが、成鳥になったカッコウを調べると、繁殖の性質を示さず、そのため宿主の種を刷り込まれているかどうかわからなかった。とにもかくにも、骨折り損のくたびれもうけだった！

飼育した鳥を使った別の調査で、ウィーン大学のイヴォンヌ・トーシェ、バーバラ・タボルスキー、ミヒャエル・タボルスキーは、五つの別々の「住みか」のどれかにカッコウを入れ（「住みか」は色と形の異なる物体を入れた鳥かごだった）、人の手で育てた。一、二年後、成鳥になったカッコウたちをテストすると、雄も雌も選択を許されると自分たちがなじんだ色の住みかを好んだ。このことは、住みかを刷り込めば、カッコウは育ての親の宿主に出会う機会が増えるかもしれないことを示唆している。だが、同じ住みかの中でも、宿主は潜在的に何種類かの可能性があるので、宿主を厳密に一種類選ぶには、宿主自身からの刷り込み（外見、さえずりや鳴き声、巣）が必要だろう。

＊

カッコウにおける宿主の刷り込みについては直接的証拠はまだ存在しないが、最近の実験では、他の托卵性鳥類では刷り込みが生じることが示された。アフリカにはテンニンチョウ属のフィンチが一九種いて、彼らは皆、キンセイチョウ（カエデチョウ科）の巣に産卵して一腹雛に寄生する。これらの宿主たちは、注目すべきことに雛の口の模様が印象的で、この模様は種により異なる。テンニンチョウ属の個々の寄生種は、宿主のカエデチョウ科の鳥の一種にそれぞれ特化している。寄生した雛は宿主の雛のそばで育てられ、口の模様が宿主の雛と驚くほど似ている。

アフリカのサハラ以南に広く生息するシコンチョウは、とくに詳しく研究されてきた。この鳥はスズメよりやや小さく、雄は青みがかった黒色のつややかな羽を持ち、雌は縞模様の茶色をしている。シコンチョウは、コウギョクチョウという宿主一種の巣にだけ托卵する。コウギョクチョウの巣を覗いても、寄生した雛は宿主の雛と見た目がまったく同じなので、とり出すことは難しい。宿主の雛は、喉は明るいオレンジ色で、口のへりに目立つ白色のこぶと青い斑点があり、口蓋に黒い斑点がある。これらの模様はコウギョクチョウに特有のもので、卵で見ることのできるどのような署名にも匹敵するほど印象的だ。だが、シコンチョウの雛はこの複雑な口の模様を完璧にまねている。ミシガン大学のロバート・ペインと同僚たちは、コウギョクチョウの巣に他の種の雛を入れて子供をとり替えると、口の模様が違う雛にコウギョクチョウがどのように反応するかを調べた。コウギョクチョウは、口が似ていない雛には餌をやりたがらなかったので、シコンチョウが宿主の雛のそばで確実に餌をもらうには、口が似ていることが重要だ。

したがって、シコンチョウの雌は、雛の口が似ている種であるコウギョクチョウだけに間違いなく托卵しなければならない。子供の口の模様が確かに正確に一致するように、自分と同じ種の雄とつがいになることも重要だ。もし、シコンチョウの雌が他の種の雄とつがいになれば、混血の子供は口の模様が異なるかもしれず、そうすれば、雛はうまく生き残れないかもしれない。つがいの相手の選択は他の多くの鳥たちほど単純ではない。それというのも、シコンチョウには外見が非常によく似たいくつかの種があるからだ。シコンチョウの雌は、宿主の選択に関するこれらの問題をどのように解決し、つがいの相手を選ぶのか？

ロバート・ペインと同僚たちは、何羽かのシコンチョウがジュウシマツに育てられるように、大きな鶏小屋の中で卵の親をとり替える実験をした。ジュウシマツは、アジアのフィンチであるコシジロキンパラがこのミシガンの地に生息するようになった鳥なので、当然のことながら、シコンチョウが野生の中でこの鳥に出会うことは決してない。他のシコンチョウは、いつものようにコウギョクチョウの宿主に育てられるように親を替えられた。シコンチョウの雛たちは成鳥になると、育ての親の種が混在する鶏小屋の中で宿主の選択権を与えられた。すると、コウギョクチョウに育てられたシコンチョウの雌は、コウギョクチョウの巣への托卵を選択した一方で、ジュウシマツに育てられた雌はジュウシマツを宿主に選んだ。雌による托卵相手の選択は、育ての種の宿主の刷り込みを通して生じることが、これにより見事に確証された。

だが、話はさらに魅惑的になる。シコンチョウの雄は、托卵する巣の選択においては何の役も果たさないが、育ての親の種の歌をコピーするので、雛のときの経験が将来の行動に影響する。コウギョクチョウに育てられたシコンチョウの雄はコウギョクチョウの歌を歌い、ジュウシマツに育てられた雄はジュウシマツの歌を歌うのだ。したがって、シコンチョウの雄は歌うときに自分を育てた宿主の種の正体を広めることになる！

シコンチョウの雌は歌は歌わないものの、宿主の歌は刷り込んでおり、同じ歌を歌うシコンチョウの雄を好んでつがいになる。したがって、シコンチョウの雌は、同じ種の宿主に育てられた雄と確実につがいになるので、宿主の刷り込みは、宿主の選択とつがい相手の選択の両方を決定する。その結果、シコンチョウの系統は雌も雄も一種類の宿主を忠実に守り続け、口の似具合は世代を超えて維持される。

*

カッコウの育ての親をとり替えるこのような実験をすることは素晴らしいが、カッコウをかごの中で飼うのはフィンチと比べてはるかに難しい。マイク・ブルックと私が、一九六〇年代にカッコウを育てたことのあるミリアム・ロスチャイルドにアドバイスを求めたとき、彼女は私たちにカッコウは飼いにくいと警告した。実際のところ、宿主の刷り込みの研究にカッコウを使おうという望みは完全に捨て、代わりに、統合失調症のモデルにした方がよいとほのめかしたのだ！　カッコウが人の手で育てられるにせよ、宿主に育てられるにせよ、その慣れ方は驚くほどで、周囲の物事に動じないという。だが、いったん独り立ちすると数時間で性格を変え、野性的で容易に情緒不安定になるとミリアムは警告した。そのアドバイスはおそらく留意するべきだったのであり、そうすれば私たちは無為な実験をせずにすんだ。

宿主の刷り込みを調べる別の方法は、野外実験である。たとえば、ヨーロッパヨシキリの巣から何羽かのカッコウの雛をスゲヨシキリの巣に移すことは可能だ。これらの雛たちは宿主の種の刷り込みを間違え、翌年戻ってきて繁殖するとき、托卵の相手にスゲヨシキリの巣を選ぶことが予測される。だが、育ての親をとり替えられた雛を翌年の夏に見つけるには問題が生じそうである。それというのも、雛は生まれた場所の近くに戻る傾向はあるものの、繁殖はそこから一〇キロから二〇キロ離れた場所ということもしばしばあるからだ。いまでは衛星で鳥を追跡できるようになり、巣立ち間際のカッコウの雛にタグをつけて追跡調査ができるはずだが、それができたとしても、繁殖に戻るまでの若鳥の死亡率は高いため、膨大な数のサンプルが必要だろう。

私の予測では、カッコウは托卵性フィンチとまったく同じように宿主を刷り込み、そうであるならば、カッコウの托卵系統がどのように存続するか説明がつく。宿主の刷り込みの直接的証拠はなくとも、一羽一羽のカッコウの雌は普通、托卵をするとき、特定の宿主に著しく特化していることがわかっている。このことは、エドガー・チャンスによるパウンド・グリーン入会地での調査の証拠からすでにわかっていて、そこでは、カッコウAとその子孫は、同じ生息地にほかにも宿主になるかもしれない種がいるのに、ほとんどマキバタヒバリしか好まなかった。チャンスはさらに、ムナフヒタキに特化した一羽のカッコウの雌から九個の卵を、キアオジに特化した別の雌から一四個の卵をひと夏に収集した。この二種はところどころにしかいない珍しい宿主で、どちらの雌も、縄張り内の他の多くの種の宿主を無視していたはずだ。

近年の研究でも、同じ生息地内であっても雌は宿主を驚くほど忠実に守ることが示されている。ブルノ科学協会のマーセル・ホンザと同僚たちは、チェコ共和国の二ヵ所の沼地で、托卵場所の確定のための電波追跡と、カッコウの雛の母親の確定のためのDNAプロファイリングとを組み合わせて、カッコウの雌を追跡調査した。これはとくに貴重な研究だった。というのも、非常に似かよった宿主の種が、ある場所には三種、別の場所には四種いて、これらは皆、同じ（ヨシキリ科）ヨシキリ属のヨシキリで、すべてカッコウの雌の縄張り内のすぐ隣で繁殖しているからだ。実際、カッコウの雌の一羽一羽からは、見晴らしのよい同じ場所から三、四種の宿主がすべて見えそうだった。それなのに、九羽の雌のうち七羽が宿主を一種類だけに絞り、二羽はヨーロッパヨシキリ、一羽はオオヨシキリ、三羽はヌマヨシキリ、一羽はスゲヨシキリに特化していた。一つの沼地内の住みかでかくも見事に宿主が特化していることは、一羽一羽のカッコウの雌が自分の宿主の種を刷り込んでいることを強く示唆している。

日本の本州中部の長野市郊外の千曲川沿いでも、カッコウの雌は同じように宿主を特化している。中村浩志によるきわめて大胆な野外調査と、カナダのマクマスター大学のカレン・マーケッティとライル・ギブスの研究室での熟練した技の共同作業により、DNAプロファイルが使用され、九八羽の巣立ち前のカッコウの母親が確定された。この調査地では、カッコウの雌二四羽のうち二二羽が、一種類の宿主の巣にしか托卵しなかった。一六羽の雌はオオヨシキリに、六羽はオナガだけに特化していた。

＊

このようなわけで、非常によく似た宿主がいるときも、カッコウの雌はそれぞれ特定の一種に的を絞ることの見事な証拠が存在する。このことから、カッコウの雌は一種類の宿主の特徴を刷り込んでいることが示唆される。では、カッコウの雄はどうなのか？　一世紀にわたる考察ののちも、全体像はいまだに混乱している。

一つの可能性は、カッコウの雄は、雌の宿主の好みが何であれ、出会った雌とつがいになるということだ。千曲川では、父親の調査にDNAプロファイルが使われたところ、一九羽のうち七羽（三七パーセント）には一種類以上の宿主の巣の子供がいた。つまり、違う宿主を狙いとする雌たちとつがいになっているに違いなかった。イギリス低地でのカッコウの遺伝的分析も、カッコウの雄はしばしば宿主の好みが異なる雌とつがいになることを示唆している。だが、ここに一つの問題がある。雄のカッコウによりつがいの相手が替わる状況に直面したとき、托卵系統ごとに卵の型が異なることはどうすれば維持されるのだろうか？

答えは、少なくとも理論上は、卵の型は雌の遺伝的コントロールの下にある可能性があるということである。この考えは、エドガー・チャンスの時代の一九三三年に、ケンブリッジ大学の遺伝学教授のR・C・パネットにより提唱された。この可能性は、鳥類における性の決定のされ方からきている。鳥類も哺乳類も、子供の性別は二つの性染色体のうちどちらを遺伝により受け継ぐかで決定される。哺乳類の場合、雌は二本のX染色体を持つので（XX）、すべての卵細胞はX染色体を持つ。他方、雄はX染色体を一本、Y染色体を一本持つので（XY）、その精子はXかYのどちらかの染色体を持つ。したがって、子供の性別は父親により決定され、もし、卵（X）がYの精子で受精すれば息子（XY）ができ、Xの精子で受精すれば娘（XX）ができる。

鳥類は逆で、雌の性染色体が二種類（WZ）なので、卵細胞はWかZのどちらかの染色体を持っている。他方、雄は二本のZ染色体を持っていて（ZZ）、精子にはZ染色体が一本ある。したがって、ここでは子供の性別を決定するのは雌なのだ。Wの性染色体を持つ卵細胞が受精すると、娘（WZ）ができ、Zの性染色体を持つ卵細胞が受精すると、息子（ZZ）ができる。もし、卵の色がW染色体上の遺伝子で決まるなら、娘は必ず母親と同じ型の卵を産むことになる。卵の色に影響を与えるすべての遺伝子が、W染色体上にある必要はない。ほとんどは、どちらかの親から受け継がれた他の染色体の上にあってもよく、母親のW染色体上にある遺伝子が、これらの他の遺伝子のどちらにスイッチが入るかを決定する。ヨーロッパヨシキリに特化した托卵系統なら緑色の卵を作るように、マキバタヒバリに特化した托卵系統なら茶色の卵を作るように、といった具合だ。

このシナリオでは、カッコウは雌だけに托卵系統が分かれていて、雄は娘の卵の型に影響を与えないため、どの托卵系統の雌ともつがいになれる。なぜなら、雄は娘の卵の型に影響しないからだ。確かに、雄がつがいを替えても、カッコウは一つの種のままだ。このことにより、なぜ、カッコウのすべての托卵系統は同じ姿をしているかの説明がじつに上手につく。たとえば、ヨーロッパヨシキリに特化したカッコウとマキバタヒバリに特化したカッコウの間では、外見に相違がない。彼らは卵の色だけが異なるのだ。

カッコウの卵の色と模様の遺伝についてはまだ調査されていない。だが、他の鳥類では、父と母の遺伝子は両者とも同様に卵の色に影響を与える。これはその通りで、たとえば、アフリカのズグロウロコハタオリでは、卵の色と斑点の差異が目立ち、それぞれの鳥が自分の卵の署名にできることを見てきた。もし、カッコウの雌も、他の種と同じように、両親からの両方の遺伝子が卵の色に影響を与えるなら、その雌も育ての親の宿主を忠実に守り続けなければならないだけでなく、つがいの相手も同じ種の宿主に育てられた雄に限定する必要がある。さもなければ、卵の似具合は次の世代で崩れてしまうだろう。このシナリオの場合、カッコウも他の種とまったく同じように、それぞれの托卵系統は遺伝的に分かれていることになる。

オスロの先端研究センターのフローデ・フォソワと同僚たちによるブルガリア北西部の最近の研究から、カッコウの托卵系統は、同じ狭い地域内に隣どうしで住んでいても、遺伝的に分かれうることが実際にあるとわかった。フォソワらは、三種の宿主――草地で繁殖するヌマヨシキリ、葦原で繁殖するオオヨシキリ、藪状の草地で繁殖するハタホオジロ――に育てられたカッコウの雛のDNAを調査した。これら三種の生息地は約一〇平方キロメートルの領域にモザイク状に分布しているので、ここでは、三種の宿主に托卵するカッコウは、皆明らかに地理的には同じ区域を飛び回っている。それなのに、三種の宿主に育てられたカッコウには明らかな遺伝的相違があるので、この地域では互いが入りまじって暮らすにもかかわらず、つがいは普通、同じ宿主の種に育てられた雄雌で形成されているに違いないことを示している。

＊

雌は、どうしたら同じ托卵系統の雄を認識することができるのか？　一つの可能性は、声にわずかな違いがあるかもしれないということだ。ギルバート・ホワイト自身が、声の相違は外見の相違と同じくらい種によって特徴的かもしれないという考えの先駆者だった。ホワイトは、イギリスには姿は皆同じように見えるが三種のミソサザイがいることに最初に気づいた人だった。これらは、今日ではメボソムシクイ属（学名の *Phylloscopus* は、「葉を好む者」の意）に分類されている小さな黄緑色のヨシキリで、夏に小さな昆虫をとらえて葉の間をせわしなく飛び回る。一七六八年八月一七日、ホワイトは以下のように書いている（トマス・ペナントへの書簡（第一九信）、『セルボーンの博物誌』所収）。

私は過去の議論から、ミソサザイにはいつも同じように区別のつく鳴き方をする三種類がいることを明らかにしました……私のところにはこの三種の標本があり、大きさは三種類で少しずつ異なり、最小の種は脚が黒く（チフチャフ）、他の二種は脚が肌色です（キタヤナギムシクイとモリムシクイ）。一番黄色い鳥が最大と思われ……バッタのようなシューシューという音を立て

［これはモリムシクイ］……偉大な鳥類学者のレイも、よもや三種あるかもしれないとは疑いませんでした。(2)

三年後の一七七一年八月一日、ギルバート・ホワイトはデインズ・バリントン宛の手紙（第一〇信）の中で、鳥たちの鳴き声はシンプルな二音の「クッ・クー」だが、それぞれの雄はその声で識別できる場合もあると記している。

よい耳をしていると言われるある隣人は、（種類は一種類だけでしたが）カッコウの鳴き声が個体ごとに異なるかどうか試しに聞き分けようとしてみました。というのも、セルボーンの森のあたりでは鳴き声はほとんどニ調でしたが、二羽がニ調と〔半音高い〕嬰ニ調で一緒に歌い、不愉快な和音を奏でていたというのです。……また、ウォルマー森周辺ではハ調で歌うものもいました。(3)

カッコウは、托卵系統により声が微妙に異なることがあるのだろうか？　これを調査した研究はこれまでのところ、ブダペストのハンガリー自然史博物館のティボール・フーツと、オランダのライデン大学のセルヴィーノ・デコルトによるたった一つしかない。二人は、ハンガリーの二ヵ所の生息地——おもな宿主がそれぞれコマドリの森林と、オオヨシキリの葦原——で一四二羽の雄の鳴き声を録音した。鳴き声の地理的な相違を減らすため、比較は、国内の北、南、東に少なくとも二〇〇キロメートル離れた三ヵ所に広く分散し、森林と葦原が隣接し、互いが隣どうしに住むつがいでなされた。これら三地域の鳴き声にはわずかな相違があり、それはほとんど鳴き声の間隔と最初の「クッ」の音の高さだったが、おもな相違は生息地にあり、森林のカッコウは葦原のカッコウと比較して二音目の「クー」の高さが明らかに低かった(4)。

これらの発見は興味深く、明らかに「クックー」の声は最初思われていたほど単純ではない。だがこれが、ギルバート・ホワイトによるミソサザイの種が一種類以上あるという発見と同じくらいの「ひらめき」と断言するのは早すぎる。鳴き声がカッコウの托卵系統の確かな印でない可能性もあるのだ。低い鳴き声が密生した葉の中で最もよく通り、それぞれの雄は住みかに鳴き声を適応させることを学んだのかもしれない。もし、雄の鳴き声が托卵系統の印でなくても、このような鳴き声の違いで雌がつがいの相手を選ぶかどうかや、その結果、同じ宿主に育てられた雌雄がつがいになるかはいまだ示されずにいる。

おそらく、カッコウの托卵系統の正しい性質に関する現在の混乱は、カッコウのつがい形成の仕方が個体群で異なるからだろう。托卵系統が遺伝的に別個に存在し、おそらく、別の種へ進化する過程の亜種として考えるのが最もよい地域もあるかもしれない。五〇年以上前の一九五四年、オックスフォード大学のH・N・サザーンは、卵の似具合は、一つの広範囲の生息地を占めるカッコウの托卵系統において一番発達しているようで、その例は、ハンガリーの葦原(宿主はオオヨシキリ)とスカンジナビアの森林(宿主はジョウビタキ)だと述べた。ここでは、同じ托卵系統の雌雄がつがいになる機会が豊富にあるだろう。対照的に、人的な営みに影響される他の地域では、卵は往々にしてあまり似ていないとサザーンは指摘した。そしてこれは、生息地があまりに小さく分割されたため、カッコウの雄はしばしば他の托卵系統の雌に出会い、違う托卵系統間での繁殖が頻発するため卵の似具合が破壊されるからだと考えた。

この考えを支持する事実として、カッコウの雄が一種類以上の托卵系統の雌たちとしばしばつがいになることを示す二つの研究がある。日本の長野市郊外の千曲川沿いとイギリス低地という人の手が大きく加わってきた地域のものだ。おそらく私たちは、自然の状態の生息地を破壊してカッコウのいる土地をどんどん細切れにしていくにつれ、ヨーロッパの多くの場所でカッコウの托卵系統の区別を少しずつなくしている。

＊

カッコウのさまざまな托卵系統は、最初はどのように進化してきたのか？　さて、この章で述べたさまざまな調査を統合し、いかにも起こりそうな事象のつながりを示唆する段になった。カッコウのそれぞれの雌に明らかに好みの宿主がいたとしても、主たる宿主の巣が利用できない場合は別の種に托卵するだろう。たとえば、エドガー・チャンスのカッコウは、適当なマキバタヒバリを見つけられなければヒバリやキアオジの巣に托卵することもあった。アルネ・モクスネスとエイヴァン・ロスカフトは博物館の所蔵品にある宿主の一腹卵を調査し、カッコウが「間違った」宿主の巣に托卵するケースは五〜一〇パーセントあると見積もった。中村浩志による日本での雌の電波追跡では、八パーセントの卵が別の宿主の巣に托卵されており、同程度の間違いがあることが明らかにされた。

別の宿主の巣に托卵されたこれらの卵のほとんどは、死ぬ運命にある。たとえば、ムネアカヒワは雛を種子で育てるので、カッコウが巣立ちまでうまく育つことは決してない。それにもかかわらず、ヨーロッパカヤクグリに特化しているのにその適当な巣が見つけられず、おそらく捨て身になったカッコウにムネアカヒワが托卵されることがある。宿主の異なるカッコウの卵は似ていないので、間違いなく排斥されるだろう。だが、ほんの時たま、子供が間違って生き延びることがある。もし、これらの幸運な生き残りが新たな種を宿主として刷り込めば、彼らが成鳥になったときにこの種が托卵相手として選ばれ、カッコウの新たな托卵系統が生まれるだろう。

新たな托卵系統の多くは、カッコウの成鳥が托卵系統を維持できるほど十分に生き延びる子供を作らないので短命で、おそらく一、二世代しか続かないだろう。だがときに、新たな托卵系統が繁栄することもある。まず、新たな宿主に特化したカッコウは、古い宿主に執着するカッコウよりもはるかに成功する可能性がある。新たな宿主では、巣でのライバルが少なく、宿主の方も、それまでカッコウから利用された経験がない場合はとくに、卵を排斥することが少ないかもしれない。新たな托卵系統の個体数が増えるにつれ、宿主は自分の卵に似ていない卵を排斥するよう進化しはじめ、そのときカッコウの卵は、新たな宿主の卵に似た新たな型に向かう段階となる。この流れでは、最初に行動の特化が起こり、その後、刷り込みを通じて卵の似せ方の進化が続くことに注意されたい。

中村浩志と同僚たちは、日本の本州中部で、近年この事象の流れに沿ってカッコウの新たな托卵系統が誕生したことを確認した。六〇年前にこの場所で最も一般的だったカッコウの托卵系統は、モズ、オオヨシキリ、ホオジロにそれぞれ特化した三種である。今日、最初の二つの宿主はいまでもカッコウのお気に入りで、多くの地域で一〇～二〇パーセントの巣が托卵される。しかし、ホオジロはいまでもたくさんいるのに宿主としては稀になり、托卵率は一パーセント未満になった。擬卵を使った中村の実験では、ホオジロが三種のうちで最も卵の識別能力が高いことがわかった。このため、カッコウの卵が、茶色い線の小さい模様が書き込まれた宿主の卵によく似ていることが多くても、この托卵系統が宿主の排斥により、消滅に追いやられつつある可能性がある。

この場所では、オナガに托卵する新たなカッコウの托卵系統が進化している。ここのオナガは、近年、とくに標高の高い地域へ劇的に広がり、その結果、カッコウとの接触が多くなった。托卵の最初の記録は、一九五六年、一九六五年、一九七一年で、巣の数はそれぞれ一つだった。それ以来、オナガは本州中部ではカッコウのおもな宿主の一つになった。托卵の増加は、一九六七年にオナガが最初にコロニーを作った野辺山高原で報告されている。一九八一年から一九八三年に三〇パーセントのオナガの巣が托卵されたが、一九八八年には八〇パーセントに達し、多くの巣にはカッコウの卵がいくつも含まれていた。同じような急激な増加はほかの場所でも報告されており、一九八〇年代には三〇〜六〇パーセントのオナガの巣が托卵されていた。

この注目すべき拡散は、オナガがカッコウの生息域へと広がっていくにつれて、カッコウの雌の多くが同時にオナガを二番目の宿主として使いはじめたために起こった。オナガの巣に出現したカッコウの卵はことのほか変異性に富み、そのルーツが元の三托卵系統の全種であることを反映している。中村の電波追跡は、多くのカッコウの雌がいまではオナガに特化していることを示しているので、オナガの巣で育てられたカッコウの雛はおそらく新たな宿主に刷り込まれている。その結果、新たな宿主は昔からの宿主よりはるかに多くの托卵に悩まされている。ほとんど全部のオナガの巣が托卵されていた地域もあった。

この状態がずっと続くとは考えられない。地域によっては、オナガの個体群がひどい托卵で減少したり、一掃されたりした。他の地域では、オナガはカッコウの雌から巣を防衛したり、カッコウの卵を排斥したり、托卵された巣を放棄したりして反撃している。カッコウの卵のうち四〇パーセントが排斥されている地域もある。これは、カッコウの新たな托卵系統が卵の模倣に向かう強い選択として働くはずだ。オナガがカッコウを絶滅に追いやる前に、カッコウが効果的な偽物を作るよう進化できるかどうかを調べるのは興味深いだろう。

卵の強い排斥を進化させてカッコウを明らかに打ち負かした古い宿主や、防衛を進化させた新たな宿主を観察すると、一腹雛へ寄生する生活はたやすくないことがわかる。そうなのだ。カッコウやその種の鳥たちは親という重荷を逃れ、それゆえ、普通に営巣する鳥より多くの卵を産む潜在的可能性を持つ。彼らは、宿主がだまされやすいうちは一時的に得をするかもしれない。だが、宿主が反撃すると、カッコウは、結局、だましのテクニックを成功させるために複雑な手順を必要とするようになる。おそらく、人間の社会でも普通、詐欺の常習犯は最後はつかまって償いをさせられるように、宿主の防衛は一腹卵への托卵の進化的成功を制限する。このことは、托卵する鳥の種がなぜ鳥全体のわずか一パーセントしかないかの説明になっている。擬卵を入れるのに適した段階の宿主の巣を探しながら何日も過ごしたあと、私は、もし自分が鳥だったら、巣を作って自分の雛を育てた方がカッコウよりも楽な生活ができるだろうとしばしば思うのだった。

# 第12章

# もつれ合った土手

新たに羽化したカゲロウを喜んで食べる5羽のチゴハヤブサ。湿原上空高く。

チャールズ・ダーウィンは、『種の起源』の最後のパラグラフで、自然界の多様性と生態的な複雑さは、いかに自然選択の産物であるかの展望を詩的に描くために「もつれ合った土手」という比喩を用いている。

土手の上のさまざまな生物の「もつれ合い」について思いをめぐらすのは興味深い。土手は多くの種類の植物に装われ、藪では鳥たちが歌い、さまざまな昆虫がせわしなく動き回り、虫たちが湿った土を這い回る。そして、互いどうしは大きく異なりながらも、きわめて複雑な形で関連し合う、注意深く構築された形がすべて、私たちの周りに働く法則により作りだされ……繁殖による増加、遺伝……変異性……、生涯を通じた戦いにつながるほどに高い増加率、自然選択の結果に伴った特徴の分岐と改善の度合の低い形質の消滅……。このようにして、自然界の闘争や飢えや死から……さらなる高等な動物の創造が直接生じる。このような視点から生命を見ると、そこには雄大さが存在する……最初はあまりに単純だったものから、きわめて美しく、素晴らしいものが果てしなく形をなし、いまも進化し続けている(1)。

すべての人がカッコウの習性を「きわめて美しい」と考えているわけではないだろう。ウィッケン・フェンを訪れる人が、葦の中を探る私を見て、カッコウの卵を探していることがわかると、多くの人が「それは、それは。見つけた卵は放り出すのですか?」と言う。だが、カッコウは、注意深く見れば奇妙で驚異的で不思議だという意味においては「きわめて素晴らしい」ということに、皆明らかに賛同するだろう。ダーウィン以前の観察者たちは、親としての本能を持たない鳥を、なぜ創造主が意図したかという好奇心に満たされていた。博物学者たちは、托卵するカッコウは親の役を果たしていた祖先からどのように進化し、そのだましの技が宿主の防衛といかに共進化してきたかについて、いまなお好奇心に満たされている。

ダーウィン自身は、この驚異の念の持続について『種の起源』の最後のページで以下のように書いている。

私たちがもはや、生命体を未開人が船を見つめるように、理解を完全に超えた何かとは見なくなったとき、自然界の個々の産物を長い歴史のあるものと思うようになったとき、あるいは、複雑な構造や本能を持つすべてのものを、その所有者にとり有益な多くの仕掛けの集積として思索するとき、……自然誌の研究は、さらにどれほど興味深くなるだろう！　……私がすべての生き物を、特殊な創造物ではなく、カンブリア期の海底で最初の堆積物ができるはるか前に生きていたあるわずかな生き物からの直系子孫として見るなら、それらは私にとり高尚なものになるように思われる(2)。

*

私は再び、保護区の中央を西へ曲がる水路、「ウィッケン・ロード」のそばに座っている。土手に座ることは、ダーウィンの「もつれ合った土手」について思いをめぐらすのに適した方法のようだ。水路沿いの葦の端では、ヨーロッパヨシキリの巣のいくつかが托卵されているが、ヨシキリたちはそれとは知らずに、いまや自分たちの一腹卵を破壊する予定の生きた時限爆弾であるカッコウの卵を抱卵している。そのとき、下の静かな水面を見下ろすと、カッコウと宿主の世界にとらわれていた私の思考はその先に行きはじめた。

私の長女のハンナの油絵は、反射面の中にある多くの層をどのように見ればよいかを教えてくれた。その絵は、通りを歩いていてコーヒーショップの窓を一瞥した一瞬をとらえており、それは、通行人の映った像とガラス表面のよごれが店内のコーヒーカップと照明に混ざり合い、浮かび上がるように見える夢のような世界だ。私が眼下の水中で見たときにも、多くの層がある。まず、青い空と、高所のヨーロッパアマツバメの群れが、もくもくと立ち昇る白い雲を背景に風を切るのが反射して見え、それから、輝く水面に焦点を合わせると、スイレンの葉の上で休む空色のイトトンボが見え、最後に水中を覗くと、水路の底の泥の中で餌をとる魚の群れがいる。そして、上空、水面、水中の深みといったこれらのすべての層を通じて、そこにはカッコウと宿主の間にあるのと同じくらい美しく素晴らしい相互作用があることがわかりはじめる。

ギルバート・ホワイトは、生涯の最良の時期だった六〇年間を愛するセルボーン村で過ごした。私はこの三〇年間、ウィッケン・フェンでカッコウと宿主を見て夏を過ごしてきたが、運よくセルボーンの世界を旅することができた。だが、この土手に座って一生を過ごし、それでいてなお、いつも何か新しい発見をすることもできる。

私たちは、水面の上で「もつれ合った土手」のお祝いのパーティーを始めたが、水面では一羽のバンが水路の端を泳ぎ、イグサや葦の茂みに隠れた巣に向かっていた。その巣には七個の卵があり、四個の卵には丸い方の先端に赤みがかった大きな斑点があり、それより小さい三個には細かい斑点があった。これらの卵は、二羽の雌が同じ巣に産んだのかと思われるようだった。二〇年前、ケンブリッジ大学の研究生のデイヴィッド・ギボンズとスー・マクレーは、湿地のバンが実際にしばしば他のバンの巣に托卵し、カッコウのような真似をすることを発見した。彼らは、ピーターバラ付近の湿地で繁殖する約八〇のつがいからなる個体群にカラーリングをつけて個々の鳥の行動を追えるようにし、托卵した卵の同定にDNAプロファイルを使用した。

一〇～二〇パーセントのバンの巣が他のバンに托卵され、托卵された卵の数はたいてい一個だが、ときには六個にもなることをスーとデイヴィッドは発見した。托卵された卵には、縄張りが隣どうしで、自分の巣にいつものように一腹卵を産む前に数個の卵を托卵する雌のものがあった。これらの雌は、隣の巣にいくつかの卵をこっそり忍ばせることで、繁殖をさらに成功させようとしていた。他の卵は、自分の縄張りに一腹卵を産卵中に巣が捕食された雌のものだった。これらの雌は、一腹卵の残りの卵を隣の巣に産卵して救おうとしていた。結局、いくつかの卵は、自分の縄張りを作る場所を見つけられなかった雌か、托卵することで少なくとも繁殖をいくらかは成功させようとする雌のものだった。

この最後のグループの雌は繁殖成功率がきわめて低い。理由は、おそらくその雌が劣った個体であることも一部あると思われるが、バンの場合、托卵だけで繁殖しようといかに試みても引き合いそうもないという理由もある。カッコウは、隠れたとまり木から多数の宿主の縄張りを調べることが簡単にできる。バンは不器用で飛ぶときも目立つので、縄張りの間を歩かなくてはならない。巣を作って自分の雛を育てる以上の利益を生みだすほどに、宿主を見張り、托卵に適した段階の巣に十分接触するのははるかに困難なことがわかるだろう。

バンは、他の個体の巣に産卵するときに宿主の卵をとり除かず、宿主の一腹卵に自分の卵を足すだけだ。空っぽの巣に托卵された卵が現われると、その卵は速やかにとり除かれるか、宿主につつかれて食べられる。だが、宿主はいったん一腹卵を産みはじめると、托卵された卵を排斥しない。雌は、自分の卵の色や刻印もしばしば多様なので、よそ者の卵の認識は難しいのかもしれない。それにもかかわらず、産卵の初期に托卵されたり、いくつかの卵が同時に托卵されたりすると、宿主は巣を見捨てることが多い。バンがDNAプロファイルの助けを借りることはないが、「私が自分で産める以上の卵がここにある」という限られた知識でも、排斥の際の有益なルールになりうる。

バンは普通、日没直後に卵を産む。この時間だと、雄が抱卵と巣の防衛の役目を引き継ぐが、おそらくこれは、雄は雌より大きく、夜行性の捕食者をうまく追い払えるからだろう。托卵も夕方なので、宿主の雄が侵入者の雌と交尾する可能性があり、その托卵された卵と雌がのちに自分の巣で産む卵のいくつかの両方を受精させる可能性が生まれる。だが、これは決して起こらないことがスー・マクレーのDNAプロファイリングにより判明した。托卵された卵はすべて托卵雌のつがいの雄が受精させていて、その雄は、托卵雌が自分の巣に帰って産卵したすべての卵の父親でもあった。このことは、宿主のつがいは雌雄ともに、托卵しにくる雌を寄せつけないようにしているはずであることを意味している。

スーはイメージインテンシファイア〔高感度撮像管〕を備えたビデオカメラを設置したので、夕暮れから月の光がある間の産卵の行動を撮ることができた。通常の産卵では、雌は巣に着くと、巣のそばに立ち、座っているつがいの雄に向かって優しく「パック、パック」と鳴く。雌は頭を上げてくつろぎ、雄が巣を離れるのを待つ間にしばしば羽繕いをする。その後、雄は横にどいてそばに立ち、一方、雌は巣に落ち着く。雌はそこに約三〇分間座り、産卵する。それから雌はいなくなり、雄がもう一度巣に座る。

托卵のときは、これとは驚くほど対照的だ。托卵者の雄は自分の巣にいるので、雌は一羽で闇の中を訪れる。縄張りに入るにはおそらく雄が巣にいる夜が一番簡単だ。それというのも、雌が抱卵する日中は雄は縄張りを見回り、侵入者はすべて精力的に追い立てるからだ。托卵する雌は頭を低く垂れ、物音を立てずに素早く巣を襲う。迷うことはなく、それまでの偵察から巣の正確な位置を知っているに違いなかった。スーは、托卵の場面を九例撮影した。一つの事例では、宿主がいず、雌は明らかに神経質になってはいたものの無事托卵した。二つの事例では、同じ夕方に自分の卵を産んでいた宿主の雌が巣にいた。宿主の雌は身じろぎもせず座っていたが、一方、托卵者は横に割り込んできて、宿主の雌と反対の方を向き、雌からつつかれないように自分の頭を守ろうとした。これらの事例の一つでは、宿主の雌が鳴くとつがいの雄がやってきて攻撃に加わった。

他の六つの事例では、雌が托卵しにきたときに宿主の雄が巣にいた。再び雌は雄の隣に割り込んで一列になり、雄からの痛打が降り注ぐ中、そこに静かに座っていた。托卵者は決してやり返さず、いつもじっとしていた。宿主たちは、もっと荒々しく戦うと自分の卵を割ってしまう可能性があるので、攻撃を抑えていたのかもしれない。托卵する雌は二、三分間で素早く産卵し、しばしば宿主の雄に追われながら自分の縄張りに逃げ帰っていった。これらの驚くべき映像は、雌が托卵を成功させるには、こっそり素早く、かつ勇敢に振る舞う必要があることを示していた。

ときたま生じる托卵は、今日では二〇〇種以上の鳥で記録されている。この「パートタイムの」だましは、営巣場所や縄張りがなくて雌がいつものように巣作りができなかったり、自分の一腹卵が捕食者にとられたりしたとき、少なくとも何羽かの子供を作ろうとするときの常套手段である。だが、自分の卵を他の親に押しつける生き物は鳥だけではない。ここで、水面から目を転じて水路の深みを覗くと、そこでは、最も数の豊富な魚の一つであるヨーロッパタナゴとカラスガイとの間に驚くべき関連がある。

＊

ヨーロッパタナゴは体長七センチの小さな魚だ。春、雄は色鮮やかになり、目は赤、背は深紫、腹はピンクがかった赤、そして、横腹に沿って鮮やかな緑の縞ができる。タナゴたちは、水路の底の泥に半分埋まって生息するカラスガイの周りに縄張りを作る。縄張りを持つほとんどの雄は、たった一つのカラスガイを自分のものとして守るが、縄張りにいくつかのカラスガイを持つものもいる。別の雄が近づくと、頭突きをされて追い払われる。

繁殖をする雌の色は鈍く、背は灰色がかった緑色、横腹は銀色だが、自分の体と同じくらい長いこともある産卵管が垂れ下がり、産卵の用意ができているときは簡単に見分けられる。産卵管の伸びた雌が近づくと、雄はそばで体をふるわせて雌に向かってディスプレイし、その後、自分のカラスガイのところへ雌を導く。カラスガイは鰓に水流を通してその水から食物片と酸素を抽出する。水は入水管から入り、出水管から出る。ヨーロッパタナゴの雌はカラスガイの出水管を調べ、出される水の酸素濃度によりその貝が適当かどうかを決める。

雌が、その貝が産卵に適した場所だと決めれば、すぐに恐るべき速さで一連の出来事が起こる。雌は弧を描いて降りて産卵管を出水管へ奥深く差し込み、一秒もしないうちに一〜六個の大きな卵を押し出して泳ぎ去る。雄はその直後に入水管の中に射精し、そこに吐き出された精子は貝の中に流れ込む水によって中に入り、卵を受精させる。その後の一分間は雄はとくに攻撃的になるが、それもそのはず、近くにいる別の雄がこっそり忍び寄り、卵を受精しようとしたり、ときには、縄張りのない雄たちが六〇匹もの大群となって押し寄せ、射精することがあるからである。縄張りの主の雄と忍び寄る雄が、雌の産卵前にカラスガイの入水管に射精しようとして争う場合もある。

ヨーロッパタナゴの卵は、その発生に安全な待機場所を与えてくれるカラスガイの鰓深くに留まる。卵は三六時間後に孵化し、その後、この魚の胚は、卵黄の保存場所で約一ヵ月間過ごし、出水管から危険な外の世界に出るまでに体長一センチに成長する。

カラスガイの中には、同じ、あるいは何匹かのヨーロッパタナゴの雌に何度も産卵されるものがいて、挙げ句の果てに一〇〇匹かそれ以上の稚魚が鰓にいることもある。貝は鰓の損傷や水流の詰まりに苦しめられ、ヨーロッパタナゴの稚魚も、酸素をめぐり発生過程の貝の幼生と争う。したがって、この関係は多くの点でカッコウと宿主に似ている。貝はタナゴの寄生から自分の身を守ろうとしているのだろうか？　セント・アンドリュース大学のマーティン・ライヒャルト、カール・スミスと同僚たちは、実際に貝はそうしているが、カッコウの宿主たちと同様、防衛の進化には時間がかかることを近年の研究で示した。

トルコでは、カラスガイとヨーロッパタナゴは少なくとも二〇〇万年間共存してきた。ここでは貝は強い防衛力を持っている。出水管は、触れられると素早く閉じるので、ヨーロッパタナゴの雌は産卵が難しくなるし、タナゴの卵や胚は、殻弁の収縮によりしばしばとり除かれ、鰓を通る水流に乗せて出水管から外へ出される。これとは対照的に、中央ヨーロッパやウィッケン・フェンの水路などのある西ヨーロッパでは、ヨーロッパタナゴが住み着いたのはここ一〇〇年〜一五〇年という最近だ。ここでは貝に強い防衛力はない。貝が新たな侵入者に対抗して自分の身を守りはじめると、カッコウと宿主間の多くの相互作用と同じように、いま起きている最中の進化を観察する素晴らしい機会となるだろう。

＊

私たちは土手に座り続けるが、ここでもう一度目を転じ、今度は上空を見上げよう。五月に何日かある暖かい朝、何千ものカゲロウの大群が突然水路から現われ、目を引いた。若虫は水生で、藻類や植物を食べて一、二年間生きる。そして、水から現われて羽の生えた成虫になると、その名の通り羽で飛ぶのは一日だけだ（カゲロウ目の学名 ***Ephemeroptera*** は、*ephemeros* が「一日」、*ptera* が「羽」の意味である）。カゲロウの成虫は餌をとらず、わずか数時間の命で、その間に交尾の相手を見つけて産卵し、死ぬ。虫たちはパラシュートの役をする大きい羽と長い尾を持ち、空中を舞って漂うとチラチラ光るが、飛翔は弱々しく、捕食者たちの饗宴の食物となる。

私たちは、一二羽のチゴハヤブサの群れが急降下して水路の低空を飛び、降ってわいたようなご馳走を楽しむのを見ていた。チゴハヤブサは、ハヤブサの中でも最も敏捷で優美な鳥である。その長く大鎌のような翼は、ときに彼らを大きなヨーロッパアマツバメのように見せ、実際に飛行中のアマツバメやヨーロッパアマツバメに途轍もない速度で向かっていき、そのかぎ爪で空から彼らをとらえられそうだ。だが、チゴハヤブサの春の餌は昆虫のことが多く、かぎ爪で虫をとらえてそれから嘴《くちばし》にくわえ、飛びながらむさぼり食う。チゴハヤブサたちは、一〇〇メートルほど風に乗って飛んでカゲロウをとらえ、その後、旋回して水路から去り、再び追い風に乗って飛ぶという周回を同じように繰り返す。土手に座るときに最適な場所を選択すれば、わずか数メートル先を猛スピードで通過してカゲロウをつかまえる彼らを見ることができる。

リチャード・ニコルはウィッケン・フェンの野生生物の写真を撮ることに多くの時間を費やし、私はその優れた写真の一枚を持っているが、それは、獲物をつかもうとしているチゴハヤブサの優美さと正確さをとらえている。焦点はチゴハヤブサとカゲロウの両方に完璧に合っている。チゴハヤブサの黄色い両足は振り上げられ、かぎ爪は嘴の真正面に保持されている。灰色で長く先端のとがった翼は完全にバランスが保たれているので、ほんの一瞬、時がとまっているにもかかわらず、チゴハヤブサが虫を殺そうと迫ってくるときの速度や、わずか数センチ先に浮いているカゲロウを暗い色の目が注視しているのが感じとれる。

これは、飛ぶのがのろいカゲロウと、飛翔に速さも正確さもあるチゴハヤブサとの力の釣り合わない一方的な軍拡競争で、カゲロウなら他の捕食者でも簡単に獲物にできるように最初は思われる。だが、同時に出現すること自体でカゲロウは数的に安全になり、これこそが防衛術の鍵である。カゲロウの成虫が皆同時に現われると、捕食者は短時間、たなぼたのご馳走を楽しめるが、獲物をとる最大能力は封じられる。一匹一匹のカゲロウは、出現のピーク時には捕食から最も安全なところにいるのだ。カゲロウが皆同時に現われる理由に対する別の説明は、個体の交尾の成功率が高まるかもしれないということだ。この考えを巧みに検証するテストが可能で、それは、何種かのカゲロウは単為生殖で、これらの種は雌だけしかいず、遺伝的に自分と同じ子孫を雌だけで産み、成虫は交尾の必要がないことによる。単為生殖をする種は、性別のある種とまったく同じように同時に出現する。したがって、捕食者に手出しをし損なわせることで個々の虫の補食を減らすのは、おそらく、同時性を好むようになるおもな選択圧になっているはずだ。

＊

土手に座って一生を過ごし、捕食者が獲物を見つけてとらえるため進化させてきた他の無数のトリックや、その獲物が隠れたり逃げたりするため進化させてきた防衛力を賛美することも可能だ。だが、軍拡競争は、捕食者対獲物、あるいは寄生者対宿主といった異種間の戦いだけと関連するのではない。種の中でも、つがいをめぐる競争や、つがいになりたがる雄とそれを躊躇する雌との間での強力な軋轢もある。これらは、ダーウィンの「もつれ合った土手」に魅惑的な側面も与える。

ここで水面に視線を戻そう。アメンボが水路の水面を滑っていく。細長い脚だ。真ん中の脚が一番長くて水を掻くのに使われ、後ろ脚は方向転換用、前方に保持される前脚には獲物をつかむ爪がついている。水に落ちてもがくクモや昆虫の立てるさざ波を感知すると、猛烈な勢いで泳ぎ寄り、獲物をとらえて突き刺し、体液を吸い出す。

アメンボの雄も交尾の相手を探している。雄は雌に出会うと素早く飛び乗り、それから、腹部の先端から伸びる交接器で雌をつかまえて交尾をとげようとする。すでに交尾をすませた雌と交尾を試みることも、雄には利益になる。それは、雄の精子は雌の管の中に蓄えられている前の精子にとって代わり、卵の父親になれるからだ。だが、雌は背中に雄が乗っていると動きが鈍くなり、餌とりの成功は減少し、捕食者につかまる可能性が高くなるため、必要以上の交尾を避けようとする。雌はこの望まぬ雄に抵抗する武器を持っており、それは、腹部の先端についていて、自分をつかもうとする雄を激しく突き刺せる針だ。

アメンボの種の数は多い。雄が雌をつかまえるのに最も精巧な交接器を持っている種では、雌も最も長い針を持っている。したがって、交尾を強要する雄の体の仕組みは、それに抵抗する雌の仕組みと共進化してきた。このような同じ種内での性別間の軍拡競争は、まさしく、カッコウが（卵を似せて）だましの技を向上させるのと、宿主が（卵を排斥して）抵抗する技を向上させるのが共進化するカッコウと宿主間の軍拡競争と類似している。

他の昆虫の雌は、力よりもだましの技を使って必要以上の交尾を避けようとする。多くのイトトンボでは、雌特有の地味な色合いでなく、雄のように明るい色をしていて雄に見える雌がいる。雄に似た雌は、交尾の相手を探す雄に脅かされる危険が減り、これによりもっと無事に卵を産めるようになる。ここから疑問が生じる。なぜ、すべての雌が明るい色にならないのか？　一つの可能性は、明るい色の個体は捕食者の目につくことが多くなるということだ。それらは結局、空腹のヨーロッパヨシキリの口に入る可能性が高くなるので、色が明るい雌と地味な雌の比率は選択圧のバランスを反映しているかもしれない。もう一つの可能性は、雌がどんどん雄に似ていくにつれ、だましの効果が薄れるということだ。実際、もしすべての雌が雄に似たら、交尾できる相手かどうかを判断するため、明るい色の個体をすべてしっかり調べる雄が明らかに報われることになる。したがって、進化の結果、雌の外見は地味な色と明るい色が混在することになり、これは、カッコウの雌が宿主の防衛を破るように進化し、灰色と赤褐色の個体が混在するようになったのと似ている。

ダーウィンの「もつれ合った土手」は、あらゆる点においてカッコウと宿主の相互関係と同じくらい奇妙な相互作用におおわれている。カゲロウの舞いとチゴハヤブサの速さや優美さから、自分の種を出し抜こうと苦心するバン、アメンボ、イトトンボの狡猾さまで、自然選択による「飢えと死」を伴う「自然界の闘争」は、多くの美と驚異をもたらしてきた。私たちは皆、気候の変化も、動植物はその物理的世界の変化に適応しなければならないこともよく知っている。だが、物理的環境が一定のままでも進化がとまることはないだろう。有機的世界は永遠に変化し、生命体は、捕食者、寄生者、競争者の変化にただひたすらついていくために進化し続けるだろう。カッコウと宿主の観察は、きわめて「もつれ合った土手」の妙を知る手がかりとなるのだ。

# 第13章
# 減少するカッコウ

3羽の雄に鳴き立てられながら追いかけられ、興奮するカッコウの雌。
——ウィッケン・フェン、2014年5月31日。

古くからある大学で研究していると、世界の変化の中でその人自身の研究や考えに広い知見が与えられる。私のいるケンブリッジ大学ペンブルック・カレッジで、五世紀前に特別研究員だった二人のことから話を始めよう。ニコラス・リドリーは一五四〇年～一五五三年にペンブルックの学寮長だった。大学の食堂には肖像が掛けられていて、彼が一五〇三年に生まれ、一五五五年一〇月一六日に死亡したことが記録されているが、その日はカトリックの女王メアリーの統治時代、プロテスタントの異端として火刑に処せられた日だった。罪状の一つは、〔プロテスタントの〕正餐（式）のパンと葡萄酒はキリストの体と血の象徴で、奉献〔正餐式の一連の儀式の一つ〕の間に本当に変質したものではないと信じたことだった。その死はあまりに苦しみに満ちたもので、それというのも、薪がたくさんくべられすぎて、焼かれるのに時間がかかったからである。四〇分間もの試練の間、仲間の殉教者のラティマー主教は「マスター・リドリーにどうか安らぎを、この方に祈りを。この日を、神の恩寵の光により、イングランドにおいて、決して消されぬと信じられるような灯火としようではありませんか」と叫んだ。

リドリーの弟子の一人に、一五三〇年にペンブルック・カレッジの特別研究員になったウィリアム・ターナーがいた。ターナーは、いまでは、イングランドで最初の博物誌専攻生と考えられており、その記念がペンブルック・カレッジ図書館のステンドグラスの中に残されている。一五四四年に出版された鳥に関する著作では、プリニウスとアリストテレスが言及したすべての種に関してその記述を解読して同定し、自らの見た種と照合している。だが、それには独自の注意深い観察もつけ加えた。ターナーは、カッコウの好む宿主として「タヒバリ」を記録している。

自分の子と同じようにカッコウの雛を見守り、育てることにこれ以上熱心な鳥は、ほかに観察したことがない。

ターナーは行動に対しても鋭い観察眼を持ち、コマドリとジョウビタキは、羽だけでなく、声や尾の振り方も異なることを記録し、ジョウビタキが秋に姿を見せなくなるのは、彼らがコマドリに姿を変えるからだとしたアリストテレスの考えに異議を唱えた。もちろん私たちは、ジョウビタキが冬季にはアフリカに渡ることをいまでは知っている。

ターナーは植物学者としても草分け的存在だった。一五五一年～一五六八年に三部に分けて出版された『本草書』には、二〇〇種以上の在来植物に関する最初の科学的記録が書かれており、それらの「用法と効能」の説明がある。以下はイチゴの「効能」である。

イチゴの葉は、脾臓の病気の治癒を助け、蜂蜜を入れたジュースも同様である。活力不足の改善には、胡椒とともに摂取してもよい。イチゴから絞られたジュースは、時がたつと効力を増し、顔面のただれや目の充血の治療薬になる。このハーブは、多くの人が、女性の月経の問題、歯ぐきを丈夫にすること、呼吸の不具合に利用する。

ターナーはリドリーの宗教的見解を受け入れていたので、メアリー女王の統治期間中はヨーロッパ大陸へ逃れた。異郷生活から戻ってきたのは、プロテスタントの女王エリザベスが即位したときで、ターナーは大げさな賛辞とともに『本草書』を女王に捧げた。

化体説[1]あるいは変容という考えにあえて異を唱えた二人の記念碑の前に立つと、対照的な考えが浮かんでくる。ウィリアム・ターナーを讃えたステンドグラスは私をほほえませ、カッコウに関する私のいまの研究が、将来の世代の学生たちにどれほど奇妙に見えるだろうかということに気づかされる。ニコラス・リドリーの肖像は、世界の変化の中で古い価値観を理解することはどれほど困難かというさらに暗い思念をこの国にもたらす。確かに、リドリーの扱いに対する今日の私たちの恐怖は、私たちの自然界の扱いに対する将来の世代の人々の恐怖に匹敵するだろう。

バードライフ・インターナショナルのスチュアート・バッチャートと同僚たちによる最新の評価によると、一二四〇種の鳥類が絶滅の危機にある（現存する約一万種の一二パーセント、あるいは八分の一）。このほかに、さらに八二八種（八パーセント）が「絶滅の恐れがある」と分類され、両者を加えると保全が危惧されるのは二〇七八種、あるいは全世界の種の五分の一となる。この三〇年間、鳥類の状態は確実かつ継続的に悪化しており、なじみのある一般的な種でも今日深刻な減少が見られる。ヨーロッパでは、農地に生息する種とともに、繁殖はヨーロッパだが越冬はサハラ以南のアフリカで、長距離の渡りを行なう種においてとくに顕著な減少があった。一番の脅威は人間の活動からくるもので、とくに、人口増加により不足する土地を供給するための森林破壊や湿地の浚渫が行なわれることからもたらされる生息地の喪失である。

このような鳥類の減少は、すべての生物多様性の減少というもっと一般的な指標の一つにすぎない。私たちの目標が、長期的な価値観よりも短期間の経済的所得に支配され続けるならば、自然界は衰退し続けるだろう。それでもなお、近年の概算は、私たちが価値観を変えさえすれば、保護は無理せず手の届く価格で十分可能なことを示唆している。全世界の危機に瀕している鳥類を確実に存続させるのに十分な生息地の保存には、一年間に約七八〇億ドルかかる。これは、一年間に全世界で消費されるソフトドリンクの価格の二〇パーセント以下、あるいは、近年、銀行員に支払われる年間賞与の五〇パーセント以下である。

*

春を告げるカッコウの近年の減少は、自然界の衰退の説得力のある象徴だ。一九八〇年代のはじめ以降、イギリスではカッコウの数が六五パーセント減少し、「レッド・リスト」の保護の懸念の度合が最も深刻な種として記載されることになった。その原因には複雑な可能性があり、いまだ解明されていない。最も減少したのは、イングランドの低地からウェールズである。スコットランド北部ではカッコウの数は安定しており、増加している地域すらある。英国鳥類学協会（ＢＴＯ）の計算では、カッコウの減少は、宿主の個体数の減少では説明がつかないことが示されている。イギリス全土における主要な宿主の三種を考えると、この二〇年間にマキバタヒバリは減少したが、ヨーロッパヨシキリとヨーロッパカヤクグリは増加しているからだ。

いまでは、カッコウの手に入る宿主の巣が減ったのだろうか？　近年は春が暖かくなり、多くの種の繁殖が早まった。ヨーロッパ大陸の二十ヵ所にわたる分析の結果、一九四七年から二〇〇七年の六〇年間を超える間で、カッコウが最初に到着する日が平均で五日間早くなったことがわかった。これに伴い、カッコウと同じように、冬はアフリカのサハラ以南で過ごし長距離を渡る宿主の種も、春の到着の時期が早まった。だが、冬は北アフリカかヨーロッパで過ごし、渡りの距離が短い宿主の種は、繁殖地にくるのが六〇年前と比較して平均で一五日間早くなり、そうすると、カッコウの到着は、これらの宿主の初期の巣に托卵するには遅すぎることになる。この二〇年間にわたり、渡りが短距離の鳥たちは一般的な宿主でなくなってきている。このことは、気候の変化による繁殖期の不一致から、ヨーロッパ中のカッコウが宿主利用を変えていることを示唆している。

イギリスでのカッコウの到着はどうだろう？ ウィックン・フェンについては、カッコウの最初の到着日に関するよい記録がある。一九世紀前半、チャールズ・ダーウィンの友人のレオナード・ジェニンズは、ウィッケン・フェンからわずか数キロメートルのスウォフハム・バルベック村の教会の副牧師で、のちに教区牧師になった。ジェニンズは、ダーウィンの前に、ビーグル号に乗り組む博物学者のポストを提示されたが、教区の務めがあって辞退した。ギルバート・ホワイトはジェニンズにとっては英雄の一人で、学校に通っていたころ、『セルボーンの博物誌』は「再び見ることは決してないのではないかという不安を持ち」、ほぼ全部書き写した。一八二〇年から一八三一年にかけて、ジェニンズは教区の動植物相の生物季節学の記録を子細に残し、その中には夏の渡り鳥の到着も含まれていた。ダーウィンは、一八四五年一〇月一二日のジェニンズ宛の書簡の中でその努力を讃えている。

種の問題に関する私の研究は、こういったすべてのお仕事の大切さとともに、私に否応なしに強い印象を与えてきました……そこには、人々が一般に些細な事実と呼んで満足しているものが含まれますが……自然の仕組みや経済を理解させるものなのです。

ジェニンズによるカッコウの初到着のデータ（一行目）は、ケンブリッジ大学セント・キャサリンズ・カレッジの特別研究員で、一九七一年以降は、ウィッケン・フェン鳥類足環標識グループの指導者でもあるクリス・ソーンが記録したここ六〇年間のデータと比較することができる。最初の日付の平均は以下の通りで、括弧内は各期間の中で最も早い日付と遅い日付である。

一八二〇年～一八三一年……四月二九日（四月二一日、五月八日）
一九四七年～一九五七年……四月一九日（四月一六日、四月二二日）
一九七〇年～一九七九年……四月二一日（四月一五日、四月二八日）
一九八〇年～一九八九年……四月二一日（四月一四日、四月二四日）
一九九〇年～一九九九年……四月二〇日（四月一四日、四月二六日）
二〇〇〇年～二〇〇九年……四月一九日（四月一二日、四月二五日）

これらのデータは、現在、ウィッケン・フェンのカッコウはジェニンズの時代より約一〇日早く到着することを示しているが、驚くことにここ六〇年間は変化がない。最初のカッコウの到着日に関し、イギリスで最も離れた地域どうしで長期間の記録を分析しても、過去五〇年間に顕著な変化はなかったことを示している。したがってこれは、ヨーロッパ大陸で到着の早まりが報告されたことと対照的である。

それにもかかわらず、イギリスの宿主には、ここ数十年間で明らかに繁殖を早めているものがある。たとえば、カッコウが宿主として好むヨーロッパカヤクグリとヨーロッパヨシキリの二種は、一九九〇年代半ばと比較すると、繁殖活動がいまでは平均で六日間早まっている。だが、ＢＴＯによる最近の分析では、カッコウの到着と宿主の繁殖のずれは、カッコウの個体数にほんのわずかな影響しか与えてこなかった可能性もあり、イギリスのカッコウの近年の激減を説明できないことを示している。

繁殖期のカッコウに関するこれより可能性の大きい問題は、カッコウの好む食物である蛾や蝶の幼虫の深刻な減少である。一九六八年以降、ロザムステッド昆虫調査計画は、イングランド、ウェールズ、スコットランドにわたり約一〇〇個の光のトラップを張りめぐらし、大型の蛾の年間個体数を調査した。すると、とらえられた蛾の年間総数は、二〇〇三年までの三五年間に三一パーセント減少した。個々の蛾の種類を考えると、調べられた三三七種の三分の二で個体数が減少し、そのうちの半数は五〇パーセントあるいはそれ以上減少していた。減少がきわめて大きかったのはイギリスの南半分を占めるイングランドとウェールズで、そこではカッコウの減少もきわめて著しかった。

＊

カッコウは冬にも問題を抱えているのだろうか？　二〇〇〇年か三〇〇〇年ほど前、カッコウや他の多くの飼い鳥が秋に姿を消すことについて白熱した議論があった。コウモリの冬眠は知られていたので、おそらく鳥たちも同じなのだろうと考えられた。トマス・カリュー（一五九五〜一六四〇）はその詩「春」の中で、日ざしの暖かさにより冬眠から目ざめた生き物のことを想像している。

……暖かい太陽が、感覚をなくしていた土を解かして柔らかくし、
命をなくしていたツバメに聖なる誕生を授け、
うつろな木の中のもの憂げなカッコウとマルハナバチを目覚めさせる。

ジョン・レイも冬季のカッコウの運命に思いをめぐらせた。一六七八年に出版された『フランシス・ウィラビイの鳥類学』には以下のように書かれている。

冬の間、カッコウはどうなるのか。木のうろか、それとも、別の穴か大きな洞窟に身を隠すのか。彼女は無気力に横たわり、春が戻ると息を吹き返す。あるいは、冬が近づくと、寒さが我慢できなくなり、場所を移して暖かい国へと旅立つのか。私にはいまだ定かではない……。冬、たき火に薪をくべたら、中からカッコウの叫び声が聞こえたという……スイスのチューリヒのある田舎人の話を聞いた者がある……。だが、冬の間、木のうろ、あるいは他のどこかの隠れ場所からカッコウが出てきたのをこの目で見たと明言した人で、信頼のおける人に出会ったことはかつてない。

一世紀後になっても、〝渡り説対冬眠説〟の議論は『セルボーンの博物誌』の書簡で侃々諤々《かんかんがくがく》と続いていた。だが、一八〇〇年代初期には渡りの証拠が優勢になってきた。ツバメや他の渡り鳥が秋にイギリスを去り、ヨーロッパを南へ向かって飛び、その後地中海を渡ってアフリカに行き、春には帰りの渡りをすることが観察されたのだ。次の世紀には、アフリカのサハラ南部がヨーロッパの多くの

渡り鳥の目的地であることが明らかになった。カッコウは、七月の終わりから一〇月に西アフリカのセネガルに着き、一二月にアフリカの海岸に沿って南東へ移動し、その後、二月から三月に北西へ戻ることが記録された。そして、九月から一一月にアフリカ東部や南部にも姿を見せ、その後再び海岸沿いに北へ向かい、三月から四月にリフトバレー〔地溝帯〕やナイル平野を上るのだった。

カッコウの減少は、渡りの状況か、サハラ南部の越冬場所の悪化によるのだろうか？　イギリスで足環をつけた鳥類を再捕獲した結果、カッコウは成鳥の六〇パーセントが次の繁殖シーズンまで生き延びるが、イギリスのカッコウがアフリカのどこに行き、どのようなルートを通るのか、正確なところは謎である。足環つけの作業は九〇年間にわたってなされたにもかかわらず、サハラ南部で再捕獲されたのはわずか一例で、それは、一九二八年六月二三日にイートンのハクセキレイの巣で足環をつけられたカッコウの雛が、一九三〇年一月三〇日に西アフリカのカメルーンで殺されたものだった。

その後、二〇一一年五月、ＢＴＯのクリス・ヒューソン、フィル・アトキンソンと同僚たちが、ノーフォーク州の繁殖地でカッコウの雄を五羽つかまえ、衛星通信型標識（タグ）を装着した。このタグは太陽電池で働き、「スリープモード」に入るまでの一〇時間、ソーラーパネルで電池を再びチャージすれば四八時間送信できる。これらのタグはいまでは見事な結果を提供してくれる。一〇〇年前に、カッコウが宿主の巣に托卵するときに直面する困難を明らかにしたエドガー・チャンスの観察とちょうど同じように、カッコウは渡りの際にも、次の繁殖期まで生き延びるために苦労しているので、同じくらい手ごわい問題を抱えていることを、クリスとフィルは現在明らかにしつつある。

カッコウの居場所はインターネット上で生で見ることができるようになり、何千人もの人々がＢＴＯのウェブサイトにつなぎ、それまで姿を現わしたことのなかった信じがたい旅を追った。「二〇一一年組」は五羽とも、アフリカでの三ヵ月間の越冬に間に合うよう到着した。二羽は南西に飛んでスペインに着き、そこで一、二週間過ごし、次の旅程に向けて体重を増やした。それから地中海を渡ってモロッコへ入り、サハラ砂漠を避けて西端を回って西アフリカのセネガルとガンビアに着き、その後東に向かって一一月の終わりにコンゴの熱帯雨林に到着した。

他の三羽は別のルートをとった。三羽は南東に向かってイタリアへ行き、ポー川の流域で体重を増やした。その後地中海を渡り、アルジェリアとニジェールを通るサハラ砂漠の最も広い三〇〇〇キロメートルを越して、一一月末にコンゴで他の二羽と合流した。五ヵ月間の最初のうちは、五羽は再び同じ国に一緒にいた。コンゴの熱帯雨林はおもな越冬地になるらしく、鳥たちはここに三〜五ヵ月間滞留した。同じくここで越冬し、森林上空で餌をとるのは、イギリスに戻る夏の日々を思い出させるアマツバメたちだった。

おそらく私たちも思案すべきなのだ。イギリスの多くの人々は、カッコウのことを、冬にアフリカに行くイギリスの鳥と思っている。だが、衛星追跡により、「私たちの」カッコウは生涯の七〇パーセントをアフリカで過ごすことがいまやわかった。コンゴの野生の森林でローランドゴリラと過ごす時間の方が、イギリスの田舎の耕地で牛たちと過ごす時間より二倍も長いのだ。カッコウは、繁殖のために毎年ちょっとイギリスを訪れるアフリカの鳥と考えた方がよいかもしれない。

コンゴからイングランドへの帰路はもっと速く、たった二ヵ月しかかからなかった。まず、カッコウたちは西アフリカへ飛び、おそらく砂漠を越える長い渡りに備えるため、そこで約一ヵ月間過ごした。ここで彼らは、同じく北への旅に備えて越冬中のヨーロッパヨシキリに出会っているだろう。ヨーロッパの葦原では、宿主の防衛とカッコウのだましというかくも緊張した戦いが行なわれるが、そこから何千キロメートルも離れた場所で、この二種は相手に注意を向けるのだろうか。
砂漠の横断のあと、カッコウたちは南ヨーロッパの中継地で体力を回復させたが、無事ノーフォーク州に戻ってきたのは二羽だけだった。一羽はコンゴの森林から西へ向かった直後に電波信号が途絶えた。もう一羽はスペインで、いつになく激しい雹の降る中で行方がわからなくなった。この鳥は、前年の秋はイタリアを通り南に移動したので、戻るときは必ずしも同じ渡りのルートをなぞるわけではないことを示している。三羽目のカッコウはサハラ砂漠を北へ渡ろうとした直後に行方不明となった。

カッコウはほとんど夜だけ、しばしば高度三キロ～五キロの高い上空を移動することが追跡調査からわかり、おそらくそこは、道中の助けとなる強い追い風を見つけやすくなるからだろう。だが、サハラ砂漠横断はしばしば約五〇～六〇時間の連続飛行となる。カッコウが日暮れに夜空に向かって飛び立つのもうなずける。それから鳥たちは、夜、昼、夜、昼と続く驚くべきノンストップ飛行に耐え、それから三晩目にもう一度飛んで次の夜明けに到着すると、再び餌をとる機会を得る。

アフリカを往復した二羽のカッコウのルートが、この鳥たちの次の年のルートとともに地図に示されている。鳥たちのルートは異なっていたが、最終的にはコンゴの同じ越冬地だった。クリス・ヒューソンとフィル・アトキンソンの厚意により許可を得て、BTOのウェブサイト上の詳細な「ブログ」を要約し、これにより劇的な渡りがことごとく明らかになった。

## リスターのブログ――南西ルート

二〇一一年五月二五日、ノーフォーク・ブロード〔国立公園〕のマーサム村近くでリスターを捕獲。

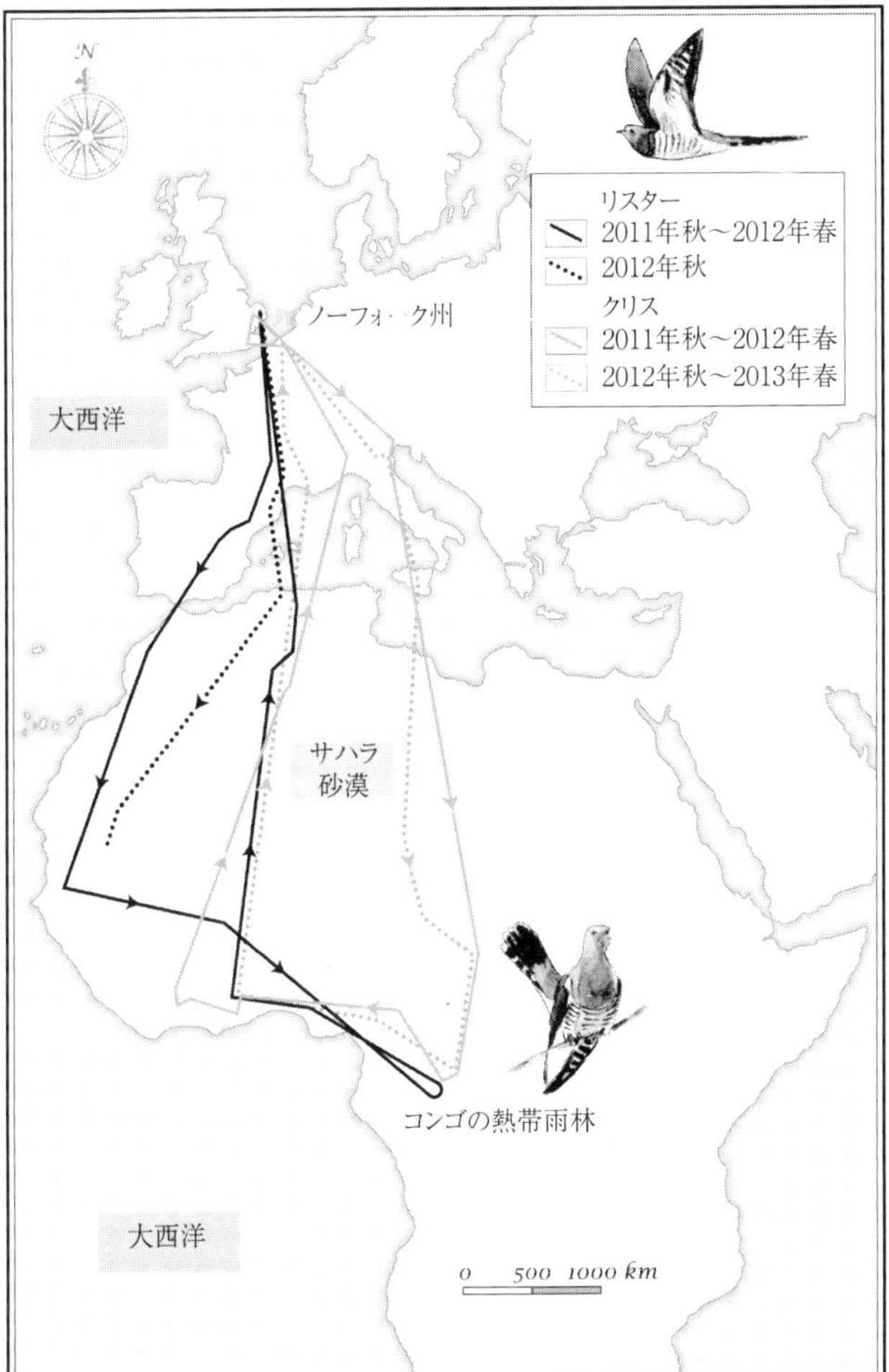


イングランドノーフォーク州でとらえられ、衛星追跡のタグをつけられたカッコウの雄2羽の渡りのルート。2羽はコンゴの熱帯雨林で冬を過ごしたが、戻りはリスターはスペインを通る南西ルートをとり、クリスはイタリアを通る南東ルートをとった。英国鳥類学協会（BTO）のクリス・ヒューソンとフィル・アトキンソンの厚意により提供された情報より。

リスターはこの沼で夏を過ごし、その後、七月二二日に出発してフランスを南下し、七月二七日にスペインのマドリードの東に到着する。ここの山地の森林地帯に一一日間留まり、次の段階に向けて体重を増やしたと思われる。八月八日に出発し、ジブラルタル海峡を渡り、八月一〇日にモロッコの大西洋側の海岸に到着。八月二〇日まで、池や藪のある地帯に留まる。

八月二四日の次の信号は、リスターがすでにサハラ砂漠を横断してセネガル北部にいることを示していた。その後、二ヵ月間は少しずつ南東へ向かって一〇月四日にブルキナファソに到着し、サバンナの開けた森林に二週間いたあと、一〇月二四日にナイジェリア南部に向かって飛び続けた。そして結局赤道を越え、一〇月二九日にコンゴの熱帯雨林に到着した。ここが、こののち少なくとも三ヵ月半、二〇一二年二月一六日まで滞在拠点となるはずだ。

二〇一二年三月六日の信号は、ナイジェリアを通って西へ戻るリスターをとらえた。リスターは西へ飛び続けて三月七日にガーナに着き、ヴォルタ湖畔の森に四月一日までの一ヵ月間留まった。おそらく、春にサハラ砂漠を北へ横断するため、もう一度体重を増やしていたと思われる。

次の信号は四月一三日で、アルジェリア北部からだったので、前年秋の砂漠越えの際のかなり東寄りのルートをとり、ほぼサハラ砂漠を渡りきっていた。その後、四月一五日〜二一日は、アルジェリア砂漠北部のナツメヤシのプランテーションで過ごし、それからアトラス山脈の森林へ移動し、そこでさらに三日間過ごした。アフリカ北部にこのように長く留まるのは普通でないので、おそらく砂漠越えで消耗したのだろう。他の二羽はこの段階で姿を消したので、二〇一二年春は北への渡りがとくに大変だったことを示唆している。

四月二五日、リスターは北アフリカを離れて速いスピードで北に向かい、地中海を渡りフランスを通った。四月二七日にパリの少し南に着き、四月三〇日には、前年に最初に捕獲されたノーフォーク・ブロードの場所からわずか一〇キロの地点に戻った。

リスターは再びこの沼で夏を過ごし、おそらく雌を探しながら広い範囲を移動したと思われる。二〇一二年七月七日にはまだそこにいたが、七月一〇日に南への移動を開始してフランス中部を横断し、七月一六日にスペインとの国境に到着した。七月一七日～二九日には、バルセロナ付近の潅漑された平坦な農地で過ごした。したがって、全体としては再び同じ南西ルートをとったものの、体重を増やした場所は前年と異なる。八月一日に地中海を渡り、アルジェリア北部にいた。最後の信号は二〇一二年八月八日で、モーリタニア南部のサハラ砂漠の西端からだった。砂漠はほぼ渡りきっていたが、おそらくこの不毛で過酷な土地で死んだと思われる。

### クリスのブログ――南東ルート

クリスは、二〇一一年六月一日、ノーフォーク州セットフォードの森の中のサントン・ダウンハムの、リスターの七〇キロ西で捕獲された。クリスは六月四日までここにいたが、翌日南へ飛び、イーストサセックス州バトル付近にいた。六月一五日にはまだそこにいたが、六月一七日に東へ向かい、イギリス海峡を渡ってベルギーに行き、そこの森林地帯に七月三日までいた。クリスはリスターより一ヵ月早く渡りを開始したのだろうか？　あるいは、新しい場所でまだ繁殖段階にいて、雌を探していたのか？

七月四日、クリスは明らかに南へ向かう旅を始め、七月六日にイタリア北部に着いた。七月二〇日まで、世界遺産のポー川デルタ地帯の湿地に留まり、おそらく砂漠越えに備えて体重を増やしていたと思われる。七月二三日、クリスはサハラ砂漠中央部の岩だらけの山々を渡り、チャド北部にいることが信号からわかった。わずか五六時間で、二六〇〇キロの移動だった。七月二六日には無事砂漠を越え、チャド南部にいた。サバンナの森林地帯にもちょうど雨がきて、一〇月二日までの一〇週間ここにいたので、よい餌場を見つけたに違いなかった。

翌日、クリスは再び移動し、中央アフリカ共和国を通って南に向かい（一〇月四日～九日）、一〇月一〇日にコンゴ北部の熱帯雨林に着いた。リスターの場合はここがおもな越冬地と思われ、二〇一二年三月二日までの五ヵ月間ここに留まった。雄が二羽とも夏をノーフォーク州で過ごし、かくも違うルートをたどりながらコンゴの同じ越冬地に着いたのは、本当になんと注目すべきことか。

三月三日、クリスは再び旅に出て、カメルーンに着いた。三月一二日～一五日はガーナ南部にいて、その後、三月一六日～四月二日にはコートジボワールに留まった。したがって、クリスもリスターも三番目の越冬地はアフリカ西部だった。クリスがサハラ砂漠を越して北へ向かったルートはリスターと似ていて、四月七日にはアルジェリア北部にいたので、時期もだいたい同じだった。だが、その後はもっと東のルートをとってヨーロッパを横断し、四月一一日にイタリア北部に着いた。どうやら悪天候に足止めされたようで、四月三〇日までここを離れなかった。その後、遅れをとり戻し、五月一日には、ロンドンのほんの少し北のエセックス州にいた。五月四日、クリスはリスターよりも三日だけ遅れてセットフォードの森に戻り、昔の夏の縄張りに到着した。

クリスはセットフォードの森に五週間半しかいず、六月一二日に再び早めに旅立った。その後、前年とまったく同じように夏の二ヵ所目をベルギーで過ごした。クリスはまたもやノーフォーク州で雌を探したので、イギリス海峡の向こうの雌に気が行ったのかもしれない。七月一二日にはイタリア北部のポー川の流域にいたので、この日に南に向かって渡りを始めたはずだ。前年もそうしたので、ここにはしばらく英気を養うために留まるだろうと予想されたが、そのまま南へ向かい続けて二日後にシチリア島にいたので、皆を驚かせた。七月一七日にはサハラ砂漠をほぼ横断しきり、七月一九日にはチャド湖の少し北にいた。

したがって、サハラ砂漠横断ルートは前年とまったく同じ南東コースだが、おそらく強風に流されたため、砂漠の南部で少し西に曲がった点が異なっていた。クリスは九月初旬までチャドに留まり、その後前年とまったく同じルートをたどって南へ向かい、九月二六日にコンゴの熱帯雨林に着いた。そして、二〇一三年三月六日まで、前の冬と同じ通常の地域で過ごした。

帰りの旅はまたもや前の春と似ていて、まず、アフリカ西部を横断し、ガーナのディグヤ国立公園で一休みし（三月一六日～四月一日）、ここのサバンナの森林と開けた林で渡りのために体重を増やしたと思われる。その後、サハラ砂漠の同じルートを横断して北に向かい、四月四日にアルジェリア北部に着き、約六〇時間で三二〇〇キロメートルという驚異的な飛行をした。四月の間、クリスはフランスを通り北に向かったが、驚くことに、五月三日までフランス北部に留まった。おそらく今回は、フランスの雌のせいで遅れたのではないだろうか？　結局、セットフォードの森の元の場所に戻ってきたのは五月四日で、そこに六月二一日までいた。

二〇一三年の夏の終わり、クリスが南へ向かう渡りについて三度目の追跡調査がなされ（地図には示されていない）、再び同じ南東ルートをたどった。クリスは、これまでの習慣にならってまたベルギーへ向かい（六月二一日～七月一日）、その後、イタリア北部に飛び、そこにしばらく留まった（七月三日～七月一一日）。それからサハラ砂漠の同じルートを渡ってチャド南部へ行った（七月二二日～七月二五日。三日半で三〇三五キロの移動）。再びここに二ヵ月間留まり、その後引き続き南へ向かい、前年とまったく同じ九月二六日に、コンゴでお気に入りのおもな越冬地に到着した。

＊

最初にタグをつけたカッコウの一群から得られたこの驚くべき結果に続き、クリスとフィルは、その後数年間、イングランドほど減少していないスコットランドのカッコウも含め、さらに多くのカッコウにタグをつけた。イギリスの別々の地域からきたカッコウは、渡りのルートや越冬地が異なるかを調べるのは、とくに興味深いだろう。もしかすると、これにより個体数の違いの傾向が説明できるかもしれない。これまでのところ、雄より体重が軽い雌には送信機が重すぎるので、タグがつけられたのは雄だけだ。技術が進歩すれば、雌にもすぐに同じようにタグがつけられるようになるだろう。

カッコウが急減した原因はまだ解明できていないが、おそらく、この素晴らしい研究からの主要なメッセージはもっと幅広いものなのだろう。カッコウが、繁殖期や越冬期だけでなく危険に満ちた渡りの間も、生活のすべての段階で適切な住みかが確保できるようにするには、国際協力が必要だ。

# 第 14 章

# 変化する世界

巣立ち後のカッコウの雛に餌をやるマキバタヒバリ。
——ダートムーア、2007 年 7 月 29 日。

春がきて、カッコウが高らかに歌う。

私たちは春の到来を告げる鳥を失おうとしているのだろうか？

ここ三〇年間、イングランドではカッコウが劇的に減っているが、それは、私たちのウィッケン・フェンでの記録の変化にも表われている。研究の初年度の一九八五年、湿原には、ヨーロッパヨシキリに托卵し、卵の違いにより個体の識別がつくカッコウの雌が一四羽いた。二〇一三年までの最後の四年間、雌はたった一、二羽である。二〇一二年、湿原では巣立ちまで育った雛は一羽もなかったが、三〇年間にわたる調査の中でこんなことが起きたのは初めてで、おそらくここ数百年間でもそうだろう。

私たちの記録では、湿原のヨーロッパヨシキリの数は変化していないので、カッコウの減少は明らかに托卵の減少につながり、一九八五年にはヨーロッパヨシキリの巣の二四パーセントに見られた托卵が、二〇一二年にはわずか一パーセントになった。

カッコウが珍しくなりつつあることに気づいたのは、人間だけではない。明らかに、ヨーロッパヨシキリたちもそれに気づいている。一九八〇年代にさかのぼって比較すると、ヨーロッパヨシキリは、いまではカッコウの成鳥に近づいて襲うことをはるかにためらい、カッコウの卵の排斥も少なくなったようであることが、実験で示されている。ヨーロッパヨシキリはこの三〇年間に、（ヨーロッパヨシキリの成鳥をとる）ハイタカや、（巣を襲う）カケスのような他の敵に対する反応においては何も変化を示さないので、脅威に対する反応が一般的に減少したのでは決してない。

托卵の脅威がほとんどない現在、なぜ、ヨーロッパヨシキリはカッコウへの防衛を減らしたのか？行動の変化は、きわめて実利的なものだ。防衛が「高くつく」ことはこれまでの章で見てきた。

カッコウはタカに似ているので、巣の場所にいるカッコウの姿をした敵に近づくのは危険だ。ミスは命取りになりうる。カッコウの卵は宿主の卵に似ているので、卵の排斥も犠牲を伴う。宿主は間違って自分の卵を捨ててしまうこともあるからだ。ヨーロッパヨシキリは、カッコウがほとんど、あるいは全然いないと踏んだら、最良の選択肢はミスをするリスクを避けることだ。私たちも、押し込み強盗のリスクが低ければ、財産を守るのに多額のコストをかけようとはしなくなるだろう。ヨーロッパヨシキリも、托卵の危険性が減ればカッコウへの防衛の投資を減らすのだ。

ヨーロッパヨシキリはどうやってこうも素早く適応したのか？　個体群は、遺伝的変化によって変化している世界に適応することが時としてある。このような自然選択による進化はあまりにゆっくりとしか進まないため、その過程は決して観察できないだろうとダーウィンは予想した。事実、『種の起源』に記録されているのは過去の自然選択の結果のみで、選択が実際に働きつつある事例はなく、有名なくだりでダーウィンは以下のように書いている。

自然選択は、世界中で日々刻々、きわめて微細な変異を細かく観察し、悪いものはとり除き、良いものはすべて保存し、付加する……［だが］、時計の針が長い時間の経過を刻むまで、進行中のこのような緩慢な変化は何も見えない。

だが、遺伝的変異は自然界においてきわめて強力な選択的利点を持つので、数年間の中でさえ進化的変化が生じるのが見える多くの例を、今日の私たちは知っている。

ドイツのラドルフツェルにあるマックス・プランク研究所のペーター・ベルトールドと同僚は、気候変化による渡りの進化的変化の見事な例を発見した。ここ四〇年間、イギリスとアイルランドで越冬するズグロムシクイの数は確実に増加している。まず、これらの鳥たちが冬の温暖化に応じてイギリスとアイルランドに留まり、繁殖していることが想定される。だが、これらの繁殖者たちがヨーロッパ中部からきていて、秋に南西コースをとって地中海に向かう伝統的なルートではなく、北西コースというまったく新たな渡りの習慣を持つことを、明らかな個体数の回復が示している。ベルトールドは、ズグロムシクイを小さな小屋に入れたまま、渡りの方向の調査を研究所で行なうことができた。渡りの期間中、鳥たちはかごの側面のある一方向に向かって羽ばたき、このことは彼らがどちらの方向に飛びたいかを示していた。イギリスで越冬するズグロムシクイが調べられたとき、鳥たちは秋は北西を好むことを示したが、これは伝統的な南西ルートから方角が七〇度ずれていた。さらに、イギリスで越冬するこれらの鳥たちが鳥小屋で繁殖すると、子供たちは秋にこの新たな方角に向かう習性を受け継いでいることがわかった。

冬がもっと厳しかった過去には、この新たな渡りの方向を持った突然変異体のズグロムシクイは自然選択により消えていただろう。だが、いまや気候が穏やかになり、イギリスではここ数十年、庭での餌やりや、冬に結実する植物が植えられたことから冬に得られる食料が増えたため、新たな渡りの習性が繁栄している。この新たな渡りの個体群は、冬の三ヵ月間へ向けての渡りの距離が短縮するだけでなく、春にヨーロッパ中部の繁殖地にもっと早く戻ることもできる。エクセター大学のスチュアート・ベアホップと同僚たちは、これにより鳥たちは最良の繁殖地を縄張りとして手に入れ、より多くの子孫をもうけられるようになることを示した。繁殖地への到着時期の違いにより、結果的に、同じ越冬地からきた個体どうしでつがいが形成されることもわかった。たとえば、イギリスで冬を越す雄は早い時期に繁殖地に到着し、同じくイギリスで冬を越し早く到着した雌とつがいになる傾向がある。その結果、渡りの習性の異なる個体間の遺伝子交換が減少し、新たな渡りの習性という進化が速まることになる。

ウィッケン・フェンのヨーロッパヨシキリのカッコウに対する防衛の急減も、自然選択による進化的変化の事例なのか？　私や同僚はこれを疑っている。というのも、この減少は、行動における遺伝的変化の反映にしては速すぎることが計算で示されただけでなく、個々の鳥は、防衛の度合において驚くべき柔軟性を備えていることが私たちの実験で示されているからだ。カッコウの成鳥の剥製を巣に置くと、ヨーロッパヨシキリは卵を排斥する傾向が強まった。攻撃の際の鳴き声も、近くの鳥たちの注意を引きつけ、鳥たちは自分の巣に戻って防衛することが増えた。防衛に関しては、個々の鳥の変化の大きさはここ三〇年間私たちが見てきた減少と同類のものだ。したがって、私たちが記録してきた個体群の変化は、総じて行動の柔軟性の反映である可能性が高い。ヨーロッパヨシキリはその土地のカッコウの行動を見張っており、托卵の危険性が低くなったことを感知したので防衛を減らしたのだ。

なぜ、ヨーロッパヨシキリはカッコウの防衛に関してこのように柔軟なのか？　ヨーロッパのほぼ全域とイギリス全土を見渡すと、個体群は往々にして広大な農地の中に島のように残る小さな湿地の中に留められる。したがって、カッコウの数も地域的規模で見ると少ないことが多く、托卵は、隣地や年度ごとの偶然の変化による傾向がある。さらに、ヨーロッパヨシキリの雛の中には繁殖に生まれ故郷へ戻るものがあることが、個体数の明らかな回復から示されるものの、二〇〇キロも離れた場所に散って繁殖するものもあり（平均的分散距離は五〇キロだ）、そのため、托卵に遭遇する確率が両親とは異なる可能性が高くなる。このように、敵に出会う確率が時と場所により細かく変動するときはいつも、個々の鳥が地域的なリスクに応じて防衛を変えるのはきわめて理にかなっている。

たとえば、一九八〇年代中ごろには、ウィッケン・フェンでのカッコウの托卵率は高く（毎年一六〜二四パーセント）、ヨーロッパヨシキリは、外見が自分の卵と異なるカッコウの擬卵の七四パーセントを排斥することが、私たちの実験で示された。だが、そこから距離がわずか一一キロのカッコウのいない小さな葦原では、ヨーロッパヨシキリは私たちの擬卵を全部受け入れた。分析をさらに広げてヨーロッパ中の別の個体群を比較すると、ヨーロッパヨシキリは、托卵のリスクに応じて卵の排斥の度合を変えていることがわかった。ヨーロッパヨシキリが、ひとたび托卵の地域的変異に応じることを身につけると、カッコウの減少に伴い、防衛も速やかに減少へと向かうことが示された。

鳥たちが、個体群の遺伝的変異よりもむしろ個々の行動の柔軟性により、世界の急激な変化に適応する例はほかにもある。オックスフォード近郊のワイタムの森では、シジュウカラの雌は、一九六一年〜二〇〇七年の四七年間で産卵の時期を一四日間早めた。おもな変化は春の気温が明らかに上昇してきた一九七〇年代半ばから起きている。気温が上昇すると、オークの葉は早く芽吹き、その葉を食べ、シジュウカラの雛のおもな餌になる冬の蛾の幼虫も早く現われるようになる。産卵を早めたシジュウカラは春の到来の早まりを完全に追っているので、鳥たちの巣には、幼虫の数が最も多いときにぴたりと合った正しい時期に雛がいることになる。このように産卵日が変わるのは、それぞれのシジュウカラの雌は産卵時期に完全に融通が利くからで、おそらく、春の気温か葉の芽吹きに直接反応するか、あるいは、食物の最も多い時期に関する何かほかの手がかりによることを、オックスフォード大学のアン・チャーマンティア、ベン・シェルドンと同僚たちは示した。

ヨーロッパヨシキリもシジュウカラも、それぞれの鳥の持つ防衛や繁殖期の柔軟性により変化する世界を追ってきた。だが、かくも有効な対応力は、カッコウの減少を認めたり春の到来の早まりを感知したりといった変化に関する信頼のおける手がかりに依存している。手がかりがなくなったら、一羽一羽の鳥が行動を変えることにより変化についていくのは不可能だろう。たとえば、アフリカのサハラ砂漠南部で冬を過ごして長距離を渡る多くの鳥たちは、ヨーロッパ北部の繁殖地で春に早くなった食物のピーク時期に間に合わせるには、いまでは到着時期が遅すぎる。その理由は、冬の三ヵ月間を過ごしたアフリカを発つきっかけになるのが、気候の変化の影響を受けない日長〔昼の長さ〕の変化だからである。日長に反応して出発を早める個体には、自然選択はいまは好意的に働くが、個体群が新たな習性を進化させるには時間がかかるだろう。急速に変化する世界に対し、動物たちが遺伝的変化をしてどのくらいペースを合わせられるかは、まだはっきりしない。

＊

動植物は生命の誕生以来、たとえば、大陸移動や氷期という大規模な変動といった環境の変化に応じて進化してきた。私たちの祖先が森林を伐採し、草地を焼き、土地に水を引いたり浚渫したりするにしたがい、生き物は、人類が引き起こしてきた変化にも何千年間も直面してきた。だが、現代の規模やペースのような変化はこれまでになく、気候の変化、生息地の破壊や細分化、それにも増して、集約的な農業や漁業、都市化、さらに外来種・病原体・寄生生物の侵入による新たな生物的環境を生じさせてきた。私は少年だったころ、春の挨拶を告げるカッコウは必ずいるもので、ヨーロッパアマツバメは夏の暑い日々に永遠に空を切り裂くように飛ぶのだろうと思っていた。だが、これらの、そして他の多くのなじみ深い種の個体数の驚くほどの減少は、私たちが自然を当たり前のものと思う、間違いなく最後の世代であろうことを意味している。ケンブリッジ大学の同僚で保全生態学の教授、アンドルー・バームフォードの最近のセミナーのタイトル「地球を犠牲にせずに世界を養う方法」は、私たちのジレンマを巧みにとらえている。

私たちが援助しなければならない方策の一つは、野生生物のためにもっと適した生息地を保全し、創出することだ。たとえば、イングランド東部に昔からある干拓地の中に湿地を広げる計画や、海面の上昇に脅かされて急速に失われつつある海岸沿いの湿地を部分的に埋め戻す計画が今日ではある。レーケンヒースにある王立鳥類保護協会（ＲＳＰＢ）による新たな保護区は、短期間に何が達成できるか人々を勇気づける例である。一九九六年～二〇〇四年、リトル・ウーズ川の南のノーフォーク州とサフォーク州の境に二〇〇ヘクタールの湿地が作られたが、そこは、一七世紀～一九世紀にかけては何回にもわたり浚渫され、一九五〇年代には耕地に変えられた場所だった。保護区の最初の管理者だったノーマン・シルズと、ＲＳＰＢの主席生態学者だったグラハム・ハイロンズが主導した保護区の造成には、ニンジン畑をモザイク状の湿地、水たまり、湿った草地に変え、それとともに、三〇万以上の葦の実生と茎を手で植えて新たな葦原を作ることが必要だった。保護区が設けられた当時、土地の購入費と、その土地を湿原の保護区に変える資本コストの合計は一五〇万ポンドで、これは、ケンブリッジの気の利いた場所に寝室が四部屋ある大きな一戸建て住宅を建てるのとだいたい同じ金額だった。

二〇一〇年にはすでに、この新たな保護区ではイギリスで最も特徴的な湿地の鳥たちの個体群が栄えていて、そこには、チュウヒの巣が一二個（その年三〇羽の雛が巣立った）、サンカノゴイの巣が四個、ヒゲガラが一〇〇つがい以上、ヨーロッパヨシキリの数百つがいが含まれていたが、中でも一番興奮を呼び起こしたのは、ここ四〇〇年間ではじめて湿原でツルが繁殖したことだった。ウィリアム・ターナーは、一五四四年の著書でツルについて「イングランドの沼地で繁殖し、私自身はきわめて頻繁にその若鳥を見てきた」と言及した。だが、湿原が広範囲にわたり浚渫される一〇〇年前の一六世紀に、イギリスで繁殖していたツルたちは絶滅していた可能性が高い。一二五一年のヘンリー三世の晩餐メニューは、ツルたちの絶滅がもっともである理由を示している。そこには、アカシカ四三〇頭、野ウサギ一三〇〇羽、ヤマウズラ二一〇〇羽、ハクチョウ三九五羽、クジャク一二〇羽、数え切れないほどのヤツメウナギとともに、一一五羽のツルが含まれていた。

その優雅な背丈、飛翔の強さと優美さ、ラッパのようなメランコリックな鳴き声から、ツルは、警戒心、知恵、長寿、幸運の象徴として豊富な神話を持つ。そしてしばしば、その力強い翼で人間を精神のさらなる高みに運ぶことができる、天からきた鳥と考えられた。ツルは野生の完璧な象徴で、それを保護すればさらに広範囲の生物多様性が確実になるであろう、いわば「傘になる種」（アンブレラ種）である。ツルは、いまでは、グレート・ウーズ川とネン川周辺の湿地帯に拡張されている他の湿原保護区にも広がっている。ウッドウォールトン・フェン湿原とホルム・フェン湿原という二つの国立自然保護区につなげて広い湿地帯を作る計画や、ウィッケン・フェンをおそらくケンブリッジぐらい南まで拡張する計画もある。

＊

この最後の数節を書いていた四月初旬、私は再びウィッケン・フェンに戻り、次のシーズンの準備をしていた。カッコウとヨーロッパヨシキリは冬の三ヵ月間を過ごしたサハラ砂漠南部を離れ、北へ向かう途中だろう。私は、彼らの到着を期待して興奮した。再びさえずりを聞き、ヨーロッパヨシキリのその夏最初の巣を見つけ、そして、一腹卵の中にカッコウの卵がある最初の巣を発見することになるだろう。

チュウヒはすでに葦原に巣を作っているところで、仰向けになると、雄が湿原の上空で見事なスカイダイビングを元気いっぱい披露するのを見て驚嘆する。早朝の日ざしで気温が上昇するとチュウヒたちは翼を上向きに反らせて静かに滑空を始め、その高度があまりに高いので、青い空やもくもく立ち昇る白い雲を背にした姿は、肉眼では見分けにくくなる。その後、上昇高度が頂点に達すると、鳥たちはゆっくり羽ばたいて波状飛翔を始め、目を見張るような急降下や反転をあちこちで行なう。銀色の翼下面が日光の中で鏡のようにきらめき、その間、「ウェーイ、ウェーイ」というふた声の甲高い鳴き声をずっとたて続ける。このディスプレーは一〇～二〇分間続くこともあり、雄は急降下するときに翼を完全に、あるいは半ば閉じて体を回転させたりひねったりし、ときには、高度を保つためにもう一度上昇する前に完全なループを描いてとんぼ返りをする。

観察のときは、鳥たちの祖先がウィリアム・ターナーの時代に見渡していた広大な荒野のことを考える。そして、鳥たちの子孫がいつの日か再び、私の故郷のケンブリッジの町まで一五キロ続く湿地の上空を飛翔するのだろうかと思う。そうこうする一週間ほどのうちに、わがヨーロッパヨシキリたちは、夜空からこのちっぽけな湿地に舞い降りるだろう。そして、何羽かのカッコウもヨシキリたちを追い、その奇妙な繁殖の習性で、また、新たな春を告げるものとして博物学者を再びわくわくさせてほしいというのが、私の望みだ。

# 謝辞

私はケンブリッジ大学動物学部で研究し、また、ペンブルック・カレッジの特別研究員としての待遇が受けられ、とても幸運だった。これら二つの機関に暖かく受け入れられ、双方を行き来したが、これ以上幸福で刺激的な環境は想像できない。この三〇年間、多くの素晴らしい同僚たちとともにカッコウと宿主について研究できたことは幸運だった。本書で論じられている考えは、同僚たちとともに発展させることができた。以下の人々のひらめきや友情に感謝する。マイケル・ブルック、テリー・バーク、スチュアート・バッチャート、ウィリアム・ダックワース、ティボール・フーツ、デイヴィッド・ギボンズ、ライル・ギブス、イアン・ハートレー、アレックス・カッセルニーク、クリス・ケリー、レベッカ・キルナー、オリヴァー・クルーガー、ナオミ・ラングモア、アンナ・リンドホルム、ジョア・マッデン、スーザン・マクレー、デイヴィッド・ノーブル、ジャーコ・ルティーラ、マイケル・ソレンソン、クレア・スポッティスウッド、マーティン・スティーヴンス、イアン・スチュアート、キャシー・ストッダード、ローズ・ソログッド、ジャスティン・ウェルバーゲン。また、寛大にも研究資金を提供してくださった自然環境研究協議会と王立協会にも感謝する。

ウィッケン・フェン保護地で自由に研究させてくださったナショナル・トラストにも感謝する。また、長年にわたり、この機関で私を友情とともに勇気づけてくれた以下のスタッフに感謝する。ルイス・ベーカー、ウィルフ・バーンス、イアン・バートン、ティム・ベネット、マシュー・チャットフィールド、ジョアン・チャイルズ、アドリアン・コルストン、ハワード・クーパー、マーク・コーネル、ポーラ・カーティス、アニータ・エスコット、ジョン・ヒューズ、ジェニー・フープ、ケヴィン・ジェイムズ、デビー・ジョーンズ、ジェニー・カーショー、グラント・ラホール、キャロル・レドロー、マーティン・レスター、サンディー・マッキントッシュ、トレイシー・マクリーン、イアン・レイド、アンディ・ロス、ラルフ・サージェント、イザベル・セドウィック、ジェイムズ・セルビー、マイク・セルビー、クリス・ソーンズ、カレン・ステインズ、ジャック・ワトソン、ジェイク・ウィリアムズ、ラビー・ウッド。

　ウィッケン・フェン・グループで鳥に足環をつけている人たちは、寛大にも、湿原の鳥類の個体群に関するデータを提供してくださった。その中でもとくに、一九七一年以来このグループを率いているクリス・ソーン、および、ピーター・バーチャム、フィル・ハリス、マイケル・ホールズワース、ジョー・ジョーンズ、ナイル・ラーナー、アラン・ワズワースに感謝する。

　本書〔各章の扉〕がジェームズ・マッカラムの絵に美しく飾られたことは、光栄に思う。マッカラムは、アーティストとして見事な腕前であるだけでなく、もとは野生生物の観察者でもあり、いつも野外で絵を描き、自分が主題とする動物の行動を知ろうとして長時間を過ごしていた。その絵には光と動きが満ち、自然界のドラマがそのままページに伝わっている。その絵を見ると私はほほえみ、カッコウや宿主を新鮮な目で見るアーティストの眼差しに触発され、もう一度湿原に出るのを待ちこがれるのだ。

　リチャード・ニコルがウィッケン・フェンで撮影して賞をとったカッコウとヨーロッパヨシキリの

写真で本書を飾れたのは、特別なことだ。これらの鳥たちを見れば美しさと驚きが同時に経験できることを、写真は示してくれる。また、カッコウとマキバタヒバリの見事な写真をダートムーアで撮影したチャールズ・タイラーにも感謝する。クレア・スポッティスウッドは、宿主と托卵者による卵の署名の写真と、殺傷力のある鈎が嘴についたミツオシエの雛の写真をアフリカで撮影し、これらを本書に入れることを快諾してくれた。他に写真を提供してくださったのは、ビル・カー（アラン・ウィルキンスとマージェリー・ウィルキンスの好意による）、ユハ・ハイコラ、デイヴ・リーチ、ヘルゲ・ソレンセン、アルトゥール・スタンキエヴィッツ、田中啓太、イアン・ウィリーである。

ティム・バークヘッド、ジェレミー・ミノット、そして、ブルームズベリー社で見事な仕事をしてくれた編集担当者のビル・スウェインソンは、草稿の初期段階で原稿をすべて読み、優れたアドバイスをしてくれた。また、ブルームズベリー社で専門家として原稿を出版まで導いてくれたベッキー・アレクサンダー、アンナ・シンプソン、イモゲン・コーク、原稿整理や校閲作業で素晴らしい仕事をしてくれたユー・ブレイザーにも感謝する。特定の章については、ジョアンナ・ベリス（中世の詩の中のカッコウ）、カジヤ・フォン・ツィンネンブルク・キャロル、ティム・ディー、ヒルデガード・ディエムバーガー、クリス・ヒューソン、レベッカ・キルナー、デイヴィッド・ラーティ、ナオミ・ラングモア、オードリー・ミーニー（『エクセター本』中のカッコウの謎を古英語から翻訳）、マイケル・リーヴ、ノーマン・シルズ、クレア・スポッティスウッド、田中啓太、クリス・ソーン、ローズ・ソログッドの助力に感謝する。

妻のジャンと娘のハンナとアリスには、いつものことながら最も感謝する。

# 訳者あとがき

ちょうど一年前の二〇一五年二月に地人書館編集部から私に電話がありました。ケンブリッジ大学のニック・デイヴィス（Nick Davies）教授の新刊 ***Cuckoo: Cheating by Nature***（Bloomsbury, 2015）の日本語版出版の権利を得たので、その出版に協力してほしいとのことでした。理由をお聞きすると、この本には私の研究成果がいくつも紹介されており、専門家の立場から日本語訳のチェック等を含めて是非お願いしたいとのことでした。

私は三十代から五十代はじめにかけて二〇年以上にわたり、長野市郊外の千曲川を舞台にカッコウの托卵研究に熱中していました。著者のニック・デイヴィスとは、長年にわたりともにカッコウの托卵の謎の解明にとり組んできた仲です。一九九四年から九五年にかけては一年間ほど彼の大学の研究室で過ごし、托卵に関する情報交換や論議を重ねました。本書は、定年を間近にした彼がイギリスでの三〇年間にわたるカッコウの研究成果を一般読者向けにわかりやすく書いた最初の本です。喜んで翻訳の手伝いをお引き受けすることにしました。

著者は、行動生態学という新しい学問分野の誕生に貢献した当時の若手研究者の一人であり、ジョン・クレブス（John R. Krebs）との共著 ***An Introduction to Behavioural Ecology***（日本語版『行動生態学』蒼樹書房、一九九一年、現在は第四版が共立出版より刊行されている）は、日本の中堅の生物学者の多くが若いころに行動生態学の教科書として学んでいます。この本が出版されたころからケンブリッジ郊外のウイッケン・フェンで始めたカッコウの研究が、その後、じつに三〇年間にわたり続けられてきたのです。これほど長く彼が研究を続けてきたのには、カッコウの托卵という古くから研究者の心をとらえて離さない研究対象の持つ魅力であり、同じ場所で長期間にわたり研究を続けることで見えてくるものがあるという彼自身のナチュラリストとしての研究姿勢にあります。

子育てという大変な仕事を他の鳥にさせるというカッコウの托卵は、自然界におけるずる賢さの極みです。このような繁殖の仕方がどのように進化しえたのであろうか——相手をだまし托卵を成功させようとするカッコウと、それを見破り托卵を回避しようとする宿主との長い時間をかけた攻防戦を通した軍拡競争により進化したものであることを、ニック・デイヴィスは同僚とともに観察と野外実験を通して実証したのです。

カッコウの雌が宿主の産卵初期を狙って托卵するのはなぜか、托卵はすばやく行なわれ、午後の遅い時間に行なわれるのはなぜか、宿主の卵をとり除くのが親ではなく雛であるのはなぜか、雛はどのようにして育ての親を操作しているのか。これらカッコウの一つひとつの行動について、カッコウ卵に似せた擬卵や剥製を用いたり、テープの声を用いた実験により、それらの行動が宿主をだますのにどう役立っているかを検証することによって、行動の意味を解明することに成功したのです。その研究手法はじつに見事であり、不思議に満ちた自然界の謎解きの面白さを読者に教えてくれます。

本書の魅力は、カッコウと宿主の攻防戦を通して、カッコウの巧妙なだましのテクニックとそれに対する宿主のさまざまな対抗手段がいかに進化したのかについて、解明された進化の仕組みを一般読者にわかりやすく解き明かしてくれていることにあります。カッコウの托卵という謎と不思議に満ちた魅力ある課題について、自然界を相手にしたミステリー小説のように行動の観察と実験による実証を通し、読者を進化の謎の解明にと導いてくれます。自然選択を通し行動が進化する仕組みをこれほど見事に実証的に示し、進化を身近なものとして理解させてくれたこれ以上の本は、今までになかったといってよいでしょう。

この本をさらに魅力的にしているのは、著者自身の人柄と研究姿勢にあります。調査地ウイッケン・フェンの自然の中にどっぷりとつかり、その自然の素晴しさに感動しながら調査するナチュラリストとしての豊かな感性が、この本を通して至るところに感じられ、読者に親しみと感動を与えてくれます。ギルバート・ホワイト以来のナチュラリストの伝統がイギリスでいまも受け継がれており、チャールズ・ダーウイン以来、進化の研究で現在も世界をリードする最先端の研究が伝統的に引き継がれていることを改めて認識することになりました。自然に関心がある日本の多くの読者に勧めたい本であり、これから生物学を学ぼうとする方や研究したいという若い方、とくに進化に関心を持つ方には自信を持って勧めたい本です。

この日本語版は、訳者の一人である永山淳子がまず下訳原稿を作成し、そこに私が専門の立場から目を通しチェックを加えることで完成しました。この仕事は、私にとって若いころを思い出させてくれるたいへん楽しい作業でした。著者のニック・デイヴィスとかつて何度も手紙で文通したことに始まり、私がケンブリッジ大学で一緒に過ごした日々のこと、ウイッケン・フェンを案内してもらったときのこと、テルアビブ大学のアモツ・ザハビとの共同研究で、当時大学院生であったアーノン・ロテムと千曲川で三年間一緒に調査したこと、そして、著者の同僚マイク・ブルックが千曲川を訪れたときのことなどを、懐かしく思い出させてくれたからです。

私の方は、ここ一〇年以上にわたりカッコウの研究から遠ざかっていました。恩師が亡くなったあとに途絶えていたライチョウ研究を再開し、この鳥が絶滅に瀕していることに気づくことになり、その保護に時間をとられていたのです。今回の翻訳作業は、私がカッコウ研究への情熱をもう一度とり戻すことを誘うことになりました。これまでに一般読者向けのブッポウソウやライチョウの本を出版してきましたが、これらの鳥の研究は私にとって脇役で、これから本命のカッコウの本を出版したいと考えていたところです。しかし、今回の本以上に、カッコウの托卵の不思議さや研究の面白さを読者に伝え、感動を与える魅力的な本を私が書けるだろうか。出版を間近に控えた最終原稿を手に、ニック・デイヴィスから重い課題を突きつけられたという思いです。

翻訳作業にあたっては、本文中の中世英語で書かれた引用箇所や古いハーブの効能書きなどについてわかりにくい点を著者ニック・デイヴィスに質問し、丁寧な回答をいただきました。日本語版のカバーには、鳥類の写真家として知られる吉野俊幸さんからカッコウの写真を使わせていただきました。これらの方がたに心から感謝申し上げます。

鳥類の生態に詳しいとは限らない一般読者の理解を助けるために、この日本語版では独自に「用語解説」をつけました。とり上げる用語としては、一般的な専門用語のほかに、本書を理解する上でのキーワードになる言葉も含めました。また、本文中の引用箇所で日本で翻訳が出版されている文献についいて、そのまま引用した場合は該当箇所にその出典を明示し、訳文を参照した場合には「訳注」にその旨を示しました。

二〇一六年二月一〇日

中村浩志国際鳥類研究所　代表理事　中村　浩志

## 用語解説

**赤の女王仮説**（あかのじょおうかせつ） Red Queen' hypothesis リー・ヴァン・ヴェーレン（一九七三年）によって提唱された「生存競争に生き残るためには常に環境の変化に合わせて進化し続けることが必要であり、立ち止まるものは絶滅する」という考えである。ルイス・キャロルの小説『鏡の国のアリス』に登場する「赤の女王」の「その場に留まるためには、全力で走り続けなければならない」という言葉にちなむもので、それとの類似から名づけられた。赤の女王の進化 Red Queen' evolution ともいう。カッコウと宿主の鳥は、お互いに競争相手に後れをとらないために、巧妙なだましのテクニックとそれに対する防衛とを互いに進化させてきたと考えられることから、この仮説に当てはまる進化の例と考えられる。

**隠蔽色**（いんぺいしょく） cryptic coloration 姿を背景に埋没させてしまう効果を持つ体色のことをいう。これにより捕食者の目を逃れる効果があると考えられる。鳥よりも昆虫類でよく知られている。日中木の枝に平行にとまっているヨタカや木の幹の近くにとまるトラフズクなどはこの例である。保護色 camouflage (protective coloration) ともいう。

**餌ねだり声**（えさねだりごえ） begging calls 鳥の雛が餌をねだるときに発する声、または雌が雛の声やしぐさをまねて雄に餌をねだる声をいう。どちらも種特有の声で、餌を持ってくることを刺激する。カッコウの雛は、独特の餌ねだり声により、宿主を刺激する。宿主の雛と一緒に育つタイプの托卵鳥では、餌ねだり声も宿主の雛にそっくりである。

**換羽**（かんう） molt 鳥類で古い羽が抜け落ち、新しい羽に生え替わることをいう。多くの鳥は、繁殖を終えたあとに年に一回行なうが、年に二回春と秋に行なうもの、ライチョウのように年に三回行なうものもある。換羽を行なっている期間を換羽期という。換羽をいつの時期に開始するかは、一日の明暗交代の周期である光周性（photoperiodism）により大きく影響されている。

**擬態**（ぎたい） mimicry　相手を姿、形、色等で欺く現象。無毒なアブがハチに似た目立つ色彩を持つことによって捕食者を欺くような場合をベイツ型擬態、毒のあるものどうしが互いに似ることで、より宣伝効果を高めるような場合をミューラー型擬態という。カッコウが姿をタカ類に似せることはベイツ型擬態にあたる。カッコウが卵を宿主の卵に似せるのを卵擬態（egg mimicry）といい、雛を宿主の雛の姿、形、色、声に似せることも擬態である。

**共進化**（きょうしんか） co-evolution　二種類以上の生物が互いに関係しあいながら相互に進化すること。カッコウと宿主の関係がそのよい例である。カッコウは托卵を成功させるためにだましのテクニックを巧妙に進化させるのに対し、宿主は托卵を回避するために卵識別能力などの対抗手段を進化させる。花の形が受粉をする昆虫の形態や体の大きさと密接に関係することなど、自然界に広く見られる。

**擬卵**（ぎらん） model egg　宿主の卵識別能力を調べるため、宿主の卵に似せて作られた人工の卵。あるいは、単に鳥をだますために巣に入れられた人工の卵。托卵の研究では、宿主の卵に似せて作られた擬卵を宿主の巣の中に入れ、それが受け入れられて抱卵されるか排斥されるかによって、宿主が自分の卵とそうでない卵を区別する卵識別能力がどの程度あるのか、また、卵の模様を変えることにより、宿主は卵をどんな特徴によって識別しているかなどが調査されている。

**軍拡競争**（ぐんかくきょうそう） arms race（evolutionary arms race）　お互いに敵対関係にある生物どうしが相手に負けないよう互いに関係しあいながら対抗能力を発達させてゆくこと。カッコウと宿主の関係がそのよい例である。敵対関係にある国が、お互いに軍事力を高めあう競争との類似から名づけられた。軍拡競争の結果として、お互いの能力を高めあうタイプの共進化が生じる。

**警告色**（けいこくしょく）　warming coloration　毒を持つハチやヘビで知られているように、目立つ赤や黄色などの色彩や鮮やかな模様を持つこと、あるいは不快な臭いや味を持つ動物が目立つ色により危険を知らせる効果を持っていると考えられる色彩をいう。このような警告色は、ほかの無害な動物にまねされ、擬態（保護擬態）されることもある。

**婚外交尾**（こんがいこうび）　extra-pair copulation　一夫一妻や一夫多妻のつがい関係を作って繁殖する動物で、つがいの相手以外の異性との交尾。遺伝子解析により親子関係を確認する技術が確立されたことで、一夫一妻の種でも、広く見られていることが明らかになった。劣勢の個体が、自分の子孫（遺伝子）をより多く残すための適応的行動と考えられ、雄にも雌にも見られる。

**宿主特異性**（しゅくしゅとくいせい）　host specialization　カッコウなどの托卵鳥が、特定の宿主に托卵する傾向があることをいう。チャンスの研究以来、カッコウの雌にはこの性質があることが知られていた。千曲川での研究から、カッコウの雌は宿主特異性を持つが、雄は持たないことが行動観察と遺伝子解析から明らかにされた。

**刷り込み**（すりこみ）　imprinting　動物が生まれて間もない短期間に得た刺激をもとに、親やつがいの相手を認識し、その認識が一生固定される仕組み。カッコウの雌は、自分を育てた宿主を刷り込みにより認識している（host imprinting）ことで、同じ宿主に托卵するという考えや、生まれ育った環境を刷り込みで認識している（habitat imprinting）結果として同じ宿主に托卵するという考えがある。

**創始者効果**（そうししゃこうか）　founder effect　大きな集団から分かれた少数の個体（創始者）から出発した集団は、親集団が持っていた一部の遺伝的変異しか持ち込めないので、親集団とは異なった遺伝子組成を持つようになること。個体数が激減した場合や島に少数の個体が住み着いた場合に生じる。小集団から出発するため、遺伝的浮動（genetic drift）が起こりやすく、新たな環境への淘汰も働くので、種分化をもたらす起源となる可能性を秘めている。

**早成性**（そうせいせい）precocial　卵から孵化した時点の雛の成長度合の区分。目が開き、体が羽毛で覆われ、動き回る能力を備えた状態で孵化するのを早成性という。早成性の種の多くは、孵化後すぐに巣を離れる離巣性（nidifugous）である。早成性の鳥は、カモ科、チドリ科、キジ科などに多く見られる。これらの科の鳥は、地上に巣を作るので、地上性の捕食者に雛が捕食されやすいため、孵化後すぐに巣を離れると考えられる。早成性の逆が晩成性（altricial）。早成性の鳥で托卵習性を持っているのは、南米のズグロガモのみである。

**対趾足**（たいしそく）zygodactyl foot (yoke-toed foot)　趾とは、鳥の足指のことである。鳥類では、第五趾が完全に退化しており、基本は四本の趾を持つ。多くの鳥では、第一趾が後方、第二趾から第四趾の三本が前を向く形であるが、第一趾と第四趾の二本が後方を向き、第二趾と第三趾の二本が前方を向く形を対趾足という。カッコウ目とオウム目の鳥に見られる。

**托卵**（たくらん）brood parasitism　自分では子育てをせず、ほかの鳥の巣に卵を産み込んで育てさせる繁殖習性。托卵する鳥が托卵鳥、される側の鳥が宿主（host）で、仮親や育ての親とも呼ぶ。カッコウのように、子育てをまったくしない場合を真性托卵鳥（obligate brood parasite）という。それに対し、自分でも子育てをするが、餌の豊富なときなどには托卵もする鳥を条件的托卵鳥（facultative brood parasite）という。一般的には、前者を托卵鳥と呼んでいる。また、同じ種内で行なわれる托卵を種内托卵（intraspecific brood parasitism）と呼び、区別している。

**托卵系統**（たくらんけいとう）gens　カッコウは、それぞれの地域ごとにさまざまな宿主に托卵しているが、それぞれの宿主の卵に似た卵（擬態卵）を産む傾向があることから、宿主の種類に対応した系統（gens、複数形は gentes）が存在するものと考えられ、その系統が托卵系統と名づけられた。gens の語源は親族集団や氏族である。イギリスでは、マキバタヒバリ・カッコウ、ヨーロッパヨシキリ・カッコウなどがこれにあたる。

**托卵率**（たくらんりつ） parasitism rate　托卵された割合をいう。宿主の巣のうち、カッコウに托卵された巣の割合や托卵される確率。カッコウの托卵では、普通は数パーセントであるが、時として高い割合で托卵されることがある。托卵される割合が高いほど、宿主に対抗手段が進化しやすく、ほとんど托卵されない場合には、対抗手段は進化しない。

**多型**（たけい） polymorphism　同一の種または個体群の中で見られる二種類以上の非連続的で遺伝的な差異がある形質をいう。カッコウの雌に灰色型と赤色型の二つがあるのは色彩多型の例である。形質が二種類の場合は二型と呼ぶが、雌雄の性差（性的二型）の場合には多型とはいわない。

**晩成性**（ばんせいせい） altricial　卵から孵化した時点では、目が見えず、体が羽毛で覆われていない丸裸で、動き回る能力を備えていない状態で生まれてくる鳥をいう。このような種の雛は、孵化後しばらくは巣に留まり、親からの保温（抱雛）や給餌を受けて育つ。孵化から巣立ちまでの期間を育雛期間（巣内育雛期間）という。巣立ち後も親から給餌を受け、親から独立するまでの期間を巣外育雛期間という。晩成性の鳥は、孵化後も雛が巣に留まるので留巣性（nidicolous）である。晩成性の逆が早成性（precocial）で、多くは離巣性（nidifugous）である。托卵性の鳥は、ズグロガモを例外に、晩成性の鳥に托卵している。

**一腹雛**（ひとはらびな） brood　一腹卵から孵化した雛のことで、その雛数を一腹雛数（brood size）という。未受精卵や発生の途中で死ぬ卵があり、孵化したあとも餓死等で死ぬので、一腹雛数は一腹卵数より少なくなる。全卵を産んでから抱卵を開始する種では、雛の孵化はいっせいに見られる（同時孵化）が、産卵の途中から抱卵を開始する種では、孵化日に違いが生じ（非同時孵化）、早く孵化した雛と遅く孵化した雛では、体の大きさや成長に差が生じる。遅く孵化した体の小さい成長の遅い雛は、餌が豊富なときには育つが、そうでない場合には途中で餓死することになる。非同時孵化は、餌の少ないときには早く孵化した雛のみを確実に育て、餌の豊富なときには全部の雛を育てるという適応である。無事に巣だった雛を巣立ち雛といい、その数を巣立ち雛数という。

**一腹卵**（ひとはららん）　clutch　一回の繁殖で一羽の雌が産んだ一そろいの卵のこと。その卵の全数を一腹卵数（clutch size）という。一繁殖期に二回繁殖した場合には、二そろいの一腹卵を産んだという。種内托卵などで、一つの巣に複数の雌が卵を産んだ場合には、一腹卵とはいわず一巣卵といい、その卵数を一巣卵数という。一卵、二卵しか産まない種もあるが、多数の卵を産む種では、個体により一腹卵数には、変異がある。一腹卵数は、親が育てることができる最大雛数になるように適応している。

**品種**（ひんしゅ）　race　種（species）を形態や性質の違いからさらに細分した分類単位。地理的に異なる場所で自然に生じたものと、人為により作り出されたものがある。後者は、人が改良を重ねる過程で作り出された、形態や性質の異なる遺伝的特徴を持ったグループ。鳥では、ニワトリやアヒルで多くの品種が作り出されている。一般に「品種」は栽培品種がイメージされるので、本書では、カッコウの race については「托卵系統」と訳した。

**保護擬態**（ほごぎたい）　protective mimicry　無害な動物が、ハチなど毒や針をもつ危険な動物や、不快な臭いや味をもつ動物に色や姿を似せることで、捕食を回避する効果を持つものをいう。昆虫に多く見られる。カッコウがタカの仲間の姿や形に似ることも、この例と考えられる。

**保護色**（ほごしょく）　→隠蔽色

**卵識別**（らんしきべつ）　egg discrimination　自分の卵とそうでない卵を区別することで、その能力を卵識別能力という。それぞれの鳥がどの程度の識別能力をもつかは、擬卵を使って実験的に確かめることができる。

**卵の署名**（らんのしょめい）　egg signature　卵の表面につけられている斑点やしみのような斑紋、線模様などをいう。卵につける模様という意味で、本書では卵の「署名」と訳した。カッコウは、宿主の卵模様に自分の卵を似せる方向に進化するが、宿主は個体内と個体間両方で多様な模様を進化させることで、カッコウ卵と区別しやすい方向に進化することになる。

**卵排斥**（らんはいせき）　**egg rejection**　自分の卵とそうでない卵（カッコウ卵など）を区別し、そうでない卵を排斥すること。カッコウでは、卵の排斥の仕方には、卵を巣の外に放り出す場合、巣の底に埋めてしまう場合、巣を放棄し別の場所に新たな巣を作り一腹卵を産みなおす場合がある。宿主の卵識別能力により似た卵は受け入れられ、似ていない卵は排斥されるという自然選択が働く結果、カッコウ卵が宿主卵に似る卵擬態が進化する。

(3) 前掲書、西谷退三訳参照。

(4) カッコウの雄の鳴き声は、実際にさまざまな場所で画像と一緒に録音された音がインターネット上で聴くことができる。「クックー」の最初の「クッ」と次の「クー」の音程は、訳者の一人が聴いた範囲では、通常のピッチ(a = 440Hz)で「ミ→ド♯」、「ミ♭→ド」などの短三度、「ミ→ド」の長三度があり、厳密に短三度、長三度と言えないケースもあった。

## 第 12 章　もつれ合った土手

(1)『種の起源(上)』《光文社古典新訳文庫》(2009) 渡辺政隆訳参照。

(2) 前掲書、渡辺政隆訳参照。

## 第 13 章　減少するカッコウ

(1) 化体説 transubstantiation 聖変化などとも言われ、聖餐におけるローマ - カトリック教会の教義。ミサにおいて、パンとぶどう酒が、その実体において完全にイエス･キリストの肉と血に変化するとされる。これは、マタイによる福音書などにある「一同が食事をしているとき、イエスはパンを取り、祝福してこれをさき、弟子たちに与えて言われた、「取って食べよ、これはわたしの体である」」(26:26) が根拠になっている。カトリック教会では、これを「パンとぶどう酒の形をしてキリストがそこにおられる」という意味に理解している。これに対して、プロテスタント派では、パンとぶどう酒が本当にキリストの体に変わるわけではなく、単なるシンボルにすぎないと考えた。

## 第２章　カッコウはどのように卵を産むか

（1）この無声映画 *Secrets of Nature: The Cuckoo's Secret*（1922）は、現在もインターネットの WildFilmHistory のサイトで見ることが可能である。http://www.wildfilmhistory.org/film/296/The+Cuckoo's+Secret.html（2016 年 2 月閲覧）。

## 第３章　ウィッケン・ヘン

（1）葦　common reeds　*Phragmites australis*　表記の統一的観点からは、他の植物名と同様「ヨシ」（または「アシ」）とするべきであるが、仮名の連続となって読みにくいので例外的に漢字表記とした。

（2）観察塔　Tower Hide　この施設を含めた“Wicken Fen boardwalk trail”の紹介は、https://www.nationaltrust.org.uk/wicken-fen-nature-reserve/trails/wicken-fen-boardwalk-trail　にある（2016 年 2 月閲覧）。また、この観察塔の遠景が“A view of Tower Hide at Wicken Fen”として、http://www.theguardian.com/environment/gallery/2009/apr/03/conservation-wildlife#img-17　で見られる（2016 年 2 月閲覧）。

## 第４章　春を告げる鳥

（1）『ワーズワース詩集』岩波書店（1938）田部重治選訳参照。

（2）ピッシング　pishing　日本で「ピッシング」というと、食肉用家畜に対する処理（pithing）を意味することが多いが、ここでの「ピッシング」は、本文にもあるように鳥の興味をひいて呼び寄せる方法である。欧米のバードウォッチャーはピッシング技術に長けた人が多いとのこと。http://ameblo.jp/pittas/entry-11388737944.html（2016 年 2 月閲覧）。

（3）イアン・ワイリーの著書 *The Cuckoo* は、どうぶつ社より日本語版が『カッコウの生態』（イアン・ワイリィ著、安部直哉訳）《自然誌選書》として 2000 年に刊行されている。その中で、電波追跡によってわかったカッコウの縄張りについて詳しく触れている。

## 第６章　卵をめぐる「軍拡競争」

（1）『セルボーンの博物誌』八坂書房（1992）西谷退三訳参照。

（2）『シェイクスピア 6 大名作』河出書房新社（1981）福田恆存、三神勲、中野好夫訳参照。

## 第 11 章　宿主の選択

（1）『セルボーンの博物誌』八坂書房（1992）西谷退三訳参照。

（2）前掲書、西谷退三訳参照。

# 訳注および参照文献

## 前書き

(1) この歌の原文は下記の中世英語である。

Svmer is icumen in
Lhude sing cuccu
Groweth sed
and bloweth med
and springth the wde nu
Sing cuccu

(2) ジェーン・テイラーの詩に曲をつけたベンジャミン・ブリテンの曲は、児童合唱のための *Friday Afternoons*, Op. 7 （全 12 曲）の一曲 Cuckoo! である。1933 年～ 1935 年にかけて作曲されている。

(3) ウイッケン・フェン Wicken Fen イングランド東部、ケンブリッジシャーにある英国で最も古い自然保護区の一つで、「ナショナル・トラスト」発祥（1899 年）の地として知られる。保護区内には、湿地、農地、沼沢地、葦原などが含まれる。http://www.nationaltrust.org.uk/wicken-fen-nature-reserve, https://en.wikipedia.org/wiki/Wicken_Fen（2016 年 2 月閲覧）。

(4) もつれ合った土手 entangled bank ダーウィンが『種の起源』で使っている表現。「錯綜した土手」などとも訳される。土手一つを見ても、多種多様な生き物が複雑で錯綜した相互関係を保っていることの比喩。2009 年の『種の起源』出版 150 周年にあたって『ネイチャー』誌は、「ダーウィンは、こうした穏やかなイメージを使い、自然選択の過程を通じて、極めて美しく極めてすばらしい生物種（すべて）が、際限なく進化してきたことを強調しようとした」（Nature 462,251（2009）、菊川要訳）と述べている。

## 第 1 章　巣の中のカッコウ

(1) 原文は、Thow rewtheless glotoun!　現代英語では、you ruthless glutton! http://ummutility.umm.maine.edu/necastro/chaucer/translation/pf/pf.html（2016 年 2 月閲覧）。

(2)『ミルトンのソネット』山口書店（1988）（日本語訳のついていない朗読用テキスト）にあった日本語「注解」（小森禎司、小森知子）参照。

(3)『セルボーンの博物誌』八坂書房（1992）西谷退三訳参照。

(4)『種の起源（上）』《光文社古典新訳文庫》（2009）渡辺政隆訳参照。

1986）を参照のこと。Lakenheath における RSPB 保護地の見事な形成については、Norman Sills と Graham Hirons により *British Wildlife*（2011）, 22, 381-390 に記載されている。保護により事態はいかに変えられるかという楽観的な見解については、Andrew Balmford, *Wild Hope: on the Front Lines of Conservation Success*（University of Chicago Press, 2012）を参照のこと。

Press, 1903）である。Turner や同時代の人等を含む昔の鳥類学の輝かしい歴史については、Tim Birkhead, *The Wisdom of Birds*（Bloomsbury, 2008）を参照のこと。

世界の鳥類の保護の必要性については、S. H. M. Butchart *et al.*, *Handbook of the Birds of the World*, edited by J. del Hoyo, A. Elliott & D. A. Christie, volume 15（Lynx Edicion, Barcelona, 2010）で評価され、D. P. McCarthy *et al.*, *Science*（2012）, 338, 946-949 でコストが計算されている。

カッコウや他の夏の渡り鳥の減少による精神的喪失感についての感動的な話は、M. McCarthy, *Say Goodbye to the Cuckoo*（John Murray, 2009）を参照のこと。イギリスにおけるカッコウの減少は、D. J. T. Douglas *et al.*, *Oikos*（2010）, 119, 1834-1840 と、J. A. Vickery *et al.*, *Ibis*（2014）, 156, 1-22 で論じられている。イギリスの蛾の近年の急減については、K. F. Conrad *et al.*, *Biological Conservation*（2006）, 132, 279-291 を参照のこと。ヨーロッパにおいて、気候変化がカッコウの渡りや宿主の利用に及ぼす影響は、N. Saino *et al.*, *Biology Letters*（2009）, 5, 539-541　と、A. P. Moller *et al.*, *Proceedings of the Royal Society B*（2011）, 278, 733-738 で論じられている。ウィッケン・フェン付近の教区へ最初に到着するカッコウに関する Leonard Jenyns の記録は、*Leonard Blomefield (formerly Jenyns), A Naturalist's Calendar Kept at Swaffham Bulbeck*, Cambridgeshire, edited by F. Darwin（Cambridge University Press, 1903）中にある。イギリスの他の場所で、過去 50 年間の春にカッコウが最初に到着した日付については、T. H. Sparks *et al.*, *Journal of Ornithology*（2007）, 148, 503-511 を参照のこと。アフリカにおけるカッコウの移動の観察については、Robert Payne, *The Cuckoos*（Oxford University Press, 2005）を参照のこと。

衛星によるカッコウの渡りの追跡については、British Trust for Ornithology（www.bto.org）のウェブサイトを参照のこと。

## 第 14 章　変化する世界

ウィッケン・フェンで過去 30 年間、カッコウの減少に従いヨーロッパヨシキリがどのように防衛しなくなっていったかについては、R. Thorogood & N. B. Davies, *Evolution*（2013）, 67, 3545-3555 中にある。ヨーロッパヨシキリによる防衛が、托卵のリスクと関連して個体群間でどのように異なるかについては、A. K. Lindholm, *Journal of Animal Ecology*（1999）, 68, 293-309、B. Stokke *et al.*, *Behavioural Ecology*（2008）, 19, 612-620、および J. A. Welbergen & N. B. Davies, *Behavioural Ecology*（2012）, 23, 783-789 を参照のこと。

ズグロムシクイの渡りの急速な進化については、P. Berthold *et al.*, *Nature*（1992）, 360, 668-670 と、S. Bearhop *et al.*, *Science*（2005）, 310, 502-504 を参照のこと。Wytham Woods において、春の到来が早まるとともに、シジュウカラの産卵も早まることを首尾よく追跡調査できたことについては、A. Charmantier *et al.*, *Science*（2008）, 320, 800-803 を参照のこと。長距離の渡りをするマダラヒタキが、春の到来の早まりに対応できなくなったことについては、C. Both & M. E. Visser, *Nature*（2001）, 411, 296-298 を参照のこと。世界の変化に進化が応じることに関するさらなる情報は、U. Candolin & B. B. M. Wong, *Behavioural Responses to a Changing World*（Cambridge, 2012）を参照のこと。

Henry Ⅲ の晩餐については、Oliver Rackham, *The History of the Countryside*（Dent,

Kilner & N. E. Langmore, *Biological Reviews* (2011), 86, 836-852。

カッコウの生息地の刷り込みは、Y. Teuschl *et al.*, *Animal Behaviour* (1998), 56, 1425-1433 に記されている。シコンチョウにおける宿主の刷り込みは、R. B. Payne *et al.*, *Animal Behaviour* (2000), 59, 69-81 中に記されている。

巣立ち後のカッコウの出生地からの分散については、D. C. Seel, *Ibis* (1977), 119, 309-322 を参照のこと。カッコウの雌が宿主を厳守することについては、M. Honza *et al.*, *Animal Behaviour* (2002), 64, 861-868、S. Skjelseth *et al.*, *Journal of Avian Biology* (2004), 35, 21-24、および K. Marchetti *et al.*, *Science* (1998), 282, 471-472 を参照のこと。カッコウの卵の色は、雌の母親の遺伝子により決定されると示唆した R. C. Punnett の論文は、*Nature* (1933), 132, 892 中にある。カッコウの托卵系統間の遺伝的相違については、F. Fossoy *et al.*, *Proceedings of the Royal Society B* (2011), 278, 1639-1645、O. Kruger & M. Kolss, *Journal of Evolutionary Biology* (2013), 26, 2447-2457 を参照のこと。宿主の異なる地域間でのカッコウの雄の鳴き声の相違については、T. I. Fuisz & S. R. de Kort, *Proceedings of the Royal Society B* (2007), 274, 2093-2097 を参照のこと。

H. N. Southern の論文は、*Evolution as a Process*, edited by J. S. Huxley, A. C. Hardy & E. B. Ford (Allen & Unwin, 1954), pp. 219-232 中にある。博物館の所蔵品で、宿主の一腹卵が往々にして似ていないことについては、A. Moksnes & E. Roskaft, *Journal of Zoology, London* (1995), 236, 625-648 を参照のこと。日本で、カッコウの新たな托卵系統が出現し始めていることについては、H. Nakamura, *Japanese Journal of Ornithology* (1990), 46, 23-54 と、H. Nakamura *et al.*, in *Parasitic Birds and their Hosts*, edited by S. I. Rothstein & S. K. Robinson (Oxford University Press, 1998), pp. 94-112 を参照のこと。

## 第12章　もつれ合った土手

バンによる一腹卵への托卵については、D. W. Gibbons, *Behavioural Ecology and Sociobiology* (1986), 19, 221-232、S. B. McRae, *Journal of Avian Biology* (1996), 27, 311-320、および *Behavioural Ecology* (1998), 9, 93-100 を参照のこと。ヨーロッパタナゴとイガイとの関係については、M. Reichard *et al.*, *Evolution* (2010), 64, 3047-3056 を参照のこと。

カゲロウが、湿地の捕食者から身を守るための同時羽化に関しては、B. W. Sweeney & R. L. Vannote, *Evolution* (1982), 36, 810-821 を参照のこと。アメンボの雌が雄から身を守るため、武器をどのように進化させたかについては、G. Arnqvist & L. Rowe, *Evolution* (2002), 56, 936-947 を参照のこと。イトトンボの雌が、雄の脅威に対抗しようとして雄に似た姿になることについては、T. N. Sherratt, *Ecology Letters* (2001), 4, 22-29 を参照のこと。

## 第13章　減少するカッコウ

Nicholas Ridley と William Turner についてのさらなる情報は、A. V. Grimstone, *Pembroke College Cambridge: a Celebration* (Pembroke College, 1997) を参照のこと。鳥類に関する Turner の本は、W. Turner, *A Short and Succinct History of the Principal Birds Noticed by Pliny and Aristotle* (1544), edited by A. H. Evans (Cambridge University

(2003), 422, 157-160 と、*Behavioural Ecology* (2009), 20, 978-984、N. J. Sato *et al. Biology Letters* (2010), 6, 67-69、および、K. Tokue & K. Ueda, *Ibis* (2010), 152, 835-839 を参照のこと。宿主の雛とテリカッコウの雛が似ていることについては、N. E. Langmore, *Proceedings of the Royal Society B* (2011), 278, 2455-2463 を参照のこと。

イギリスで、カッコウと宿主が競争した時期の概算については、H. L. Gibbs *et al., Nature* (2000), 407, 183-186 を参照のこと。数種のテリカッコウは、卵の色が暗く隠蔽色であることについては、N. E. Langmore *et al. Animal Behaviour* (2009), 78, 461-468 を参照のこと。

## 第10章　餌ねだりのトリック

カッコウは世話が長引くと見捨てられることについては、T. Grim *et al., Proceedings of the Royal Society B* (2003), 270, Supplement, S73-S75 と、T. Grim, *Proceedings of the Royal Society B* (2007), 274, 373-381 を参照のこと。

宿主のオタテヤブコマドリがカッコウの雛の喉から受ける刺激の効果は、F. Alvarez, *Ardea* (2004), 92, 63-68 に書かれている。宿主の給餌の時、カッコウの雛が餌をねだる声を頻繁に上げる効果は、N. B. Davies *et al., Proceedings of the Royal Society B* (1998), 265, 673-678 と、R. M. Kilner *et al., Nature* (1999), 397, 667-672 に書かれている。この考えは、J. H. Zorn が 1743 年にすでにその著作 *Petinotheologie* (Enderes, Schwabach) の中で示唆している。ミツオシエの雛が餌をねだる声を頻繁に上げることについては、C. H. Fry, *Bulletin of the British Ornithologists'* Club (1974), 94, 58-59 中に記されている。ジュウイチの翼の下にある偽の喉については、K. D. Tanaka & K. Ueda, *Science* (2005), 308, 653 と、K. D. Tanaka *et al., Journal of Avian Biology* (2005), 36, 461-464 中にある。

人の行動を操作する目の画像の効果については、M. Bateson *et al., Biology Letters* (2006), 2, 412-414 と、*PLoS One* (2012), 7, e51738 中に書かれている。

カッコウの雛が宿主の警戒声にどう反応するかについては、N. B. Davies *et al., Proceedings of the Royal Society B* (2006), 273, 693-699 を参照のこと。マダラカンムリカッコウの雛が宿主の雛に打ち勝つために使う、餌ねだりの刺激については、M. Soler *et al., Behavioural Ecology and Sociobiology* (1995), 37, 7-13 と、T. Redondo, *Etologia* (1993), 3, 235-297 を参照のこと。宿主のカササギの親鳥が、なぜ普通、体が大きく空腹の雛を好むかについては、M. Husby, *Journal of Animal Ecology* (1986), 55, 75-83 を参照のこと。

## 第11章　宿主の選択

Gilbert White の *The Natural History of Selborne* (1789) は、R. Mabey (Penguin, 1977) により編集された。Edward Jenner の論文は、*Philosophical Transactions of the Royal Society of London* (1788), 78, 219-237 の中にある。クロウタドリとウタツグミがカッコウの宿主として不適切であることは、T. Grim *et al., Journal of Animal Ecology* (2011), 80, 508-518 の実験で示されている。いくつかの種は、カッコウとの軍拡競争に勝った昔の宿主であるという考えは、以下の論文で論じられている。N. B. Davies & M. de L. Brooke, *Journal of Animal Ecology* (1989), 58, 207-224 and 225-236、A. Moksnes *et al., Behaviour* (1991), 116, 64-89、S. I. Rothstein, *Animal Behaviour* (2001), 61, 95-107、R. M.

Welbergen & N. B. Davies, *Current Biology* (2009), 19, 235-240 と、W. E. Feeney *et al.* による *Animal Behaviour* (2012), 84, 3-12 の概説を参照のこと。

ヨーロッパヨシキリによる擬攻反応の社会的伝播を示す実験は、N. B. Davies & J. A. Welbergen, Science (2009), 324, 1318-1320、D. Campobello & S. G. Sealy, *Behavioural Ecology* (2011), 22, 422-428、および R. Thorogood & N. B. Davies, *Science* (2012), 337, 578-580 に書かれている。

## 第９章　奇妙で忌まわしい本能

カッコウの雛による排斥行動に関する Aristotle の言及は、W. S. Hett, *Aristotle: Minor Works. On Marvellous Things Heard* (Heinemann, 1936) 中にある。Jenner の見事な説明は、*Philosophical Transactions of the Royal Society of London* (1788), 78, 219-237 中にある。昔の説明については、他に、J. Blackwall, *Memoires of the Literary and Philosophical Society of Manchester, second series* (1824), 78, 441-472、G. Montagu, *Ornithological Dictionary of British Birds, second edition* (London, 1831)、および E. Baldamus, *Das Leben der Europäischen Kuckucke* (Parey, 1892) を参照のこと。

チェコ共和国での、ヨーロッパヨシキリやオオヨシキリの巣におけるカッコウ雛の排斥行動は、M. Honza *et al.*, *Journal of Avian Biology* (2007), 38, 385-389 に、イングランドの湿原での、ヨーロッパヨシキリの巣におけるカッコウ雛の排斥行動は、I. Wyllie, *The Cuckoo* (Batsford, 1981) にある。

カッコウの体内抱卵は、G. Montagu, *Ornithological Dictionary* (London, 1802) 中で最初に示唆され、T. R. Birkhead *et al.*, *Proceedings of the Royal Society B* (2011) 278, 1019-1024 中ではじめて明示された。

鳥類や他の動物における兄弟間の競争は、D. W. Mock & G. A. Parker, *The Evolution of Sibling Rivalry* (Oxford, 1997) を参照のこと。ミツオシエが宿主の雛を刺すことについては、C. N. Spottiswoode & J. Koorevaar, *Biology Letters* (2012), 8, 241-244 中にある。親が雛を世話する二つの鳥類、ハチクイとワライカワセミが、兄弟間の競争の際に嘴の鈎で突き刺し合うことについては、D. M. Bryant & P. Tatner, Animal Behaviour (1990), 39, 657-671 と、S. Legge, *Journal of Avian Biology* (2002), 33, 159-166 を参照のこと。

ヨーロッパヨシキリが雛を排斥しないことは、N. B. Davies & M. de L. Brooke, *Animal Behaviour* (1988), 36, 262-284 中の実験で示されている。カッコウの雛は、宿主を操作する際に「薬物的」効果を発揮するという提唱は、R. Dawkins & J. R. Krebs, *Proceedings of the Royal Society B* (1979), 205, 489-511 中にある。宿主はカッコウの雛を受け入れる運命にあるという理論上の理由を述べた Arnon Lotem の論文は、*Nature* (1993), 362, 743-745 にある。

カッコウはなぜ、自分の雛を育てないかを説明したオーストラリアのアボリジニの伝説については、http://newsok. com/thecuckoos-rebellion/article/2626984 を参照のこと。ルリオーストラリアムシクイはテリカッコウの卵を排斥しないとアボリジニが知っていたことについては、S. C. Tidemann & T. Whiteside, Aboriginal stories: the riches and colour of Australian birds, in *Ethno-Ornithology: Birds and Indigenous People, Culture and Society* (London, Earthscan, 2011), pp. 153-179 を参照のこと。オーストラリアで、テリカッコウの雛が宿主に排斥されることについては、N. E. Langmore et al., による *Nature*

Dee's book *The Running Sky*（Jonathan Cape, 2009）を参照のこと。将軍の日記の抜粋は、Claire Spottiswoode と Ian Bruce-Miller の快諾により引用した。

アフリカからカッコウのいない島々である西インド諸島ヒスパニオラ島やインド洋モーリシャス島へ渡ったズグロウロコハタオリに関するさらなる紹介は、*Animal Biodiversity and Conservation*（2003）, 26, 45-55 の David Lahti の論文を参照のこと。Médéric Louis Élie Moreau de Saint-Mery, *Description topographique, physique, civile, politique et historique de la partie française de l'isle Saint-Domingue*（Chez Dupont, Paris, 1797）, p. 426 への言及と翻訳は、David のおかげである。1783 年、ハイチの Tron Caiman にズグロウロコハタオリのコロニーが存在したことについては、W. D. Fitzwater, The weaver finch of Hispaniola, Pest *Control*（1971）, 39, 19-20, 56-59 を参照のこと。カッコウの托卵から解放されたズグロウロコハタオリが卵の署名を失ったことに関する David Lahti の論文は、*Proceedings of the National Academy of Sciences of the USA*（2005）, 102, 18057-18062 と、*Evolution*（2006）, 60, 157-168 を参照のこと。卵の色に対する太陽光の放射の影響に関する彼の論文は、D. Lahti, *The Auk*（2008）, 125, 796-802 である。

宿主が自分の卵の外見を学習する証拠については、A. Lotem *et al.*, *Animal Behaviour*（1995）, 49, 1185-1209 と、S. I. Rothstein, *Animal Behaviour*（1975）, 23, 268-278 を参照のこと。ヨーロッパヨシキリが、自分が認識した托卵のリスクの度合に応じて卵の排斥の閾値をどのように変えるかについては、N. B. Davies et al., *Proceedings of the Royal Society B*（1996）263, 925-931 を参照のこと。

## 第８章　さまざまな装いでのだまし

擬態に関する Henry Walter Bates の古典的論文は、*Transactions of the Linnean Society of London*（1862）, 23, 495-566 を参照のこと。Wallace の伝記については、Peter Raby, Alfred Russel Wallace: a Life（Random House, 2002）を参照のこと。カッコウとタカの似方に関する Wallace の考えは、*Darwinism: an Exposition of the Theory of Natural Selection with Some of its Applications.*（Macmillan, 1889）にある。Wallace は、カッコウは、タカに似るとタカの攻撃から身を守れるので利益を得られると提唱した。カッコウがタカに捕食されることは予想より少ない証拠は、A. P. Møller *et al.*, *Journal of Avian Biology*（2012）, 43, 390-396 を参照のこと。

ハイタカの異常な振る舞いについては、W. K. Richmond, *British Birds of Prey*（Lutterworth, 1959）に書かれ、また、Mark Cocker & Richard Mabey, *Birds Britannica*（Chatto & Windus, 2005）中に引用されている。Ted Hughes の詩は、Hawk roosting。Ted Hughes, *Collected Poems*, edited by Paul Keegan（Faber & Faber, 2003）を参照のこと。

カッコウとタカの類似についてのさらなる情報は、T.-L. Gluckman & N. I. Mundy, *Animal Behaviour*（2013）, 86, 1165-1181 を参照のこと。腹部の羽に縞があるタカに似た姿は、托卵するカッコウの方によく見られるという証拠については、O. Kruger *et al.*, *Proceedings of the Royal Society B*（2007）, 274, 1553-1560 を参照のこと。ヨーロッパヨシキリの巣に近づくには、タカに似た姿が役立つことを示した実験については、J. A. Welbergen & N. B. Davies, *Behavioural Ecology*（2011）22, 574-579 を参照のこと。宿主のカッコウへの攻撃はカッコウに托卵を思いとどまらせるという証拠については、J. A.

## 第６章　卵をめぐる「軍拡競争」

さまざまな宿主がカッコウの擬卵にどのような反応を示すかの研究は、N. B. Davies & M. de L. Brooke, *Journal of Animal Ecology*（1989）, 58, 207-224 and 225-236 と、A. Moksnes *et al.*, による *Auk*（1991）, 108, 348-354 および *Behaviour*（1991）, 116, 64-89 を参照のこと。カッコウのヨーロッパカヤクグリへの托卵に関する John Owen の研究は、*Report of the Felsted School Science Society*（1933）, 33, 25-39 にある。ヨーロッパカヤクグリに特化したカッコウの托卵系統が、特徴的な型の卵を産む証拠については、M. de L. Brooke & N. B. Davies, *Nature*（1988）, 335, 630-632 を参照のこと。また、イギリスにおけるカッコウの托卵系統間の遺伝的相違は、H. L. Gibbs *et al. Nature*（2000）, 407, 183-186 を参照のこと。

鳥の目で見たときのカッコウの卵の似具合については、M. C. Stoddard & M. Stevens, *Proceedings of the Royal Society B*（2010）, 277, 1387-1393 と、*Evolution*（2011）, 65, 2004-2013 を参照のこと。宿主が排斥すると、それに応じてカッコウの卵の殻が厚くなるように進化することについては、C. N. Spottiswoode, *Journal of Evolutionary Biology*（2010）, 23, 1792-1799 を参照のこと。

ミジンコとミジンコに寄生するバクテリアの軍拡競争については、E. Decaestecker *et al., Nature*（2007）, 450, 870-873 に記載されている。

イギリスの宿主へのカッコウの托卵率は、M. de L. Brooke & N. B. Davies, *Journal of Animal Ecology*（1987）, 56, 873-883 を参照のこと。ヨーロッパカヤクグリが近年のうち宿主になる可能性と、卵を排斥するよう進化するのに要する時間についてのさらなる情報は、N. B. Davies & M. de L. Brooke, *Journal of Animal Ecology*（1989）, 58, 225-236 を参照のこと。

## 第７章　署名と偽物

Charles Swynnerton の回想については、G. A. K. Marshall, *Nature*（1938）, 142, 198-199 と、M. J. Kimberley, *Heritage*（1990）, 9, 47-61 を参照のこと。卵の署名についての Swynnerton の古典的論文は、*Ibis*（1918）, 60, 127-154 である。R. M. Kilner, *Biological Reviews*（2006）, 81, 383-406 は、鳥類の卵の色と模様に関する概説である。B. Igic *et al., Proceedings of the Royal Society B*（2012）, 279, 1068-1076 は、カッコウと宿主間の卵の似具合が、卵の殻に同じ色素が使われていることが関係することを示している。

卵の模様が一腹卵への托卵に対抗するための署名として進化した証拠については、B. G. Stokke *et al., Evolution*（2002）, 56, 199-205　と、J. J. Soler & A. P. Moller, *Behavioural Ecology*（1996）, 7, 89-94 を参照のこと。アフリカのマミハウチワドリの卵の署名と、その署名をカッコウハタオリが偽造することに関する Claire Spottiswoode と Martin Stevens による研究は、以下の３つの論文で考察されている。C. N. Spottiswoode & M. Stevens, *Proceedings of the National Academy of Sciences of the USA*（2010）, 107, 8672-8676、*Proceedings of the Royal Society B*（2011）, 278, 3566-3573、*American Naturalist*（2012）, 179, 633-648。Pete Leonard が執筆した Major John Colebrook-Robjent の死亡記事は、*the Bulletin of the African Bird Club*（2008）, 16, 5 を参照のこと。Major John Colebrook-Robjent 自身や、Claire Spottiswoode との見事な共同研究に関する感動的な解説は、Tim

Bradley, *Anglo-Saxon Poetry* (Everyman, 2004) である。

バードウォッチングや湿原の絵に関する Eric Ennion の説明は、その著作 *Adventurers Fen* (Methuen, 1942)、*Birds and Seasons* (Arlequin Press, 1994)、*One Man's Birds* (The Wildlife Art Gallery, Lavenham, 2004) にある。昔の湿原の詩的な説明や、Ennion の湿原の今日の様子は、Tim Dee による素晴らしい書籍 *Four Fields* (Jonathan Cape, 2013) を参照のこと。

## 第４章　春を告げる鳥

ヨーロッパヨシキリに関するさらなる情報は、Bernd Leisler and Karl Schulze- Hagen, *The Reed Warblers: Diversity in a Uniform Bird Family* (KNNV Publishing, 2011) を参照のこと。ウィッケン・フェンにおけるヨーロッパヨシキリの繁殖行動の詳細については、N. B. Davies *et al.*, *Animal Behaviour* (2003), 65, 285-295 を参照のこと。鳥類のつがいの貞節や婚外交尾に関する議論は、Tim Birkhead の書籍、*Promiscuity: an Evolutionary History of Sperm Competition and Sexual Conflict* (Faber & Faber, 2000) を参照のこと。

電波追跡を用いたカッコウの研究については、I. Wyllie, *The Cuckoo* (Batsford, 1981)、H. Nakamura & Y. Miyazawa, *Japanese Journal of Ornithology* (1997), 46, 23-54、M. Honza *et al.*, *Animal Behaviour* (2002), 64, 861-868 を参照のこと。カッコウの見張り場所から宿主の巣が近いと、托卵率が高くなることについては、F. Alvarez, *Ibis* (1993), 135, 331、I. J. Øien *et al.*, *Journal of Animal Ecology* (1996), 65, 147-153、および J. A. Welbergen & N. B. Davies, *Current Biology* (2009), 19, 235-240 を参照のこと。カッコウの父性とつがいの形成についての研究は、D. A. Jones *et al.*, *Ibis* (1997), 139, 560-562 と、K. Marchetti *et al.*, *Science* (1998), 282, 471-472 を参照のこと。カッコウは雌ごとに決まった型の卵を産む証拠を示すDNA プロファイリングに関しては、A. Moksnes et al., *Journal of Avian Biology* (2008), 39, 238-241 を参照のこと。

## 第５章　カッコウのふりをする

カッコウの宿主がよそ者の卵にどういう反応を示すかを実験する先駆的研究は、E. C. S. Baker による *Ibis* (1913), 55, 384-398 と *Proceedings of the Zoological Society of London* (1923), 277-294、および、C. F. M. Swynnerton による *Ibis* (1918), 60, 127-154 がある。私と Mike Brooke がウィッケン・フェンで行なったヨーロッパヨシキリとカッコウの実験的研究は、N. B. Davies & M. de L. Brooke, *Animal Behaviour* (1988), 36, 262-284 である。M. C. Stoddard & R. M. Kilner, *Animal Behaviour* (2013), 85, 693-699 による最新の解説も参照のこと。

隠蔽的擬態に関する Wallace の考察は、その著作 *Darwinism: an Exposition of the Theory of Natural Selection with Some of its Applications* (Macmillan, 1889) 中にある。

ヨーロッパヨシキリの巣へのカッコウの托卵の仕方に関する詳細な研究は、A. Moksnes *et al.*, *Ibis* (2000), 142, 247-258 を参照のこと。Anton Antonov *et al.*, *Chinese Birds* (2012), 3, 245-258 は、カッコウや一腹卵に托卵する他の鳥の卵は、なぜ殻が頑丈かを考察している。

London, 1678）からである。この引用についてはTim Birkheadによるところが大きい。Rayが鳥類学に与えた影響については、Timの名著、*The Wisdom of Birds*（Bloomsbury, 2008）を参照のこと。

カッコウの腸に関するHerissantの論文は、*Histoire de L'Academie Royale*（1752）, 417-423にある。Gilbert Whiteは、*The Natural History of Selborne*（1789）, edited by R. Mabey（Penguin, 1977）の中の数通の書簡でカッコウについて論じている。Edward Jennerの古典的論文は、*Philosophical Transactions of the Royal Society of London*（1788）, 78, 219-237にある。博愛精神に富む宿主に関するBechsteinの引用は、J. M. Bechstein, *Gemeinnutzige Naturgeschichte Deutschlands*, Bd 2（Crusius, Leipzig, 1791）の中にある。カッコウに関する昔の説明は、他に、K. Schulze-Hagen *et al.*, *Journal of Ornithology*（2009）, 150, 1-16と、N. B. Davies, *Cuckoos, Cowbirds and Other Cheats*（T. & A. D. Poyser, 2000）があり、最後の書籍は、一腹卵に托卵するすべての鳥についての概説である。

アメリカのカッコウで、親が子供の世話をして好ましい家族生活を送る種についてのCharles Willson Pealeの言及は、Richard Conniff, *The Species Seekers: Heroes, Fools and the Mad Pursuit of Life on Earth*（Norton, New York, 2011）中にある。

Michael SorensonとRobert Payneが分子遺伝学により分析したカッコウ科の系統樹は、R. B. Payne, *The Cuckoos*（Oxford University Press, 2005）中にある。Richard DawkinsとJohn Krebsによる進化的軍拡競争に関する古典的論文は、*Proceedings of the Royal Society B*（1979）, 205, 489-511にある。

## 第２章　カッコウはどのように卵を産むか

Edgar Chanceにはカッコウに関する著作が二つある。*The Cuckoo's Secret*（Sidgwick & Jackson, 1922）と、*The Truth about the Cuckoo*（Country Life, 1940）である。

BaldamusとReyのドイツでの研究は、それぞれ、E. Baldamus, *Das Leben der Europaischen Kuckucke*（Parey, 1892）と、E. Rey, *Altes und Neues aus dem Haushalte des Kuckucks*（Freese, 1892）を参照のこと。カッコウの托卵系統に関するAlfred Newtonの論文は、*A Dictionary of Birds*（A. & C. Black, 1893）中にある。Karsten Gartnerの研究については、*Ornithologische Mitteilungen*（1981）, 33, 115-131と、*Die Vogelwelt*（1982）, 103, 201-224を参照のこと。

カッコウの托卵系統間の遺伝的相違については、F. Fossoy *et al. Proceedings of the Royal Society B*（2011）, 278, 1639-1645を参照のこと。

Mike Baylissは、自分自身のカッコウの托卵記録を*BTO News*（1988）, 159, 7の中で公表している。

## 第３章　ウィッケン・フェン

ウィッケン・フェンの歴史や、その保護地や野生生物に関するさらなる情報は、Laurie Friday編纂の*Wicken Fen: the Making of a Wetland Nature Reserve*（Harley Books, 1997）中にある。湿原の歴史については、Oliver Rackhamの書籍*The History of the Countryside*（Dent, 1986）と、Ian D. Rotherhamの*The Lost Fens: England's Greatest Ecological Disaster*（The History Press, 2013）を参照のこと。Guthlacの詩の現代英語訳の出典は、S. A. J.

# 原注および参考文献

## 前書き

カッコウと人の文化についてのさらなる情報は、Mark Cocker and Richard Mabey, *Birds Britannica*（Chatto & Windus, 2005）、Mark Cocker and David Tipling, *Birds and People*（Jonathan Cape, 2013）、Michael McCarthy, *Say Goodbye to the Cuckoo*（John Murray, 2009）を参照のこと。Hesiod によるカッコウについての昔の言及は、M. L. West, *Hesiod: Works & Days*（Oxford University Press, 1978）中にある。*The Times* への手紙は、Kenneth Gregory, *The First Cuckoo: Letters to The Times Since 1900*（Allen & Unwin, 1976）中にある。2 月に銃で撃たれたカッコウについては、Michael Walters, *A Concise History of Ornithology*（Helm, 2003）中に書かれている。

Jane Taylor の詩は、Benjamin Britten 作曲の歌曲集 *Friday Afternoons* 中の 1 曲である。Ted Hughes の詩句は、その詩 'Cuckoo' の中のものである。*Collected Poems*, edited by Paul Keegan（Faber and Faber, 2003）を参照のこと。

鳥類に関する Turner の本は、W. Turner, *A Short and Succinct History of the Principal Birds Noticed by Pliny and Aristotle*（1544）, edited by A. H. Evans（Cambridge University Press, 1903）である。

バードウォッチングの喜びやそこから与えられる霊感に関する見事な解説は、Jeremy Mynott, *Birdscapes: Birds in Our Imagination and Experience*（Princeton University Press, 2009）を参照のこと。

## 第 1 章　巣の中のカッコウ

カッコウが他の鳥の巣へ托卵することについての Aristotle の説明は、A. L. Peck, Aristotle: *Historia Animalium*, Volume 2（Heinemann, 1970）を、カッコウの雛が宿主の卵を排斥することについての Aristotle の説明は、W. S. Hett, *Aristotle: Minor Works. On Marvellous Things Heard*（Heinemann, 1936）を参照のこと。Frederick II of Hohenstaufen の 1248 年記述の引用 は、C. A. Wood & F. M. Fyfe, *The Art of Falconry, Being the De arte venandi cum avibus of Frederick the Second of Hohenstaufen*（Stanford University Press, 1943）のものである。

Sir John Clanvowe（1341-1391）の詩は、*The Boke of Cupide, God of Love, or The Cuckoo and the Nightingale*, edited by Dana M. Symons（Western Michigan University, 2004）中にあり、ウェブサイト上では、http://www.lib.rochester.edu/camelot/teams/sym1frm.htm で読むことができる。

John Ray の引用は、その著作、*The Ornithology of Francis Willughby*（John Martyn,

【ら　行】
ライデッカー　Mr Lydekker, FRS　12
ライヒャルト、マーティン　Martin Reichard　247
ラウドスピーカー　203
ラック、デイヴィッド　David Lack　15
ラーティ、デイヴィッド　David Lahti　150, 153
ラティマー主教　Bishop Latimer　254
卵殻腺部　140, 141
卵擬態　136, 138, 159
ラングモア、ナオミ　Naomi Langmore　194, 196

『リア王』　King Lear　132
利己主義　184
リスター　Lyster　264-267
リッチモンド、ケネス　Kenneth Richmond　166
リドリー、ニコラス　Nicholas Ridley　254-256
リフトバレー　Rift Valley　262

ルーヴェン・カトリック大学　130
ルリオーストラリアムシクイ　superb fairy-wren　*Malurus cyaneus*　193-196, 198

レイ、ジョン　John Ray　19, 31, 232, 261
レイ、オイゲン　Eugene Rey　46, 47, 52
「レッド・リスト」　257
レドンド、トマス　Tomas Redondo　212

ロテム、アーノン　Arnon Lotem　154, 156, 191, 192
ロザムステッド昆虫調査計画　Rothamsted Insect Survey　260
ロスカフト、エイヴァン　Eivin Roskaft　111, 131, 234
ロスチャイルド、チャールズ　Charles Rothschild　69
ロスチャイルド、ミリアム　Miriam Rothschild　226
『ロンドン・リンネ協会紀要』　*Transactions of the Linnean Society of London*　163

【わ　行】
ワイタムの森　Wytham Woods　276
ワイリー、イアン　Wyllie, Ian　92, 93, 111, 180, 222
ワーズワース、ウィリアム　William Wordsworth　78
渡り鳥　66
ワラビ　bracken　61, 62

【欧　文】
BTO（英国鳥類学協会）　133, 257, 260, 262, 264
DNA　230
——プロファイリング　17, 64, 94, 227, 228, 244
——マーカー　87
RSPB（王立鳥類保護協会）　278
W 染色体　229
X 染色体　229
Y 染色体　229
Z 染色体　229

75

モクスネス、アルネ　Arne Moksnes　111, 131, 234
モグラ　mole　67
モズ　bull-headed shrike　Lanius bucephalus　235
「もつれ合った土手」 19, 39, 64, 240-242, 248, 250
モリムシクイ　wood warbler　*Phylloscopus sibilatrix*　231
モンタギュー、ジョージ　George Montagu　176, 182


**【や　行】**

ヤツガシラ　hoopoes　185
ヤドリギツグミ　mistle thrush　Turdus viscivorus　107, 108
──の卵の大きさ　107, 108

『有翼の神学』 *Winged Theology: an attempt to inspire humankind to admiration, love and reverence for their creator by a closer consideration of birds*　204

ヨコジマテリカッコウ　shining bronze-cuckoo　*Chalcites lucidus*　193, 194, 197
葦（よし）→葦（あし）
ヨツボシトンボ　four-spotted chasers　*Libellula quadrimaculata*　40
ヨーロッパアマツバメ　swift　*Apus apus*　33, 131, 242, 248, 277-278
ヨーロッパカヤクグリ　dunnock or hedge sparrow　*Prunella modularis*　33, 65, 105, 123-125, 127, 132-134, 176-181, 209, 217, 218, 235, 257, 259
──（抱卵期間）　181
──の巣　105, 208
──の増加　257
ヨーロッパタナゴ　bitterling　*Rhodeus amarus*　246-248
──の縄張り　247
ヨーロッパチュウヒ　marsh harrier　*Circus aeruginosus*　200
ヨーロッパビンズイ　tree pipit　*Anthus trivialis*　49, 51, 52, 55, 56, 60, 61, 115, 217, 218, 220
──の巣　60
ヨーロッパヨシキリ　reed warbler　*Acrocephalus scirpaceus*　16, 23, 25, 26, 33, 38-40, 46, 47, 59, 60, 64, 68, 71, 72, 74, 75, 77, 80, 84, 85, 87-89, 92, 95-97, 99, 102, 107, 108, 110, 111, 118, 127, 128, 134, 137, 145, 157, 161, 165-167, 171, 172, 175, 187, 189-191, 196, 197, 199-207, 209, 210, 219, 220, 223, 227, 229, 230, 241, 251, 257, 259, 263, 272, 273, 275-277, 279
──（交尾の誘い）　85
──（産卵のやり直し）　118
──（二階建ての巣）　104
──の給餌　89
──の個体識別　25
──の婚外交尾　87
──の産卵期間　82
──の巣　24, 65, 83-85, 91, 101, 104, 105, 112, 209, 210, 226
──の巣作り　83
──の増加　257
──の卵　46, 95, 109
──のつがい　83, 84
──の到着　79, 81
──の縄張り　25, 78, 82, 84, 85, 89, 169
──の「盗み聞き」　168
──の繁殖行動　80
──の一腹雛　26, 86-88, 91, 94, 95, 97, 103, 109, 117, 189, 199-205
──の抱卵　88, 95, 103, 109, 191
──の抱卵期間　181
──の捕獲　81
──の渡り　33, 81
ヨーロッパヨタカ　nightjar　Caprimulgus europaeus　33

John Stevens Henslow 69
ヘンリーⅢ世 King Henry Ⅲ 279

「冒険家たちの湿原」 Adventurers' Fen 73, 75
抱卵 50, 51, 88, 85, 103, 109, 116, 173, 181, 191, 197
——（体内） 182
——期間 181, 197
ホオジロ Siberian meadow bunting *Emberiza cioides* 235
ホーキンス、エドワード Edward Hawkins 43, 54
保護色 →隠蔽色
ホシムクドリ starling *Sturnus vulgaris* 148
ホワイト、ギルバート Gilbert White 19, 32, 33, 37, 123, 132, 216, 217, 232, 233, 242, 258
ホワイトヘッド、アルフレッド・ノース Alfred North Whitehead 204
ホンザ、マーセル Marcel Honza 111, 227
『本草書』 *Herbal* 255

**【ま 行】**

マキバタヒバリ meadow pipit *Anthus pratensis* 41, 44, 45, 46, 47, 49-56, 60, 61, 111, 112, 115, 116, 122, 127, 134, 196, 215, 217-219, 222, 227, 229, 230, 234
——の減少 257
——の産卵時期 58
——の巣 56, 60, 122, 222, 234
——の卵 46, 53
——の縄張り 51
——の一腹雛 50-52
——の抱卵期間 179
——へ特化したカッコウの托卵系統 50, 56,124
マクレー、スー Sue McRae 243, 244
マーケッティ、カレン Karen Marchetti 228
マーシュシスル marsh thistle *Cirsium palustre* 18
マダム・サガ Madam Saga 149
マダム・サラ Madame Sara 149
マダラカンムリカッコウ great spotted cuckoo *Clamator glandarius* 211, 212
マダラヒタキ pied flycatcher *Ficedula hypoleuca* 131, 132
マッカーシー、マイケル Michael McCarthy 78
マッデン、ジョン Joah Madden 210
マミジロテリカッコウ Horsfield's bronze-cuckoo *Chalcites basalis* 193-196
マミハウチワドリ tawny-flanked prinia *Prinia subflava* 144, 145, 146, 150
——の縄張り 144
マーラー、グスタフ Gustav Mahler 29
『マレー諸島』 *The Malay Archipelago* 164

ミスチーフ号 Mischief 162
ミソサザイ wren *Troglodytes troglodytes* 34, 54, 231, 232
ミツオシエ honeyguides *Indicator indicator* 37, 185-187
——（雛の嘴の鈎） 185, 188
ミツユビカモメ kittiwake *Rissa tridactyla* 184
ミルトン Milton 30

ムクドリ starlings *Sturunus vulgaris* 74, 131
ムナフヒタキ spotted flycatcher *Muscicapa striata* 131, 220-221, 227
ムネアカヒワ linnet *Carduelis cannabina* 51, 56, 132, 234

メアリーⅠ世 Queen Mary Ⅰ of England 254, 255
メイビー、リチャード Richard Mabey 216
メンフクロウ barn owl *Tyto alba* 63, 71,

189, 199-205
一腹卵　59, 88, 100, 105, 106, 109, 116, 117, 151, 154, 155, 170, 173, 190, 191, 192, 241, 243
——（オオヨシキリの）　156
——（マキバタヒバリの）　50-52
——（ヨーロッパヨシキリの）　26, 86-88, 91, 96, 97, 103, 109, 117, 189, 199-205
——数　87, 144
ビーバー　beaver *Castor fiber*　67
ヒバリ　skylark *Alauda arvensis*　49, 51, 52, 56, 60, 107, 222, 234
——の巣　60, 222, 234
——の卵の大きさ　107
ヒメハチクイ　little bee-eater *Merops pusillus*　185
ヒューズ、テッド　Ted Hughes　14, 166
ヒューソン、クリス　Chris Hewson　262, 270
氷河期　66
ビリベルジン　141, 153
ピール、チャールズ・ウィルソン　Charles Willson Peale　35

不一致のルール　154
『フィロソフィカル・トランザクションズ』　*Philosophical Transactions of the Royal Society*　176
フィンチ　finch　131, 223
フェリックス修道士　Felix the monk　66
フェルメイデン、コルネリウス Cornelius Vermuyden　68
フォソワ、フローデ　Frode Fossoy　230
フーツ、ティボール　Tibor Fuisz　232
ブームスラン　boomslang　*Dispholidus typus*　151
プラエニ　praeni　27
ブラックウォール、ジョン　John Blackwall　178
『フランソワ・ウィルビイの鳥類学』　*The Ornithology of Francis Willughby*　261
プリーストリー、ジョゼフ　Joseph Priestley　176
ブリテン、ベンジャミン　Benjamin Britten　13
プリニウス　Pliny　254
ブルック、マイケル　Michael Brooke　90, 91, 95, 98, 106, 112, 116, 122, 131, 189, 222, 226
フレデリックⅡ世　Frederick Ⅱ, Holy Roman Emperor　27
プロトポルフィリン　141
ブロンズミドリカッコウ　diederik cuckoo　*Chrysococcyx caprius*　148, 150, 152
分光光度計　146, 150

ベアホップ、スチュアート　Stuart Bearhop　274
ベイツ、ヘンリー・ウォルター　Henry Walter Bates　19, 162
ベイツ型擬態　167
ベイトソン、メリッサ　Melissa Bateson　207
ペイン、ロバート　Robert Payne　38, 224
ベーカー、スチュアート　Stuart Baker　101, 102, 138
ヘシオドス　Hesiod　10
ベッドフォード伯爵　Earl of Bedford　68
ペナント、トマス　Thomas Pennant　216, 231
ベニヒワ　redpoll　*Carduelis flammea*　132
ベヒスタイン　Bechstein　34
ヘラジカ　elk *Alces alces*　66
ヘリウォード　Hereward the Wake　67, 72
ベーリス、マイク　Mike Bayliss　59, 94
ベルトールド、ペーター　Peter Berthold　273, 274
変異性
——（署名の）　146
——（卵の）　46, 138, 142, 151
——（羽の）　172
ヘンスロー、ジョン・スティーヴンス

沼のオーク　68
ヌマヨシキリ　marsh warbler　*Acrocephalus palustris*　59, 227, 230

ノースノーフォーク　North Norfolk　215
ノドグロミツオシエ　greater honeyguide　*Indicator indicator*　185, 188
ノドジロムシクイ　whitethroat　*Sylvia communis*　217
ノビタキ　stonechat　*Saxicola torquata*　49, 222
——の巣　222
ノーブル、デヴィッド　David Noble　201
野辺山高原　Nobeyama Heights　236

【は　行】

パイク、オリヴァー　Oliver Pike　55, 58
排斥　96
——（擬卵の）　103, 116, 123
——（卵の）　96, 102, 107, 109, 112, 127, 131-136, 150, 152, 154, 157-159, 170, 220, 221, 275
——（雛の）　183, 187, 188, 190, 194
——者　134
ハイタカ　sparrowhawk　*Accipiter nisus*　74, 163-166, 272
——の剥製　165
ハイランド牛　Highland cattle　71
ハイロンズ、グラハム　Graham Hirons　276
ハウバー、マーク　Mark Hauber　141
パウンド・グリーン入会地　Pound Green Common　42, 43, 46, 49, 56, 60, 61, 115, 165, 222, 227
「吐き戻し派」　regurgitators　48, 49, 54
ハクセキレイ　pied wagtail　*Motacilla alba*　33, 114, 123, 217-219
——の卵　33, 46, 123
ハシグロヒタキ　wheatear　*Oenanthe oenanthe*　131
バークヘッド、ティム　Tim Birkhead　87, 182
ハーシェル、ウィリアム　William Herschel　176
パステウリア・ラモサ　*Pasteuria ramosa*　129, 130
ハタホオジロ　corn bunting　*Miliaria calandra*　230
ハチクイ　bee eater *Merops pusillus*　185, 187
バッチャート、スチュアート　Stuart Butchart　210, 256
バード、テオフィラス　Theophilus Byrd　69
ハナアブ　hoverfly　200
バニヤン、ジョン　John Bunyan　216
パネット、R. C.　R.C.Punnett　229
バームフォード、アンドルー　Andrew Balmford　278
バリントン、デインズ　Daines Barrington　216, 232
バルダムス、アウグスト　August Baldamus　178
バルダムス、エドゥアルド　Eduard Baldamus　46, 47
バン　moorhen　*Gallinula chloropus*　24, 83, 200, 243, 244, 252
——の巣　243, 244
——の縄張り　243, 245
バンクス、ジョゼフ　Sir Joseph Banks　176
斑点（卵の）　141, 150

ヒグマ　brown bear　*Ursus arctos*　66
ヒゲガラ　bearded tit　*Panurus biarmicus*　279
ヒスパニオラ島　Hispaniola　149-152
「ピッシング」　pishing　80
一腹雛　87, 181, 185, 189-192, 198-207, 212, 223
——（カササギの）　212
——（キンセイチョウの）　223
——（コマドリの）　181
——（ヨーロッパヨシキリの）　26, 87,

タボルスキー、バーバラ　Barbara Taborsky　223
タボルスキー、ミヒャエル　Michael Taborsky　223
単為生殖　249, 250

チゴハヤブサ　hobby　*Falco subbuteo*　239, 248, 249, 252
チフチャフ　chiffchaff　*Phylloscopus collybita*　231
着色（卵の）　142
チャタリス、ガイ　Guy Charteris　58
チャーマンティア、アン　Anne Charmantier　276
チャールズⅠ世　King Charles Ⅰ　68
チャンス、エドガー　Edgar Chance　20, 42, 43-45, 48-53, 59-62, 64, 91, 100, 106, 110, 111, 113-115, 143, 165, 168, 176, 222, 227, 229, 234, 262
チュウヒ　marsh harrier　Circus spilonotus　24, 83, 280
「超刺激」　202
『鳥類学事典』　*Ornithological Dictionary*　182
チョーサー　Chaucer　28

ツォーン、J.H.　J.H.Zorn　204
ツチブタ　aardvarks　185
ツバメ　swallow　*Hirundo rustica*　261

デイヴィス、ハンナ　Hannah Davies　242
テイラー、ジェーン　Jane Taylor　13
ティンバーゲン、ニコ　Niko Tinbergen　15-17
デカーステッカー、エレン　Ellen Decaestecker　130
デコルト、セルヴィーノ　Selvino de Kort　232
テリカッコウ　bronze-cuckoo　*Chrysococcyx*　193-196
——の雛　194
テンニンチョウ　Vidua　223
電波追跡　92-94, 236
『天路歴程』　*The Pilgrim's Progress*　216

統合失調症　224
ドーキンス、リチャード　Richard Dawkins　39, 189
トゲハシムシクイ　thornbill　*Acanthiza*　193, 197, 198
トーシェ、イヴォンヌ　Yvonne Teuschl　223
ドーネイ、セシル　Cecil Dawnay　113
トネリコ　ash tree　78
トプセル、エドワード　Edward Topsell　32
『鳥たちの議会』　*The Parlement of Foules*　28, 133
奴隷貿易　148

**【な　行】**

ナイチンゲール　nightingale　28, 82
「ナイチンゲールのソネット」　Sonnet to the Nightingale'　30
ナイル平野　Nile Valley　262
中村浩志　Hiroshi Nakamura　94, 95, 228, 233, 234
縄張り　65, 86, 91-94, 145, 169, 170, 243, 245
——（カッコウの）　92, 93
——（バンの）　243, 245
——（マキバタヒバリの）　51
——（マミハウチワドリの）　144
——（ヨーロッパタナゴの）　247
——（ヨーロッパヨシキリの）　25, 78, 82, 84, 85, 89, 169

ニコル、リチャード　Richard Nicoll　249
偽札　140
「2011年組」（タグを装着されたカッコウの）　262-263
入水管　246, 247
ニュートン、アルフレッド　Alfred Newton　19, 20, 47

スミス、カール　Carl Smith　247
スミス、P. B.　P.B.Smyth　49
刷り込み　155, 156, 191, 192, 222, 223, 225, 226
——の間違い　156, 191, 192, 195

『聖グスラックの生涯』 *Life of Saint Guthlac* 66
精子貯蔵管　86, 88
生物多様性　256
「生命の秘密」 Secrets of Life　42
セイヨウイソノキ　alder buckthorn　70
『セグロカモメの世界』 *The Herring Gull's World*　15
「絶滅の恐れ」 254
『セルボーンの博物誌』 *The Natural History and Antiquities of Selborne*　32, 123, 132, 216, 217, 231, 258, 261
染色体　227
選択圧　249
セントメリー、メデリック・ルイス・エリー・モレ・ド・　Mederic Louis Elie Moreau de Saint-Mery　149
セント・アンドリュース大学　University of St Andrews　247
セント・キャサリンズ・カレッジ　St Catherine's College　259
センニョムシクイ　*Gerygone*　193, 195, 197

「創始者効果」founder effect　151
ソラー、マニュエル　Manuel Soler　212
『空の鳥』 *The Fowles of Heaven*　32
ソレンソン、マイケル　Michael Sorenson　38
ソログッド、ローズ　Rose Thorogood　171
ソーン、クリス　Chris Thorne　259, 270

**【た 行】**
対趾足　40
体内抱卵　182
『タイムズ』 *The Times*　12
『ダーウィニズム』 *Darwinism*　164
ダーウィン、エラスムス　Erasmus Darwin　176
ダーウィン、チャールズ　Charles Darwin　19, 35-38, 40, 64, 69, 104, 162, 164, 240, 241, 252, 258
——の肖像　139
ダクティロリザ・プラエテルミッサ　marsh orchid　*Dactylorhiza praetermissa*　18
托卵　27, 37, 38, 90, 91, 133, 134, 220, 244, 243
——行為　37
——実験　220
——の「請け負い」 52-54
——のタイミング　51, 53, 58, 82, 85, 115
——のリスク　159
——日　51
托卵系統　47, 100, 102, 103, 122, 123, 124, 126, 127, 134, 141, 211, 222, 227-237
——（ジョウビタキへ特化したカッコウの） 123, 125
——（ハクセキレイへ特化したカッコウの） 123
——（マキバタヒバリへ特化したカッコウの） 50, 122、124
——（ヨーロッパカヤクグリへ特化したカッコウの） 124, 125, 134
——（ヨーロッパヨシキリへ特化したカッコウの） 124
托卵者　245
托卵性鳥類　223
托卵性フィンチ　227
托卵率　93, 133, 276
——（マキバタヒバリに対する） 134
——（ヨーロッパカヤクグリに対する） 134
——（ヨーロッパヨシキリに対する） 133
ターナー、ウィリアム　William Turner　19, 20, 254-256, 279, 280
田中啓太　Keita Tanaka　204
タネツケバナ　lady's smock or cuckooflower　*Cardamine pratensis*　61

産卵管　246, 247

シェイクスピア　Shakespeare　29, 132, 216
ジェニンズ、レオナード　Leonard Jenyns　258, 259
シェルドン、ベン　Ben Sheldon　276
ジェンナー、エドワード　Edward Jenner　19, 33, 34, 37, 105, 176, 178, 179, 208, 218, 219
ジェンス　gens　47　→托卵系統
ジェンティーズ　gentes　47-48
紫外線　126
識別（卵の）　101, 107, 125, 135, 136, 141, 157, 159
　——力　138
シコンチョウ　village indigobird　*Vidua chalybeata*　224, 225
シジュウカラ　great tit　*Parus major*　131, 276, 277
自然選択　35, 135, 164, 184, 240
シダレカンバ　silver birch　*Betura pendula*　61, 62
縞模様　141, 167
　——（卵の）　141
　——（ハトの）　167
シモツケ　meadowsweet　*Filipendula ulmaria*　18
シモンズ父子　Simmonds father and son　43, 49, 58
ジュウイチ　Horsfield's hawk-cuckoo　*Cuculus fugax*　206
ジュウシマツ　Bengalese finch　*Lonchura striata*　224, 225
　——の歌　223
宿主　14, 16, 26, 46, 47, 168, 219
　——によるカッコウの見張り　170, 171
　——による卵の識別　101
　——の産卵期間　109
　——の卵の変異性　46
　——の防衛　17, 97, 101, 109, 128, 193
　——への特化　47
　——卵の署名　146
　——卵の模様　141
出水管　246-248
『種の起源』　*The Origin of Species*　35, 163, 183, 240, 241, 273
ジョウビタキ　redstart *phoenicurus phoenicurus*　46, 123, 141, 233, 255
　——の卵　46, 123
署名　139, 140, 146-148, 152, 153
　——の進化　139
　——の変異性　147
シラコバト　collared dove　*Streptopelia decaocto*　79
シラサギ　egret　184
シルズ、ノーマン　Norman Sills　278
進化の戦い　17

ズアオアトリ　chaffinch　*Fringilla coelebs*　15, 132, 169, 220
錐体細胞　126
スウィナートン、チャールズ　Charles Swynnerton　20, 138, 139, 153
ズグロウロコハタオリ　village weaverbird　*Ploceus cucullatus*　148, 150-152, 230
ズグロガモ　black-headed duck　*Heteronetta atricapilla*　37
ズグロムシクイ　blackcap　*Sylvia atricapilla*　220, 274
「スゲ湿原」　Sedge Fen　69, 70, 72, 75
　——の小道　Sedge Fen Drove　69
スゲの野原　70
スゲヨシキリ　sedge warbler　*Acrocephalus schoenobaenus*　226, 227
　——の巣　226
スティーヴンス、マーティン　Martin Stevens　126, 147
ストッケ、バード　Bard Stokke　131, 142
ストッダード、キャシー　Cassie Stoddard　126
「巣の中のカッコウ」　29
スポッティスウッド、クレール　Claire Spottiswoode　127, 143, 146, 185, 186
スミス、アダム　Adam Smith　140

102, 104, 112
——の排斥　103, 116, 123
キルナー、ベッキー　Rebecca（Becky）Kilner　194, 196, 201, 205
キンカチョウ　zebra finch　*Taeniopygia guttata*　87
キンセイチョウ　grassfinch　*Estrildidae*　223

クイナ　rail　198
グスラック　Saint Guthlac　66, 67
嘴の鈎　185
「嘴派」　beakers　48, 49, 54
「暗闇での一刺し」　186
クランヴォウ卿　Sir John Clanvowe　28
クーリヴァー、ジェローン　Jeroen Koorevaar　185
クリス　Chris　267-269
グリム、トマス　Grim　200, 219
クレア、ジョン　John Clare　82
クレブス、ジョン　John Krebs　39, 189
クロウタドリ　blackbird　*Turdus merula*　27, 36, 65, 202-204, 219, 220
——の雛　203, 204
クロウメモドキ　buckthorn　70
軍拡競争　17, 39, 64, 119, 128-130, 132, 134, 136, 139, 147, 155, 183, 193, 196, 221, 247-249
——（カゲロウとチゴハヤブサの）　249
——（署名と偽物による）　147
——（パステウリア・ラモサとオオミジンコとの）　129, 130
——の傷跡　221
——の「スナップ写真」　130

警戒音　169-171, 209, 210

『恋の骨折り損』　*Love's Labour's Lost*　29
コウウチョウ　brown-headed cowbird　*Molothrus ater*　36, 37
コウギョクチョウ　red-billed firefinch　*Lagonosticta senegala*　224, 225
——の歌　225
交接器　250
「ご近所の監視」　171
コクマルガラス　jackdaw　112
——の剥製　112
刻印（卵の）　142, 221
——の型　146
——の分散　146
コザクラバシガン　pink-footed goose　*Anser brachyrhynchus*　15
コシジロキンパラ　white - rumped munia　*Lonchura striata*　225
個体識別　25
——（コマドリの）　15
——（ヨーロッパヨシキリの）　25, 80, 85
コチョウゲンボウ　Merlin　*Falco columbarius*　133
コト・ドナナ保護地生物学研究所　Biological Station of the Coto Donana　212
『子供の不思議な角笛』　*Des Knaben Wunderhorn*（The boy's magic horn）　29
コニク・ポニー　Konik pony　70
コマドリ　robin　15, 65, 181, 219, 222, 255
——の巣　210
『コマドリの生活』　*The Life of the Robin*　15
コールブルック - ロブジェント、ジョン　John Colebrook-Robjent　143
ゴリラ　lowland gorilla　*Gorilla gorilla*　263
婚外交尾　86-88
——（ヨーロッパヨシキリの）　87

**【さ　行】**

サイン　→署名
サガ夫人　Madam Saga　149
サザーン、H.N.　H.N.Southern　233
サルヤナギ　sallow　75
サンカノゴイ　bittern　*Botaurus stellaris*　279

「歌の学習」 155

英国鳥類学協会 British Trust for Ornithology（BTO） 133, 257, 260, 262, 264
衛星追尾 17
衛星通信型標識 262
『エクセター本』 *The Exeter Book* 27
越冬地 266
餌ねだり 16
——（カッコウの雛の餌ねだり） 203, 206, 209, 211, 220
——（カモメの雛） 16
エニオン、エリック Eric Ennion 73-75
エリザベスＩ世 Queen Elizabeth I 255
エリサン、フランソワ Francois Herissant 32, 33
エリソン、アラン Allan Ellison 58
エルガー、エドワード Edward Elgar 140

オーウェン、ジョン John Owen 124
オーウェン、O. R. O.R.Owen 49
王立鳥類保護協会 Royal Society for the Protection of Birds（RSPB） 278
オオジュリン reed bunting *Emberiza schoeniclus* 86, 220
オオミジンコ *Daphnia magna* 129, 130
オオヨシキリ great reed warbler *Acrocephalus arundinaceus* 46, 94, 111, 112, 127, 141, 154, 168, 219, 227, 228, 230, 235
——の一腹卵 154
王立協会 Royal Society 176
オオルリ blue-and-white flycatcher *Cyanoptila cyanomelana* 206
オガワコマドリ bluethroat *Luscinia svecica* 125
オタテヤブコマドリ rufous bush chat *Cercotrichas galactotes* 201
オナガ azure-winged magpie *Cyanopica cyana* 228, 236, 237
——の巣 234
オーロックス aurochs *Bos primigenius* 66, 71

**【か 行】**
『鏡の国のアリス』 *Through the Looking Glass* 128
カケス jay *Garrulus glandarius* 89, 208, 272
カゲロウ mayfly *Ephemeroptera* 248, 249, 252
カササギ magpie *Pica pica* 208, 211, 212
——の一腹雛 212
化体説 254
カーダミン、アン・オーガスタ Ann Augusta Cardamine 61
カーダミン・プラテンシス *Cardamine pratensis* 61
カツオドリ booby 184
カッコウ common cuckoo *Cuculus canorus* 9-14, 17, 24, 28, 31, 34, 36, 37, 61, 64, 67, 68, 71, 72, 75, 77, 78, 88, 94, 99, 101, 156, 158, 165, 193, 217, 240, 257, 262, 263
——（アメリカ） 35
——（インドの） 102
——（産卵期間） 82, 182
——（産卵手順） 100, 115, 116
——（産卵のタイミング） 109, 110, 115
——（産卵の速さ） 110, 111, 113
——（宿主の巣の見張り） 113
——（巣の選択） 91
——（育ての親のとり替え実験） 226
——（托卵行動） 31, 32, 44, 45, 51, 54, 82, 106, 109
——（托卵習性） 31, 35, 36, 42, 82, 115, 181
——（卵の殻） 108, 127
——（鳴き声） 14, 30, 50, 79
——（初鳴き） 12, 21
——（雛の餌ねだり） 203, 206, 209, 211, 218
——（雛の行動） 44, 45, 100, 176-179, 206,

# 索引


**【あ　行】**
『アイビス』 *Ibis*　138
アオガラ　blue tit　*Cyanistes caeruleus*　126
アオカワラヒワ　greenfinch　*Carduelis chloris*　132
アオサギ　heron　*Ardea cinerea*　74
アカアシシギ　redshank　*Tringa totanus*　74
「赤の女王」 Red Queen　128
——の進化　128, 130
アカメテリカッコウ　little bronze-cuckoo *Chalcites minutillus*　195, 197
葦　common reeds　*Phragmites australis* 24, 65, 84, 200
——沼　70
——原　232, 233
アトキンソン、フィル　Phil Atkinson　262, 268
アトリ　brambling　*Fringilla montifringilla* 127, 132
アミン、イディ　Idi Amin　142
アメリカカッコウ　American Cuckoo *Coccyzus*　35
アメンボ　water striders, pond skaters 250, 252
——の交接器　250
「誤った本能」 64
アリストテレス　Aristotle　19, 26, 60, 165, 176, 254
アルバレス、フェルナンド　Fernando Alvarez　201

イエスズメ　house sparrow　*Passer domesticus* 131
イスカ　crossbill　*Loxia curvirostra*　60
イタチ　weasel　*Mustela nivalis*　83, 208
遺伝的不朽性　60
イトトンボ　damselfly　25, 200, 242, 251, 252
イノシシ　wild boar　*Sus scrofa*　66
イーリー大聖堂　cathedral of Ely　72
色足環（カラーリング）　15, 25, 80, 81, 85, 92
隠蔽色　104, 105

ウィッケン・フェン　Wicken Fen　16, 18, 24, 34, 39, 63, 64, 69, 71, 75, 79, 87, 90, 96, 107, 110, 117, 156, 165, 169, 180, 187, 190, 200, 210, 240, 242, 248, 258, 272, 276, 280
——（湿原の浚渫）　68
——（「スゲ湿原」）　69, 70, 72, 75
——（雑木林）　70
——の水路　246
——保護区　69, 75
ウィッケン・ロード　Wicken Lode　72, 241
ウィラビイ、フランシス　Francis Willughby　261
上田恵介　Keisuke Ueda　206
ヴェラル、ジョージ　George Verrall　69
ウェルバーゲン、ジャスティン　Justin Welbergen　165, 168, 169
ウォレス、アルフレッド・ラッセル　Alfred Russel Wallace　19, 104, 105, 162, 164, 165
「請け負い」 52, 54
ウソ　bullfinch　*Pyrrhula pyrrhula*　132
ウタツグミ　song thrush　*Turdus philomelos* 219, 220
——の巣　218

【著者】
**ニック・デイヴィス**（Nick Davies）
ケンブリッジ大学動物学教授、ペンブルック・カレッジ・フェロー。1976年～1979年オックスフォード大学動物学実験授業助手、1977年～1979年同大学ウォルフソン・カレッジのジュニア・リサーチ・フェロー。デイヴィスのカッコウ研究は、BBCラジオ、BBCフィルムなどで紹介されている。専門は動物の行動生態学。特に最近は、カッコウとその宿主との相互作用に焦点をあてて多方面から研究を行なっている。著書 ***Cuckoos, Cowbirds and Other Cheats***（Elsevier Science, 2000）は、英国鳥類学協会（British Trust for Ornithology, BTO）と ***British Birds Magazine*** のベストブックに選ばれている。

【挿画】（章扉のカッコウのイラスト）
**ジェイムズ・マッカラム**（James McCallum）
ジェイムズ・マッカラムは、英国王立芸術大学院大学（Royal College of Arts）出身で、自然を対象にした水彩画家としてよく知られている。本書のイラストのために、3ヵ月以上、ウィッケン・フェンでカッコウを観察した。ノーフォーク州在住。

【訳者】
**中村浩志**（なかむら・ひろし）
1947年長野県坂城町生まれ。信州大学の生態研究室に入り鳥に興味を持つ。1969年信州大学教育学部卒業。京都大学大学院でカワラヒワの研究を行ない、1977年理学研究科博士過程修了。理学博士。1980年信州大学教育学部助手、1992年同学部教授。動物生態学が専門で、1982年より20年間ほど千曲川でカッコウの托卵とその生態調査を実施。その他ライチョウ、カケス、ブッポウソウなど、様々な鳥の研究で世界的にも高い評価を受けている。2002年カッコウの研究で、鳥学の発展と鳥類保護の功績を顕彰する「山階芳麿賞」を受賞。2006年～2009年日本鳥学会会長。2015年より一般財団法人中村浩志国際鳥類研究所代表理事。著書に『軽井沢の自然』『千曲川の自然』『歩こう神秘の森 戸隠』（信濃毎日新聞社)、『甦れ、ブッポウソウ』『雷鳥が語りかけるもの』（山と渓谷社)、『二万年の奇跡を生きた鳥ライチョウ』（農山漁村文化協会）など多数。
**永山淳子**（ながやま・あつこ）
1961年東京生まれ。図書館情報大学（現筑波大学図書館情報専門学群）卒業。オンライン検索サービス会社勤務の後、主として自然科学書の包括的な校正作業などに携わっている。訳書には『望遠鏡400年物語』、『膨張宇宙の発見』、『パラサイト』（いずれも共訳、地人書館）がある。

**カッコウの托卵**
進化論的だましのテクニック

2016年4月25日　初版第1刷

著　者　ニック・デイヴィス
訳　者　中村浩志・永山淳子
発行者　上條　宰
発行所　株式会社 **地人書館**
162-0835 東京都新宿区中町15
電話 03-3235-4422　　FAX 03-3235-8984
郵便振替口座 00160-6-1532
e-mail chijinshokan@nifty.com
URL http://www.chijinshokan.co.jp/
印刷所　モリモト印刷
製本所　カナメブックス


ISBN978-4-8052-0899-1